国际时装设计经典系列丛书

# Portfolio for Fashion Designers

# 国际服装效果图表现技法

## ——服装作品集制作过程详解

（美）凯瑟琳·哈根　朱莉·霍林格 著

朱卫华　刘静 译

**东华大学出版社**

·上海·

图书在版编目（C I P）数据

国际服装效果图表现技法／（美）哈根，霍林格著；朱卫华，刘静译.—上海：东华大学出版社，2016.3
　　ISBN 978-7-5669-0911-4
　　Ⅰ.①国…Ⅱ.①哈…②霍…③朱…④刘…Ⅲ.①服装设计-效果图-绘画技法 Ⅳ.①TS941.28

中国版本图书馆CIP数据核字（2015）第245348号

本书简体中文版由培生教育出版公司授予东华大学出版社有限公司独家出版，任何人或者单位不得转载、复制，违者必究！
　　合同登记号：09-2014-236

责任编辑　谢　未
编辑助理　李　静
版式设计　王　丽　鲁晓贝

国际服装效果图表现技法
——服 装 作 品 集 制 作 过 程 详 解
Guoji Fuzhuang Xiaoguotu Biaoxian Jifa
著　　者：（美）凯瑟琳·哈根　朱莉·霍林格
译　　者：朱卫华　刘　静
出　　版：东华大学出版社
　　　　　（上海市延安西路1882号　邮政编码：200051）
出版社网址：http://www.dhupress.net
天猫旗舰店：http://dhdx.tmall.com
营销中心：021-62193056　62373056　62379558
印　　刷：深圳市彩之欣印刷有限公司
开　　本：889 mm × 1194 mm　1/16
印　　张：24
字　　数：845千字
版　　次：2016年3月第1版
印　　次：2016年3月第1次印刷
书　　号：ISBN 978-7-5669-0911-4/TS · 655
定　　价：118.00元

# 前言

在妙趣横生但又充满竞争的服装领域里，为从事时装设计职业而接受的学习是如此纷繁复杂，而且过程中困难重重，这让大多数未曾接受过正规训练的人感到极为惊讶。而经历过三到四年的磨炼，受过技术和创意方面的严格要求，经受过压力、最后期限、众多批评和睡眠不足的考验，有些人得以顺利完成学业，这是极大的成功。这一长期努力最为精彩的部分就是制作一个作品集，以此展示学习者的个性、创意想法和熟练的技巧。

可以这样说，那些即将从这样的培训中毕业的学习者们通常都忙个不停，感觉疲惫不堪，压力重重。因为他们要制作服装、计划服装发布秀、写文章等。即便明白作品集的重要性，最后它也很有可能被排到任务清单的后面而得不到足够的重视。因此，有的人可能会匆忙行事，利用零碎的时间把一些东西放到一起，从而缺乏思想上或者安排上的连续性。还有一些人会拖拖拉拉，直到没有时间好好完成任务。

本书将让你避免以上两种窘境。如果按照各个章节里列举的步骤进行，你就可以充分利用自己的强项，成功完成反映你个人风格、凝结了自己多年来学习和实践成果的优质作品集，而它将为你打开好工作和成功的大门。

# 致谢

我们衷心感谢编辑萨拉·艾勒特，感谢她一直以来对我们工作的支持、鼓励、建议和耐心。

非常感谢我们的新副编辑劳拉·维瓦尔，她极大的耐心和鼓励让我们能够梳理如此之多的细节。对于编辑工作的英勇勋章，她当之无愧！

我们非常感激编辑人员和制作人员所做的贡献。感谢艾丽莎·里奇、琳达·朱克和詹妮特·波尔蒂施，感谢他们对这个复杂冗长项目的耐心和有效的监督；感谢贝基·鲍勃出色的编辑工作。

当然，我们一如既往地感谢维恩·安东尼和皮尔逊，感谢他们对我们项目经济上和创意上的支持。

我们还要感谢以下书评者们的宝贵评论和建议，他们是奥本大学的维纳·查特拉曼、肯特州立大学的汉娜·霍尔、北卡罗来纳州立大学的辛西娅·伊斯图科、阿肯色大学的凯西·史密斯、设计和技术国际学院的莎伦·史密斯。

还要对如今在设计界的出色校友们表达特别衷心的感谢，他们才华横溢、慷慨大方，允许我们在本书中使用他们优秀的作品。你们的才华将赋予未来的设计师们以灵感，我们以你们为豪。

最后，凯瑟琳个人要对她亲爱的未婚夫约翰·查尔斯·拉乌表示深深的感激，感谢他在本书的漫长而艰难的编写过程中提供的中肯建议、永恒的支持和宽容。朱莉也要对给予自己极大支持的家人表示衷心谢意。

# 目 录

# 第一章

# 整体计划

来源：Godana Sermek/Shuttlestock.com

整体计划

## 整体计划

很多有创造力的年轻人都希望在时装业拥有一席之地。与你们一样，一些人上了设计学校，却发现这个职业不仅需要才华，还需要辛勤的工作，并对希望所从事的事业怀有真正的激情。当这些学生毕业的时候，在充满竞争的时装业找到第一个设计工作是很有挑战性的，也会让你受益良多。

有些年轻的超级时尚迷可能才华横溢，也非常幸运，在毕业前就已经找到了自己的岗位。他们可能曾在如今愿意聘用他们的公司里实习过。然而，大多数年轻的设计师必须经历一个漫长的过程才能获得首份关键的工作。获得那个可以开始时尚业工作的合适位置要经历一个过程，通常此过程的必要步骤包括选择潜在的雇主、接受面试、撰写简历和求职信。

而这个任务的重中之重就是服装作品集。这个作品集是占用人生三、四年之久的所有艰苦工作和紧张学习的结晶。它也是作为设计师的你的直观表现，能给潜在的雇主提供你的个人信息，褒贬皆有。精心设计的作品集能让你获得好工作；而粗制滥造的作品集会让你跟好工作失之交臂。打开这本书，你就已经开始了精心计划的过程来创作令人兴奋的作品集，这个作品集会助你鹤立鸡群。

### 规划策略：十步选准作品集

要是我有六小时砍倒一棵树，
我会花上四小时磨我的斧头。
——亚伯拉罕·林肯（第十六任美国总统）

尽管亚伯拉罕·林肯并非时装设计师，但他的确面对过巨大的障碍，深刻理解精心准备是所有过程的关键所在。本章所说明的"整体计划"在某种意义上是作品集的"商业计划"。这十个策略步骤确定的关键信息有助于决定作品集的最终外观和内容。到本章结束时，你们会列出目标清单来确定自己的关键目标。如此精心细致的准备工作能让你们获得清晰的见解和最终的成功。

---

**第一步：** 选定客户群

**第二步：** 考虑不同的服装类型

**第三步：** 进一步确定灵感缪斯

**第四步：** 选准特定客户群

**第五步：** 选定心目中的理想公司

**第六步：** 进行深刻反思

**第七步：** 明确自己的图形表达能力和强项

**第八步：** 自我评估

**第九步：** 了解作品集的常见误区

**第十步：** 敲定整体计划

---

让·保罗·高缇耶

让·保罗·高缇耶大胆现代的设计令其始终处于时尚前沿

© 图片版权：Daily Mail/Rex/Alamy

# 第一步  选定客户群

大家都曾听说过设计师和他们特别的灵感缪斯。英国时尚教父亚历山大·麦昆（Alexander McQueen）、伊莎贝拉·布罗（Isabella Blow）、伊夫·圣罗兰（Yves St. Laurent）和露露·德拉法蕾斯（Loulou de la Falaise）。这些设计师都有一个目标顾客赋予自己灵感来创造精彩的时装系列。

但是很多设计师并非如此明确。目标顾客多种多样，可能是英语课堂上耍酷的小伙子，或者是"下班后喜欢去俱乐部的赶时髦的年轻城市女郎"，又或者是让人喜欢拥抱爱抚的刚出生到六个月的小婴儿。所有这些都是真实可靠的客户群，因为一旦做出了选择，你就可以让自己的代表作选择针对这个特定市场。因此，开始为作品集做计划时，第一步就是确定设计类型。

也许，对于自己的职业方向和所要针对的目标市场，你的观点就已经十分明确。那么你很幸运！很多其他的学习者为了这个选择正在苦苦挣扎，就是无法做出决定。但是他们同样幸运，因为他们只是难于选定其中一个，此时的踌躇不定可能意味着将来能在多个设计类型上游刃有余。如果你是他们当中的一员，你可能需要咨询你的老师们，请他们帮助你做出最佳选择。很有可能，老师们记得你最出色的作品，而且乐于提供引导，让你踏上正确的职业方向。

接下来的三个步骤，我们会对客户的类型和人口结构特征进行细分，因此，在第四步最终确定客户类型之前，需要回顾所有的四个步骤。一旦确定了客户类型，你也可以确定自己将要进行面试的公司，将自己的作品集有针对性地为具体的设计公司而准备。

## 需要考虑的要点

1. **追随激情！** 只有真正热爱所从事的工作，才有可能取得更大的成功。但同时必须面对现实：要设想一个会购买你的设计作品的真实顾客和一个出售你的设计作品的真实场地（即便是虚拟的场地也性）。

2. **竭尽所能！** 制作作品集的时候，要考虑自己在学习过程中最大的收获。在接受设计培训之初，很多学习者都想为奥斯卡颁奖典礼设计晚礼服，但经过培训之后，他们会认识到自己在青年男装休闲服或者当代运动装设计方面特别有才华。不要因为异想天开的想法而忽视自己真正擅长的方面。

3. **勿过度思考！** 设计类型的选择并非一成不变。也许，五年后，你很有可能发现自己擅长于以前从未考虑过的设计类型。例如，著名的泳衣设计师罗德·比蒂（见第11章）从未想过以设计泳装为职业。但是，获得在拉·布兰卡品牌的工作机会时，他看准了一个机遇并义无反顾地投入进去。现在他在行业里声名大振并创建了自己的品牌，所以他个人的适应能力让他收获甚丰。

4. **性别混乱？** 有些学习者希望同时进行女装和男装设计，但是将两者纳入同一个作品集容易让雇主感觉混乱。应首先考虑以单一性别完成三到四个组合，然后，如果有时间的话，可以考虑为另一个性别创作两组，再等毕业后制作另外的一到两个组合。获得面试机会后，根据设计公司的需求对你的作品集进行编辑。如果该公司兼顾男装和女装，把额外的几组代表作带过来。制作一组男女皆宜的也是一种选择，不过在商店里我们真正能见到的中性服装又能有多少？

5. **地域，地域！** 不同的地域往往有特定的设计类型。例如，洛杉矶以休闲单件和街头时尚外衣著称，而纽约更以严谨的品牌服装出名。诸如波特兰的耐克和俄亥俄的A&F休闲服装（Abercromboie and Fitch）等生产商较少生产适于城市环境的服装。做选择时，你一定要考虑自己打算在何处定居。

## 设计师：柯琳娜·比尔茨

## 品牌女装

在导师伊莎贝尔·托莱多的指导下，柯琳娜与顶级户外品牌巴塔哥尼亚（Patagonia）合作设计了这个组合。

### 高级定制

"Couture"一词在法语中指的是精美的定制服装。这是最顶级的市场，使用最为奢华昂贵的面料和大量复杂的人工，每件服装常常要进行多次试穿。高级定制是欧洲最重要设计工作室的官方组织，这些设计工作室历史悠久、声名显赫，如香奈儿和迪奥。当然，实际从事系列产品设计的设计师们常常年纪较轻，让设计工作室薪火相传，审美品味一脉相承。香奈儿的艺术总监卡尔·拉格斐尔德（Karl·Lagerfeld）就是一个完美例证。他既负责香奈儿的高级定制女装品牌，也拥有自己的成衣品牌。

## 高级定制时装设计师

**巴黎**

香奈儿的卡尔·拉格菲尔德（Karl Largerfeld）

迪奥的约翰·加里亚诺（John Galliano）

让·保罗·高缇耶（Jean Paul Gauktier）

克里斯汀·拉克鲁瓦（Christian Lacroix）

皮尔·巴尔曼（Pierre Balmain）

纪梵希（Givenchy）

森英惠（Hanae Mori）

拉尔夫·鲁奇（Ralph Rucci）

华伦天奴（Valentino）

**意大利**

乔治·阿玛尼（Giorgio Armani）

罗伯特·卡沃利（Roberto Cavalli）

杜嘉班纳（Dolce and Gabbana）

詹佛兰科·费雷（Gianfranco Ferre）

古驰（Gucci）

范思哲（Versace）

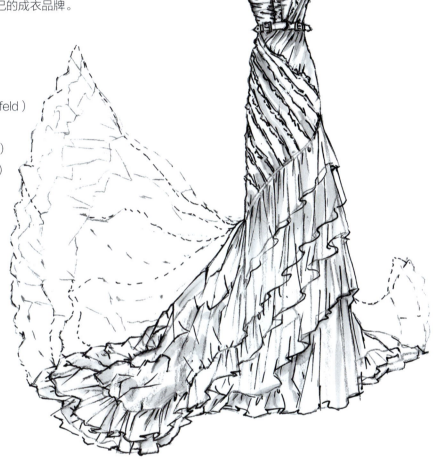

### 高端品牌设计

这个类型的设计师通常都很出名，他们的顾客家庭富有、品位超前，不是单单追求时尚。设计产品的质量和价格都很高，在专卖店和时尚精品店都有售。在Style.com和其他时尚网址上能看到这些著名品牌设计师的服装系列。乔治·　阿玛尼、薇洛妮克·布兰奎诺、缪西娅·普拉达、马丁·马吉拉、奥利维尔·泰斯金斯、马丁·斯特本、唐娜·卡兰、海德尔·阿克曼、约翰·加里亚诺、瑞克·欧文斯、薇薇安·韦斯特伍德和山本耀司都属于这一类型。

### 年轻品牌设计

这个设计师类型的目标客户群是追求流行时尚、重视身份地位、较为年轻且十分富有的顾客。比起身份地位，设计师们更加关注流行趋势。其销售场所为专卖店和百货商场的专营年轻人服装品牌的商店。Stella McCartney、Giles Deacon、Phillip Lim、Anna Sui、Derek Lam、Junya Watanabe、Narciso Rodrigues、Rodarte 和Christopher Decarnin都属于这种类型的著名设计师。

## 副线品牌设计

比起品牌服装，这个类型面向更大范围的目标人群。副线品牌一词指的是设计师系列中次要的、价格较低的生产线。以DKNY或者卡尔文·克莱恩的CK为例，这些服装多数在百货商场出售。

## 潮牌设计

此类型的目标消费者更看重品质和紧跟时代的非正式服装，但并非过于时髦的廓型。他们不会优先考虑品牌名，这意味着这种服装价格比较实惠。它们主要在百货商场或者品牌自己的专营店中出售。BCBG、Theory、Anthropologie、Leon Max和Armanie Exchange是潮牌服装设计的代表。

童星艾丽·范宁（Elle Fanning）是十几岁时尚女孩的典范

## 青少年服装设计

此类型的客户群年纪很轻，通常为十三四岁到上大学的青少年。倾向于跟随"快时尚"，流行总是快速更迭。因此品质常常没有外观那么重要。这个年龄段的消费群体有钱可花，而且往往是最大的消费者群体之一。他们喜欢购买Forever 21、Pacific Sunwear、A&F、Old Navy和Urban Outfitters的产品。

## 少年服装设计

近年来，此类型顾客的重要性日益增加。由于受到网络影响以及她们模仿大姐姐们和朋友们一样穿着打扮，七到十三岁的小女孩变得越来越复杂前卫。这个类型的客户群追逐时尚，但同样并不特别看重品质。主要的青少年服装零售商，如A&F，Aeropostale和American Eagle Outfitters都抓住这个机遇开设了面向这些年轻超级时尚迷的商店。这些年轻消费者也常常光顾dELiA*s，Hllister和H&M.

## 通勤商务女装

面向成熟顾客，特别是成熟的职业女性。这些顾客对传统经典的外观感兴趣。服装号型针对成熟女性体型，主要在百货商场出售。

## 大码服装

大码服装可能是发展最快的类型之一。人们对更加时尚的大码服装的需求日益增长，使这个市场成为一个更加注重流行趋势的领域。百货商场和专卖店都出售超大码的服装，网络销售也是关键渠道。

### 男装设计

这个类型为追求高品质面料和工艺细节的男士提供精工制作的服装。它使用经典廓型，变化较少，范围可包括廉价的西服套装、周末休闲装到高级品牌服装。销售渠道为百货商场和专卖店。

### 青年男装设计

青年男性运动装的特色是比较经典的廓型。印花和面料的处理相当重要，但风格可以精细复杂。常在Pacific Sunwear、A&F、Banana Republic和Armani Exchange出售。

### 男孩装设计

对于10到15岁的男孩来说，印花是关键所在。比起年纪稍大的男装，其风格不是那么时髦，价格也较为低廉。销售渠道为百货商场。

### 童装设计

儿童的年龄从3岁到10岁不等。尽管如今这些小家伙在着装上有发言权，父母依然是决策人士，因此实用性和品质具有相当大的重要性。面料需较为结实耐穿，价格要比较实惠，但是对于出席特别场合的服装价格相对高昂，面料品质较高。大多数童装在折扣商店或者百货商场有售，但也在Baby Gap或者Laura Ashley这样的专卖店里出售。

### 幼童装设计

对于1~3岁幼童服装类型的设计，实用性对这些蹒跚学步的娃娃们来说至关重要，外观可爱，但是细节必须具有功能性，至少确保不会发生把衣服上的部件含在嘴里的情况。由于他们快速成长，耐穿的面料和合理的价格非常重要。然而，有些富裕的父母热衷追求时尚，仍然希望用自己所穿服装的迷你版装扮小宝贝们。出售童装的商场常常也会出售幼童装。

### 婴儿装设计

对这些小娃娃们来说，服装应该柔软、舒适并易于穿脱。服装通常都很可爱，但很多有实力的父母看重纯天然的面料和更为精致的风格。Gymboree和OshKosh是著名的品牌，甚至Burberry也开发了婴儿装产品系列。

年轻男性比年长的男性更富有试验精神。大胆、对比强烈的图形组合有助于表现他们的叛逆特质

2011年夏季 健身舞蹈训练服

健身舞蹈训练服
春夏系列—连帽衫

Knit panel for better
Mobility and fit

Mesh inset for
Ventilation
(with woven piping
on the sides)

Exposed elastic band
with overlaid waistband
(Stretch elastic drawcord)

Tapered bottom hem
for clean
finish with no irritation.

FABRIC: IM# ▇▇▇ HEATHERED DF OG FRENCH TERRY, ▇
IM# ▇▇▇ DF STRCH WOVEN (CONTRAST), ▇▇▇
IM# ▇▇▇ DF MESH (CONTRAST) ▇▇▇

运动装设计师：米歇尔·夸克

## 设计师小传

　　设计师米歇尔·夸克在韩国出生成长，14岁时移居美国。作为加利福尼亚一名学习时装设计的学生，她极为出色，因此在2005年获得艺术学学士学位之前就得到了首个工作机会。她的一个工作是为Maria Sharapova的一个产品线设计网球装。她多才多艺，从而涉足众多女性运动系列的设计工作，包括网球、舞蹈、训练、健身和生活必需品。

　　后来，运动装巨头致电米歇尔，如今她成了Nike Global Running的设计师，设计男女系列运动装。

## 第二步 考虑不同的服装类型

如果仅设计一种服装类型，如正装或者休闲装，那会非常无趣。幸运的是，你可以考虑多种设计类型。这些细分类型通常是在零售的时候划分的，让消费者可以在大百货商场购买自己需要的产品。但是设计师也会专攻这些类型。例如，运动装拥有数亿美元的巨大市场，大型的全球企业有耐克和阿迪达斯等。你甚至不会去考虑其他的类型，而它们包括男士家居服或者孕妇装。本页的设计系列展示了设计师塞琳娜·欧亨尼奥对孕妇装的兴趣，这也成了一个日渐成熟的市场。越来越多的女性在怀孕后愿意在品牌服饰上投入金钱，而且，实际上，她们常常希望拥有自己衣橱里所有服装的孕妇版。

### 设计师：

### 塞琳娜·欧亨尼奥

注意服装效果图中对人物宽松、有趣的处理手法，与旁边干净利落、精确的款式图形成对比，设计师采用了侧面的人体图，使其腹部更明显。由于很多准妈妈的年龄较小，设计师采用了运动和休闲风格。针织上衣为整套服装设计增加了舒适感。

## 需要考虑的要点

1.大多数的细分化服装类型仍然会有大范围的客户群。以睡袍为例，昂贵奢华的精品店、中等价位的百货商场和Target这样受欢迎的折扣店都可能会出售这一产品。生产睡袍的同一个公司会提供完全不同的服装系列满足这三种不同的价格需求。

2.可以进一步细分这些次要类型来提供更多的职业机会。例如，配饰涵盖各种各样的产品如鞋子、帽子、手套、围巾等。类似卡尔文·克莱恩这样的大牌名号会出现在不同类型的服装和配饰上，但是通常他们都是授权给其他的公司使用自己的品牌，而这些公司才是产品的真正生产商。

3.把个人兴趣作为目标。作为年轻的设计师，你可能热爱滑雪，或者喜欢周末去酒吧。这些个人兴趣也许会把你引向能够反映激情的设计类型。这种冲动值得注意，因为只有创作自己真正理解和关心的东西，通常人们才更易取得成功。比起当代运动装（以运动装为例），这些领域可能竞争性也较小。

## 艺术家/设计师：

## 亚历山德罗·托马塞蒂

亚历山德罗·托马塞蒂的绘画和盔甲设计

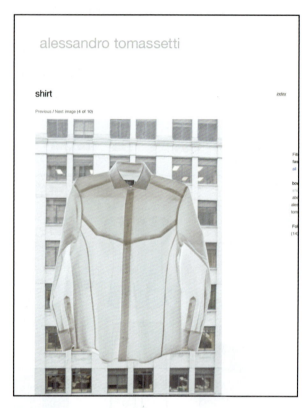

虽然最近他暂停生意去全球旅行，亚历山德罗·托马塞蒂创作了漂亮的定制白色男士衬衫，在网上接受订单定制

亚历山德罗·托马塞蒂的竹制蝴蝶结

亚历山德罗·托马塞蒂的条纹纽孔花

亚历山德罗·托马塞蒂的绘画和盔甲设计

# 服装的分类

## 配饰

配饰是服装分类中最大的一类。去大型百货商场看一看，你就会发现配饰的各种细分类型。虽然诸如古驰和路易威登的大牌公司的产品都价格不菲，其最新款的包包和鞋子还是不乏追捧者。

### 产品类型

腰带、箱包、手套、手袋、Ipad套、行李箱、珠宝首饰、鞋子、围巾、太阳镜、钱包和手表。

### 品牌

这里举几个例子，如Dooney and Bourke、Framanti、Gucci、Louis Vuitton、Jantzen、Nixon Watches、Perry Ellis International、Salvatore Ferragamo Italia 和Swatch Group。

## 运动装

### 类型

| | |
|---|---|
| 远地骑行车 | 单车 |
| 锻炼 | 远足 |
| 高尔夫 | 机车 |
| 越野摩托 | 登山 |
| 跑步 | 滑板 |
| 滑雪 | 雪地滑板 |
| 游泳 | 网球 |
| 团体运动 | |

仿旧皮包，来自Kirk Von Heifner品牌

### 品牌

Nike、Asics、Adidas、Fila、lacoste、K-swiss、Nautica、New Balance、Organically Grown、Puma、Reebok、ShaToBu、UnderArmour、Wilson。

## 女装衬衫

女装衬衫（除了军装）是年轻女性和妇女们的服装，是男士衬衫比较女性化的版本。网上列有数不胜数的女装衬衫批发公司。当然，很多零售商也出售女装衬衫，包括Express、Ann Taylor以及Saks Fifth Avenue等。

## 婚礼服

王薇薇（Vera Wang）也设计精致的晚礼服，但她最为著名的是因为她是第一个创造更"前沿"的新娘服的设计师。如今婚礼越来越个性化，让新娘更多地表现出个性绝对是时尚业的目标所在。

### 服装类型

新娘装、伴娘装和女花童装；新娘配饰。

### 品牌

Alfred Angelo、Ann Taylor、J.Crew、Jessica McClintock、Issac Mizrahi、Maggie Sottero、Monique Lhuillier、Oscar de la Renta、Vera Wang和White House Black Market。甚至URBN（Urban Outfitters and Anthropologie）也以首个新娘装系列"BHLDN"参与进来。

## 裙装

裙装是一个针对各个年龄层次的大类，与晚礼服裙和酒会礼服裙不同，通常指白天穿着的裙装。两件套裙也属于这个类型。短裙和长裙包括超短裙、迷你裙、及膝长裙、芭蕾舞裙、标准长度裙装、中长裙和超长裙。女人们都知道根本无法找到适合于所有场合的裙子，所以一个优秀的裙装设计师绝对不会挨饿。

### 服装类型

A型裙、帝政式高腰连身款、外套裙、无袖连衣裙、超长裙、乡村风格裙装，衬衣式连衣裙、紧身连衣裙、直筒连衣裙、无袖背心裙、宽下摆连衫裙、束腰连衫裙、裹身裙。

### 品牌

针对青少年女性的品牌：Ali and Kris、BCX、Material Girl、XOXO、Planet Gold、Rampage、Steve Madden、Trixxi。针对成年女性的品牌：Ann Taylor、Anthropologie、ABS、Calvin Klein、DKNY、Free People、Guess、Jessica Simpson、Nine West、Ralph Lauren。

## 晚礼服

很多学习者在设计院校的时候都计划以制作晚礼服为职业，不过最后都去从事其他方向的设计。但是，还是有一些充满激情的毕业生仍会追寻这个迷人的梦想。尽管市场比较有局限性，还是有不少才华横溢的毕业生在此领域找到了一席之地。

### 服装类型

这个类型的服装包括红毯礼服、酒会礼服、舞会礼服和成人礼礼服。

### 品牌

Adriana、Papell、BCBG、Carmen Marc Valvo、David Meister、Eduardo Lucero、Monique Lhuillier、Tadashi Shoji、Jessica McClintock、JS Boutique、Issac Mizrahi、Nicole Miller、Oscar de la Renta、Vera Wang。

## 贴身服装（女式内衣和家居服）

像Victoria's Secret和Agent Provocateur（Vivienne Westwood儿子的公司）这样的公司将女式内衣带入时尚前沿。这个趋势非常受欢迎，很多设计师常常放弃更具有实质性的服装，专攻内衣设计。家居服与女式内衣紧密相关，因为它们主要适用于家居穿着。这个类型的服装魅力四射。想想20世纪30年代穿着雪纺和羽毛的Jean Harlow和Diesel Intimates品牌充满年轻活力的休闲服装。

### 服装类型

娃娃睡衣；文胸；紧身女胸衣，起初是文胸，后来延长到腰部的紧身胸衣，可能还包括吊袜带；背心式衬裙；仅遮住胸下部的胸托；紧身衣；半身短衬裙；紧身裤；包括三角裤、比基尼、女式宽松裤和丁字裤的短裤；衬裙；运动内衣；长筒袜和连裤袜。

### 品牌

举几个例子，如：Bare Necessities、Calvin Klein、Cosabella、Chantalle、Diesel、Gap、Hanes、Hue Hosiery、Juicy Couture、La Perla、Prima Donna、Spanx、Victoria's Secret。

## 针织服装

针织服装是多数人衣橱中的重要组成部分，根本无法想象没有它们的日子。专业设计针织服装，特别是毛衣的设计师应该是踏上了富有成效且收获颇丰的道路。

### 服装类型

单品，特别是毛衣。服装类型包括手工编织的服装、利用编织针制作的服装和非成型针织服装。

### 品牌

大多数生产商既生产针织服装也生产梭织服装，所以品牌非常多。一些类似St. John Knits和Missoni的公司专业生产高端针织套装和针织服装单品。

# 设计师：清水爱

清水爱生于日本大阪，在洛杉矶长大，现定居于巴黎，她毕业于一所设计学校，热爱机缝的精准性和手工制作的亲切感。她的美学理念是将干练的裁剪和浪漫的装饰相结合。大多数的日子里，总能看见她徜徉于旧书店里或者构想着丝绸服装。她也喜欢编织、下午茶和钟形女帽。

## 设计师个人宣言

我在Escante工作了大约两年的时间。与很多时装公司的工作不同，我在那里有机会手绘，因为我的老板喜欢手绘稿胜过用电脑制作的效果图。我在那里的工作也非常特别，几乎所有一切都是通过网络进行的。这种工作模式是因为老板人在墨西哥，设计师们在洛杉矶，而公司总部设在德克萨斯州。所以，我们总是来来去去地发送电子邮件，在德克萨斯开会或参加各种展会，如在拉斯维加斯的国际内衣展、休斯顿的戏服展。一年里我会被派往中国一到两次寻找面料、辅料和蕾丝。我也会根据自己在那里的新发现绘制草图。在Escante的时候我负责主打的内衣系列、性感的戏服系列、礼品盒装的内衣系列以及紧身胸衣系列。总是有太多不同的工作同时进行，但看到自己的设计成为实际的成品，感觉非常有成就感。

我在网上对关于内衣的博客以及类似内容进行大量研究，目的是紧跟内衣的时尚，不过我发现与时装相比，内衣每个季节的变化并非十分明显。

设计师：琳赛·法克雷尔

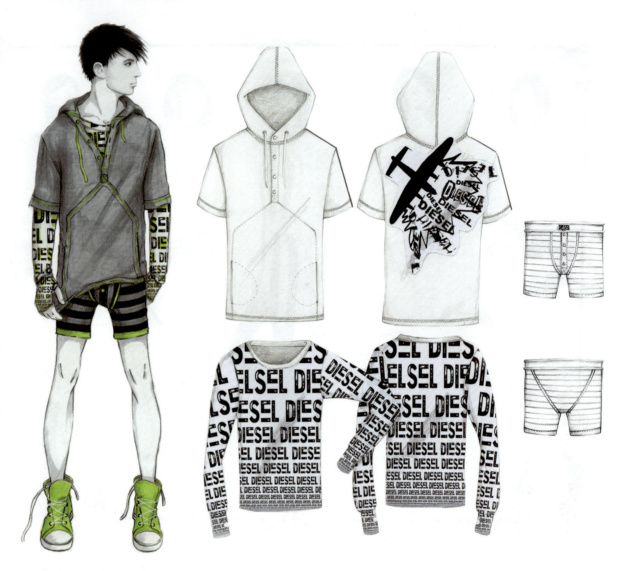

作为设计学校的休闲装设计作业，琳赛与时髦的Diesel公司创造了这些有趣的上衣和紧身内裤。她的顾客是年轻的男性，他喜欢酷酷的图形、层叠感和针织品的舒适感。服装上的图形也是琳赛设计的，非常切合她具有现代感的灵感缪斯。

## 男士家居服

自从卡尔文·克莱恩让穿内衣的男性登上广告后，男士内衣就成了大生意。青年男性可能会关注Diesel或者趣味内裤（Joe Boxer）系列，而成熟男性更青睐Hanes、卡尔文·克莱恩或者他们钟爱的百货商场的自有品牌。

### 服装类型

无袖衬衫（运动背心、紧身健美服、汗衫、紧身短背心、贴身背心）、T恤、汗衫、比基尼、平角短裤、平脚短内裤、内裤（衬裤、男士三角内裤）、日式传统内裤、丁字内裤、下体弹力护身（运动员用的护身三角绷带）、松紧短裤、比基尼裤、长内衣裤、短袜、长袜、日式厚底短布袜。

### 品牌

2（x）ist、A&F、American Eagle、American Apparel、Andrew Christian、AussieBum、Bonds、BVD、California Muscle、Calvin Klein、C-IN2、Diesel S.p.A、DKNY、Dolce & Gabbana、Emporio Armani、Fruit of the Loom、Hanes、Hugo Boss、Jockey International、Joe Boxer、Mundo Unico、Pringle、Saxx Apparel、John Smedley's、Stanfield's、Under Armour、XTG Extreme Game。

# 服装的分类

## 孕妇装

因为职业女性更加乐意花钱买孕妇装，因此，这个品类的服装蕴藏了巨大商机。Pea in the Pod这类颇具创新的公司将时尚带入了孕妇装，而且现在的顾客即便挺着大肚子也希望能时髦潇洒、光彩照人。

### 服装类型

经过修改的衬衫和上衣（能够给日渐隆起的腹部提供空间）、针织长裤或者更大的带弹性的裙子、哺乳胸罩。

### 品牌

Blanqui、Bravado、Citiezens of Humanity、Clarins、Elle MacPherson Intimates、Everly Grey、Ingrid and Isabel、J Brand、Japanese Weekends、Le Mystere、Maternal America、Michael Stars、Moody Mamas、Nom、Nuka、Olian、Paige Premium Denim、Ripe Maternitu、Spanx。

## 外衣

外衣基本上指所有可在户外穿着的服装，因为对户外运动的热情日益高涨，外衣也成为另一个重要的设计领域。它包括提供保暖性的较为休闲的夹克衫，也包括高端时尚外观和做工考究的夹克衫。技术在这个类型的服装中起到重要的作用，因为对诸如"North Face"和"Patagonia"公司来说，服装的功能性是关键所在。

### 服装类型

御寒防水夹克，滑雪衫或者风雪大衣、棒球衫或者橄榄球衣、斗篷或者披风、羽绒服、连帽式粗呢厚外套、风衣、野战短外套、羊毛外套、飞行服、机车夹克、防水长袖外套、水手服式样厚呢短大衣、雨衣、双排扣风雨衣、防风夹克。

### 品牌

休闲服装：American eagle、Andrew Marc、Burberry、Burlington Coat Factory、Burton Snowboards、Columbia、Eddie Bauer、K2 Sports、Nautica、North Face、Patagonia、Pelle Pelle、Rocawear、Rugby、Polo by Ralph Lauren。

正式服装：Aston、Austin Reed、Burberry、Cole Haan、Isaia、Joseph Abboud、John Partridge、London Fog、Marc New York、Ralph Lauren、Tibor。

## 设计师：勒娜特·马珊德

ROBES IN OMBRE PAISLEY

FLATS

SWATCH

TASSEL TRIM

设计师：朱莉·霍林格

# 服装的分类

## 睡衣裤

2004年的一项政府调查显示，大约一半的男性和女性穿传统服装睡觉，如睡衣裤或睡裙。对设计师来说，潜在目标客户相当大。这个类型对于男女装来说，涵盖的价格范围非常广，包括沃尔玛或K-Mart的价格较为低廉的以及睡衣裤精品店里价值数百美元的奢华睡衣裤或睡裙。这个类型的服装可以归类为家居服。

### 服装类型

**睡袍**：浴袍、温泉浴袍、有些男女通用、不分年龄层次的配套长袍或者睡衣；女宽松便服；男子便服；有些袍服男女通用。

**睡衣裤**：婴儿的棉绒睡衣、睡裙、衬衫式长睡衣、睡衣裤。

### 品牌

Brooks Brothers（天鹅绒男子便服）、Carters（幼儿睡衣）、Flora Nikrooz、Hotel Collection、Jones New York、Lacoste、Morga Taylor、Victoria's Secret、L.L. Bean、Nautica、Garnet Hill、Pendleton、Ralph Lauren、St. Tropez 和Tisseron。

## 单件

单件服装是可以混搭的服装类型，价格较为便宜，风格更加休闲。如能以合适的价位创造酷酷的快时尚，设计师通常在经济上都会收益颇丰。

### 服装类型

这个类型的服装涵盖所有服装，包括上衣到短睡衣、短裙到背心等。

### 品牌

很多自有品牌如Gap、Old Navy、Banana Republic和一些小品牌如Rampage、Juicy Couture、Aeropostale、XOXO 和Material Girl。

## 衬衫

有些设计师专门设计衬衫，从近乎是同样的基本款中创造出特别的服装品类。

### 服装类型

有V形领和贴袋的女用衬衫、礼服衬衫、正式衬衫、夏威夷花衬衫、温彻斯特衬衫、宽松衬衫、束腰外衣。

### 品牌

Alternative Apparel、Cluett Peabody & Co.（Arrow）、Hendrix shirts、Last Exit to Nowhere、Lucky Merck Clothing、Tommy Bahama、Van Heusen和Zachary Prell。

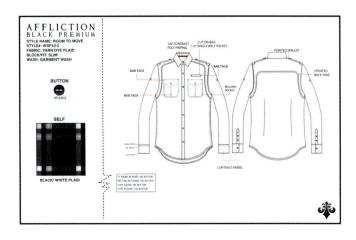

**男装设计师：达恩·特兰**

设计师达恩·特兰将好看的式样、有趣的面料和精致的缝纫技术结合起来，为青年男性创造了帅气的衬衫。他设计的衬衫虽然呈休闲风格，但特别注重细节，拥有一种优雅的味道。

## 第三步 进一步确定灵感缪斯

选择针对特定的客户群或者目标对象时，对他们进行细致的分析与研究非常有帮助。这种研究对理解客户以及在将来的设计定位时与客户产生共鸣非常重要。同时需要考虑与哪个群体最容易产生共鸣。例如，如果你在城郊的中产阶级家庭长大，那么与更为富裕成熟的客户产生共鸣会较为困难。至少，你必须通过研究才能进入他或者她的"头脑"。以下是客户群的大体推测性描述。在第四步我们将考虑更加具体的特征。

**高级定制客户**

**收入**：年收入逾500百万

**收入来源**：高级职业人士或者家族财富

**年龄范围**：40岁以上或者年轻名流

**住所**：富裕的城市住宅区

**休闲活动**：慈善活动、博物馆举办的活动、歌剧院和戏院、与朋友或者为公事与人共进午餐、私人教练指导的健身运动

**钟爱的设计师**：阿玛尼、川久保玲、约翰·加利亚诺、维克特和罗夫、迪奥

**最喜欢的商场**：巴尼斯精品百货店、设计师品牌精品店

**副线品牌客户**

**收入**：年收入200万

**收入来源**：高级职业人士

**年龄范围**：40岁以上

**住所**：富裕的住宅、高级公寓、别墅

**休闲活动**：建筑物的保护、乡村/城市俱乐部、音乐活动

**钟爱的设计师**：杰弗里·比恩、华伦天奴、比尔·布拉斯、香奈儿

**最喜欢的商场**：Nordstrom、Saks、Neiman Marcus

**年轻品牌客户**

**收入**：年收入35～90万

**收入来源**：行政或者职业管理人士，双收入家庭

**年龄范围**：30+

**住所**：艺术阁楼、高级公寓、高档住宅区

**休闲活动**：艺术展开幕式、夜总会、高档酒店、瑜伽课、周日早午餐

**钟爱的设计师**：吉尔·桑达、马克·雅可布、纳西索斯·罗德古斯、渡边纯弥、山本耀司、博纳茨·萨拉弗珀尔

**最喜欢的商场**：巴尼斯精品百货店、Maxifield

**潮牌服装客户**

**收入**：年收入25～70万

**收入来源**：职业人士

**年龄范围**：25岁以上

**住所**：艺术阁楼、时尚社区、海滨城市

**休闲活动**：艺术展开幕式、博物馆、俱乐部、高档餐厅、普拉提课程

**钟爱的设计师**：BCBG、马克·雅可布、昂·麦克斯、卡尔文·克莱恩

**最喜欢的商场**：上述设计师的精品店

谁是我的
灵感缪斯？

# 界定你的目标客户

**职业女装客户**

收入：全部收入25～90万以上

收入来源：职业人士，退休人士

年龄范围：50岁以上

住所：中高档社区

休闲活动：博物馆开幕式、较高档的餐厅、乡村俱乐部、LA健身中心、游轮巡游、与朋友或为公事与人共进午餐

钟爱的设计师：丽诗·卡邦、卡罗尔·里特尔、纽约的琼斯

最喜欢的商场：Nordstrom、Sakes、Neiman Marcus

**大码服装客户**

收入：全部收入20～60万以上

收入来源：职业人士或者配偶

年龄范围：15～70岁

住所：各种各样

休闲活动：园艺、电视和电影

钟爱的设计师：专卖店

**青少年服装客户**

收入：就业人员为18.5万

收入来源：初级职位；父母

年龄范围：15～25岁

住所：父母的住所、大学宿舍或者学生公寓、廉租房

休闲活动：电影、团队运动、滑雪、购物

钟爱的设计师：Betsey Johnson、Roxy、Lucky Jeans、Baby Phat、Juicy Couture

最喜欢的商场：Hollister、Abercrombie、Roxy、Lucky Jeans、Old Navy、Forever 21、Volcom

**少年服装客户**

收入来源：父母的收入水平各异

年龄范围：10～15岁

住所：父母的住所

休闲活动：团队运动、电影、购物

钟爱的设计师：提供较小尺寸服装的青少年服装设计公司

最喜欢的商场：百货商店、零售商塔吉特

**童装客户**

收入来源：父母

年龄范围：4～9岁

住所：父母的住所

休闲活动：玩耍

钟爱的设计师：消费层次较高的父母喜欢童装精品店或者Baby Gap等品牌。中等收入的父母光顾较多的是百货商场或者折扣店。

**幼童装客户**

收入来源：父母

年龄范围：1～3岁

住所：父母的住所

休闲活动：玩耍

钟爱的设计师：消费层次较高的父母喜欢童装精品店或者Baby Gap等品牌。中等收入的父母光顾较多的是百货商场或者折扣店。

**男装客户**

收入：40～120万以上

收入来源：职业人士

年龄范围：30～60岁

住所：高端住宅或者高级公寓

休闲活动：体育运动、运动俱乐部、户外活动、电影、音乐会

钟爱的设计师：约翰·瓦维托斯、拉尔夫·劳伦、凯尼斯·柯尔

最喜欢的商场：巴尼斯精品百货店、Brooks Brothers、Neiman marcus以及其他高档百货商场

**青年男装客户**

收入：18.5～50万以上

收入来源：初级职位到"年轻富有的职业人士"

年龄范围：22～26岁的学生；26～30岁的职业人士

住所：父母的住所、大学校园、时尚社区

休闲活动：体育运动、滑雪、冲浪、看电影

钟爱的设计师：Billabong、DCShoeCo、Sean John、Monarchy、Armani Exchange

最喜欢的商场：A&F、Diesel、Armani Exchange、American Rag、Politix

**男孩装客户**

收入来源：父母

年龄范围：10～15岁

住所：父母的住所

休闲活动：体育运动、电子游戏、电影

钟爱的设计师：Mossimo、百货商店或者折扣店

## 零售商客户的特征

### 零售商客户的定义

设计师需要了解零售商如何看待和界定自己的客户。零售商对此非常明确。他们将女性顾客划分为三个基本类型：保守型、现代型和前卫型。保守型客户对潮流不感兴趣，要求的是经久的高品质。现代型客户喜欢紧跟时尚，但不是引领潮流的人，不愿意鹤立鸡群。而前卫型客户就是希望自己的着装方式引人注目，她不仅购买时尚产品，也在创造时尚。

这三个类型也符合三种不同的经济阶层：经济、中等、高档。完全可以想象前卫的客户与保守的客户截然不同。前者会在巴尼斯精品百货店或者精品专卖店购物，而后者会光顾K-mart或者沃尔玛，在那里她能以较为低廉的价格买到物美价廉、易洗免烫的服装。从下表可以进一步了解这9种客户类型的特征。

|  | 保守型 | 现代型 | 前卫型 |
|---|---|---|---|
| 高档 | 这种类型的客户愿意为高品质掏腰包，但是不想让样式或者款型特别出挑。其目标为看上去衣着考究但不会过于出挑。 | 这种类型的客户紧跟潮流，愿意购买当季最新潮的服装，但不会购买走在时尚前沿或者看上去过于出挑的服装。 | 这种类型的客户愿意购买走在时尚前沿的服装。她是先锋，乐于引人注目。她也愿意为高品质的产品买单。 |
| 中等 | 这种类型的客户不想花费太多，对走在时尚前沿也不太感兴趣。她要求服装具有一定的品质并且易于打理，并不关注设计师品牌。 | 这种类型的客户喜欢可靠且时尚的品牌，愿意在一定程度上跟上时尚。她也不愿意为设计师品牌买单。 | 这种类型的客户理解潮流也不介意看上去引人注目，不过她无力支付设计师品牌的产品。她也不太在意品质或者打理，更在乎服装外观。 |
| 经济/折扣 | 这种类型的客户对流行时尚不是很感兴趣，而且也不想花费金钱来追逐时尚。她钟情于易于打理、款式简单、穿着方便的服装。 | 这种类型的客户经济比较紧张，因此喜欢塔吉特之类的折扣店，出售不太过时的服饰。这类客户也喜欢易洗免烫的服装，因为更加经济合算。 | 这种类型的客户希望引人注目，因此服装外观比品质或者打理更为重要。她会去样品特卖会购物，也常常光顾旧货店或者复古服装店，自己配搭有趣的造型。 |

# 第四步 选准特定客户群

缩小设计类型的选择范围后，你就可以对目标客户的具体情况进行分析。对目标客户了解得越深刻，在制作作品集时对你的设计组合所做的决策就越准确，越有针对性。

## 需要考虑的要点

1.你的设计想要打动谁？你可以考虑某个具体的人——名流或者最喜欢的模特，或者你也可以考虑一个大体的类型，如见多识广的30多岁的城市单身男性。唐娜·凯伦（Donna Karan）针对的客户群是忙碌的职业女性，她们在匆忙之中也要看上去时髦潇洒，不过同时对服装的舒适度也有要求。就是围绕这个理念她创建了一个时尚帝国。

2.同一个年龄范围内有多种选择。例如，你的青少年是"淑女公主范"还是假小子似的顽皮姑娘？是走在时尚前沿还是学院风格？当然，你作品集中的作品组合会吸引不同类型的青少年顾客。

3.那些穿着你的设计作品的人要去哪里呢？他们可能是先去上班，然后去赴个约会。那么，你将如何创造从白天到夜晚都很适合的服装呢？

4.你的客户意欲引人注目还是悄然融入人群呢？

5.你的设计作品打算表现何种身份呢？考虑一下如何定义一些词语，如城市流浪者、滑雪的女孩或者时髦的怪咖。然后去寻找直观表现这些人群的灵感缪斯。

6.你的客户使用何种身体语言呢？他们是随意放松的还是忙忙碌碌的？性格外向的还是有点儿老练世故的？

7.你的客户整洁利索又优雅，还是随意休闲，还是以非传统的方式把这些特点集中在一起呢？使用很多配饰还是奉行极简主义呢？

8.何种面料适合客户的生活方式呢？

9.你的目标客户能否买得起你的设计产品呢？

10.你的客户在何处购物？

11.你的客户在何处居住？

12.你的客户是否有工作？如果有工作，在何处工作呢？

13.你的客户是否已经生儿育女？如果有孩子，他或者她的生活方式会受到何种影响呢？

14.你的客户喜欢旅行吗？

注意：就年龄而言，越具体越有帮助。但是也可以设定这样一个目标，即通过商品企划吸引某个类型的顾客。那么，就不要考虑年龄，想象某种特定的生活方式或者审美观。如男性运动健将，不论20岁还是50岁，都有相似的需求。

---

## 客户简况

**姓名**：迪兰（根据我小弟弟的名字取的）

**年龄**：18~21岁

**生活方式**：居住在旧金山，因此衣服穿得比较多。上艺术学校学习平面设计。父母负担他的学费。在书店从事兼职工作，所以他有点富余的钱可花。有一个漂亮女友，因此愿意穿女友欣赏的服装。在市区经常滑滑板，到处逛逛。服装必须是易洗免烫的类型，而且不用干洗。

**审美观**：因为他学艺术，喜欢色彩和印花。了解如何将多件服装配搭出酷酷的样子。但不想看上去很费力才达到酷酷的效果。服装既休闲又时尚。玩滑板的时候服装不可碍手碍脚。喜欢图案印花，但它们必须相当含蓄且有品味。愿意为有品质的服装买单，使用经典配饰。

©图片版权Everett Collection Inc./ Alamy

©图片版权Hautemoda/Shutterstock.com

©图片版权Flash Studio/Shutterstock.com

## 你是Tommy hilfiger、Betsey Johnson还是零售商塔吉特的一员呢？

还是以上三者都不是呢？也许你热爱男装或者睡衣或者极限运动服。除非你特别勇敢，计划一出校门就开始自己创业，否则，不论意欲何为，你都会将自己的作品集针对你打算为之工作的公司。确定那些公司并对其进行调查研究将有助于计划你的作品组合来迎合它们的感觉和风格。

很有可能，此刻，你已经进行了大量研究，所以非常了解互联网。如果你尚未确定具体的公司，就先用"青少年泳装生厂商"这样的关键词开始大体的类型搜索。选择至少三个候选公司，然后对它们进行比较深入的研究去了解它们究竟专业做什么。也有时装公司的名录和数据库。查看一下你所在的学校或者专业机构。你可以从《女装日报》和《服饰新闻》之类的期刊上获取很多商业信息和就业机会。它们能帮助你确定就业趋势并让你了解何处拥有最佳机遇。

## 深入研究

确定目标公司后，必须对其进行深入研究来看看自己是否遵循了正确的路线。以下为深入研究的几种方法。

1.（如果可能的话）去出售目标公司品牌产品的商店实地看看，真正了解它们所从事的工作。

2.在如《女装日报》、时尚杂志Harper's Bazaar或者Vogue的消费信息公布的数据库里查看这些公司。

3.看看它们是否出现在时尚博客中，如果有的话，博客中说了些什么。有些博客会对时尚业进行评论，分析不同品牌的优缺点。

4.给公司打电话接通公关部门。请公关部的工作人员把宣传资料和/或年度报告寄给你。学会在电话交谈中表现出不卑不亢，心无畏惧，这一点很重要，而且是一次很不错的锻炼。

## 应该问些什么问题？

进行研究的时候，你会想问问这些潜在雇主一些更为细致具体的问题。这样，就不会让自己的作品集针对错误的雇主，从而节省时间，并免受挫折。

### 问题

1.你精挑细选后的名单上的公司有何共同之处？如果它们截然不同，那么你的研究范围过于宽泛，会让你的作品集缺乏针对性。

2.他们如何宣扬自身的设计理念？与你的个人理念是否吻合？例如，你对可持续性满腔热情，而他们并不关注这个，那么你们就不合适。当然，如果你非常有前瞻性，十分积极主动，那么接受这样的工作也无妨，努力改变就可以了。

3.他们认为自己专注于何种类型的客户？是保守主义者、中庸派，还是走在时尚前沿的人士？这些问题的答案是否符合你个人的审美观？

4.他们的目标客户与在商店他们所创作系列产品的购买者是否一致？

5.他们是否从事不止一种服装类型？如果答案是肯定的，那么你准备让自己的作品集针对不同类型中的一个还是针对多个不同类型来展现自己的才艺？

6.服装价位如何？你在其限制下开展工作是否会感觉舒适自在？

7.是否会要求你旅行出差或者搬迁住所？差旅听起来不错，但是有些设计师会在国外待上半年或者完全地搬至国外生活。

8.他们一直在招聘新人吗？或者他们的设计人员非常有限还是十分固定？如果公司人员更替的速度很快，你获得职位的概率较大，但是工作条件可能会比较艰苦。

9.哪些商场出售他们的产品，原因何在？

10.你为自己设定的未来设计师的职位要求，他们是否能帮你实现？

提示：就目标公司回答上述问题的时候，要记下笔记，好让自己把事情分得清清楚楚。然后把所获信息按下页的表格形式进行编辑。在这个行业，记笔记是非常重要的职业习惯。

## 在这家公司供职的状态将是怎样的？

你可能在想为何要问那么多问题。你不过是申请一家公司的职位，又不是要跟公司结婚过日子。的确如此，但是一旦被聘用，你可能在办公室度过的时间要比跟亲爱的他/她共度的时光长得多。你必须知道自己花那么多时间是否值得，自己所从事的工作会增长自己的见识并能在职业生涯中助你一往直前。如果你喜欢同家人共进晚餐，而公司要你加班到深夜，长此以往，你不会对这样的安排感到舒心乐意。就算你获得聘用，也不会适合你，不久你就会辞去这样的工作。而你无法利用那段时间寻找一份更适合于自己的工作。接受某份工作后，最好能做上至少一年。否则，你的个人简历就会经不起推敲，显得很薄弱。

## 瞄准特定公司

目标公司的信息收集完毕后，按自己喜欢的顺序对它们进行排列。这有助于了解作品集里重点内容的放置。例如，如果你最喜欢的公司不喜欢遵循传统的服装季节，而喜欢一个月"出航"一次，那么，你可以在作品集里强调无季节变化的裙装。但如果季节划分对你心目中的备选公司意义重大的话，你可能会用更简单的方式解决这一点。

## 个人人脉

个人的交际网络是获得工作机会和有益建议的最佳源泉。要是运气好的话，学校会提供就业咨询和人脉关系。他们了解你以及你所擅长的东西。也要和你的导师们聊聊。他们也许认识一些人并愿意向其代为引荐。要是你学习认真出色，他们也许乐意为你撰写推荐信。

你的同学和同行也能提供很好的资源。你的好朋友会与你分享就业方面的宝贵信息。

跟校外认识的人接触沟通也很重要。你认识从事你想获得职位的人吗？他/她也许能为你在潜在雇主看重作品集中何种内容这方面提供建议。相关领域的创意人士也是出色的人脉。

## 公司评估表格

有几个目标公司就弄上几份表格。把它们放在贴好标签的文件夹里，这样在准备作品集的过程中可以作为参考。安排面试的时候，你就有现成的信息作为参考。这些也是职业人士通行的作法，能让你成为不可多得的高效员工，而且能最大程度地减轻你的压力。

STAIRWAY
TO SUCCESS

## 公司评估表格

公司名称＿＿＿＿＿＿＿＿＿＿＿＿＿＿＿＿＿＿＿＿

地址＿＿＿＿＿＿＿＿＿＿＿＿＿＿＿＿＿＿＿＿＿＿

上下班距离＿＿＿＿＿＿＿＿＿＿＿＿＿＿＿＿＿＿＿

有无搬迁的必要性＿＿＿＿＿＿＿＿＿＿＿＿＿＿＿＿

搬迁如何安排＿＿＿＿＿＿＿＿＿＿＿＿＿＿＿＿＿＿

公司规模＿＿＿＿＿＿＿＿＿＿＿＿＿＿＿＿＿＿＿＿

目标客户＿＿＿＿＿＿＿＿＿＿＿＿＿＿＿＿＿＿＿＿

客户类型、他们更为具体的目标＿＿＿＿＿＿＿＿＿＿
＿＿＿＿＿＿＿＿＿＿＿＿＿＿＿＿＿＿＿＿＿＿＿＿

是传统型公司还是创新型公司＿＿＿＿＿＿＿＿＿＿＿
＿＿＿＿＿＿＿＿＿＿＿＿＿＿＿＿＿＿＿＿＿＿＿＿

设计师是否独立开展工作？＿＿＿＿＿＿＿＿＿＿＿＿

设计师在设计总监的领导下进行团队合作？＿＿＿＿＿
＿＿＿＿＿＿＿＿＿＿＿＿＿＿＿＿＿＿＿＿＿＿＿＿

从事自由职业设计师的机会如何？＿＿＿＿＿＿＿＿＿

现在是否招聘新人？＿＿＿＿＿＿＿＿＿＿＿＿＿＿＿

个人联系＿＿＿＿＿＿＿＿＿＿＿＿＿＿＿＿＿＿＿＿
＿＿＿＿＿＿＿＿＿＿＿＿＿＿＿＿＿＿＿＿＿＿＿＿

设计理念＿＿＿＿＿＿＿＿＿＿＿＿＿＿＿＿＿＿＿＿
＿＿＿＿＿＿＿＿＿＿＿＿＿＿＿＿＿＿＿＿＿＿＿＿

哪些商场出售该公司的服装？＿＿＿＿＿＿＿＿＿＿＿
＿＿＿＿＿＿＿＿＿＿＿＿＿＿＿＿＿＿＿＿＿＿＿＿
＿＿＿＿＿＿＿＿＿＿＿＿＿＿＿＿＿＿＿＿＿＿＿＿

价位＿＿＿＿＿＿＿＿＿＿＿＿＿＿＿＿＿＿＿＿＿＿
＿＿＿＿＿＿＿＿＿＿＿＿＿＿＿＿＿＿＿＿＿＿＿＿

备注＿＿＿＿＿＿＿＿＿＿＿＿＿＿＿＿＿＿＿＿＿＿
＿＿＿＿＿＿＿＿＿＿＿＿＿＿＿＿＿＿＿＿＿＿＿＿
＿＿＿＿＿＿＿＿＿＿＿＿＿＿＿＿＿＿＿＿＿＿＿＿
＿＿＿＿＿＿＿＿＿＿＿＿＿＿＿＿＿＿＿＿＿＿＿＿
＿＿＿＿＿＿＿＿＿＿＿＿＿＿＿＿＿＿＿＿＿＿＿＿
＿＿＿＿＿＿＿＿＿＿＿＿＿＿＿＿＿＿＿＿＿＿＿＿

设计师： 勒娜特·马珊德

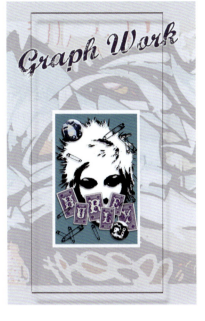

勒娜特围绕赫莉（Hurley）品牌
设计了这组酷酷的青少年秋装。她大
三升大四的那年暑假在这个公司实
习，公司与她的特长非常匹配。因此
她大学一毕业就受聘于该公司。

注意勒娜特如何在这两页纸上
精心安排服装平面款式图。所有平
面图比例一致，清楚地展现了细
节。对柔软服装她采用了较为放松
的处理方法，表现了服装水洗后的
舒适感。

## 设计师档案：基尔南·兰贝斯

你会担心首份工作并非自己的心仪之选，读读设计师基尔南·兰贝斯的艰辛就业历程会很有帮助。他在1998年从设计学院毕业后获得了丰富的实践经验。每份工作都是一个极为重要的学习经历，而无法汲取新知识时，也就是离开并继续前进的时刻了。

## 基尔南的工作经历

我的职业生涯循序渐进地发展，对此我感到非常幸运。我维护我所有的人脉，每次离职都和平友好，从未过河拆桥。因此，我的工作无需招聘专员或者猎头。所有职位都是通过我个人的人脉或者是人家主动找上门来。这是一个小行业，你的声誉和敬业精神将决定事业的成败。

1.在耐克实习：大三和大四期间在耐克公司实习。获得了绝佳的经验，有幸目睹了大品牌公司的内部情况。

2.Earl Jean——女式牛仔裤：我的第一份工作。跟一个迅速发展的小品牌合作，真正的创业体验，在这份工作中，我意外地投身于牛仔服装的设计。

3.Eisbar：牛仔裤、印花T恤、一些运动装。我离开Earl Jean，打算跟一个改行进入时尚业的律师合作自主创业。在三年的经历中，我犯过错误，一直在学习，还尝试了服装公司中所有的工作岗位。

4.ALLen B（ABS）——男装系列：离开自己创业的公司后，我入职了更大更稳定的品牌公司并获得丰富的经验。这里拥有极好的资源和超棒的工作环境，但是我明白这个行业中所有一切都来之不易，也没有什么是铁板钉钉的事情。我们使用女装系列同样的商务模式开发男装系列时遇上了麻烦。在此度过了美好时光，但去纽约工作的机会实在诱人，无力抵抗。

5.Bluenotes——男式牛仔裤和裤装：移居纽约，在Bluenotes工作，是美国鹰（American Eagle）对一个加拿大Urban-Outfitter风格连锁店的重新整合。这是很棒的工作，但是美国鹰公司决定减少损失，出售了这个品牌。我获得晋升，从事美国鹰的男装牛仔裤设计。

6.American Eagle Outfitters（AEO）——男式牛仔裤：在AEO工作两年半之后，我对牛仔裤非常入迷。为获取灵感和寻找工厂做了大量旅行，也制作了非常成功的产品系列。了解了企业运作的优缺点。热爱这份工作，但不爱纽约这座城市。

7.A&F——男士和男童牛仔裤：离开AEO后，加入大敌A&F（Abercrombie & Fitch）公司。一直对这个品牌和外界对其形形色色的评论感到非常好奇。搬迁至俄亥俄州的哥伦布市。在那里呆了七个月后我就意识到自己不适合这家公司。

8.Quiksilver——青年男装的全球牛仔：我回到了西海岸，回到自己老家加州橘子郡，为Quilsilver设计牛仔服。公司很棒，团队很棒，非常有趣的经历。不幸的是，2008年遭遇金融危机，超过半数的设计人员被解聘。

9.自由职业：大约5个月的时间从事自由职业，从事一个兼职项目——牛仔服系列"特别材质"（SpecialFabrications）。曾去俄罗斯参加为期一周的咨询工作。也为牛仔布工厂Tavex从事水洗工作。

10.7 For All Mankind（7FAM）——男女牛仔服：在经历一段压力重重的自由职业后，通过Quiksilver公司的副总人脉（因为他的亲密朋友是7FAM的公司副总），我得到一份为7FAM提供咨询的工作，之后发展为全职咨询工作。通过人脉进入公司后就靠我自己的实力了。我们非常投缘，结果这份工作是我最喜欢的工作之一！一切进展得非常顺利，她接受了我为男装带去的很多变化。作为一个了不起的经理人，她也给予我机会负责女装设计团队。后来，她加入Gap，带走了除我之外的很多人，给这个团队带来了巨大变化。然后，一个我无法抗拒的绝妙机遇来了……

11.Lamb & Flag——男女牛仔服和配饰：这是我现在的工作。Lamb & Flag是Kellwood推出的一个崭新的零售理念。将开实体店和电子商务平台。我与一个小团队同心协力，团队中的很多人我之前都共事过。这是一个新公司，但是有Kellwood丰富的资源为后盾。我们从零开始创造一切，真是太棒了！

设计师：基尔南·兰贝斯

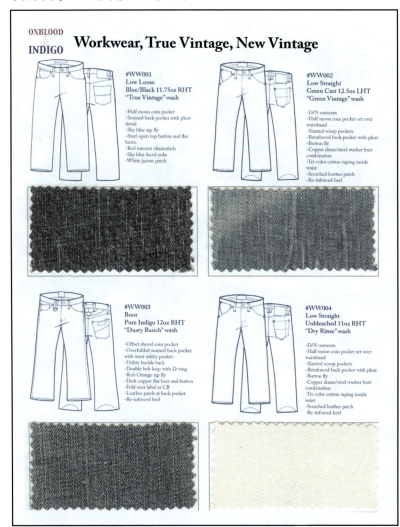

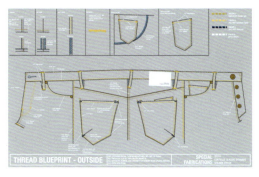

　　基尔南为我们提供了一些牛仔款式图、工艺图和写实风格仿旧处理牛仔的细节等优秀范例。注意上面草图中关于明线、裤襻、铆钉、钮扣和线缝等细节是如何绘制的。对这种细节的关注以及为司空见惯的元素添加微妙的变化的能力也是成功设计师的必备品质。

## 设计师：考特妮·蒋

漂亮的廓型、精致的流苏和夸张的处理让这个纯色晚装系列显得激动人心、风情万种。注意她平面图上线条的变化。用更大胆的笔触绘制"较硬"的服装。

考特妮设计作品的情绪板《天鹅湖》，作品见左页图

考特妮新系列的裙装

## 设计师宣言

作为设计师，我努力创作女性化、简约又精致的作品。我的设计主要运用简单、宽松的立裁，再结合手工装饰细节，如串珠、蕾丝贴花、面料染色和面料处理等。2011年春季我推出了首个服装系列。

从大学一毕业就开始推出服装系列既耗费时间又承受诸多压力。这个工作需要极强的敬业精神和激情，但看到所有的辛勤劳动转变成完整的产品，会获得不可思议的满足感和成就感。我所选择的道路既有高潮也有低谷，有时候感觉每天跟上这个高速发展的行业困难重重、挑战多多。不过，到最后，工作时快速学习的必要性逼着作为设计师的我不断学习、成长和发展。

要是你满腔热情，几乎从学校一毕业就开始推出系列，我建议你在求学阶段要尽可能多的积累工作经验。我知道学校的学业会占去全日制学生的大多数时间，但是单单暑假期间的实习经历就能让你对服装行业有深刻的了解和洞察力。而且注意不能让自己局限于某个设计职位，在生产、公关、客服、面料采购的工作经验，能让你学到自己创业的其他方方面面，而这些是在设计学校里无法学到的。你在工作中甚至在学校里接触的人可以对你的未来发展大有助益，因此形成自己的人脉圈非常重要。

## 第六步 进行深刻反思

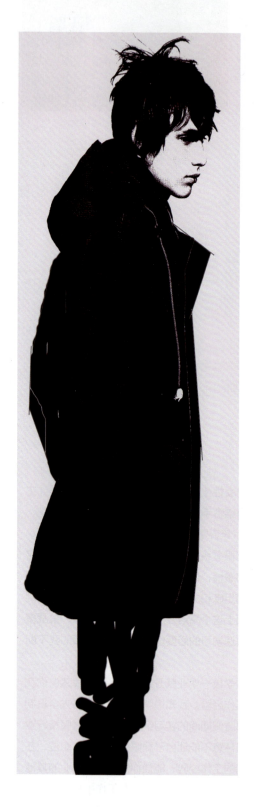

优秀的面试人员只要翻阅一下你的作品集，就会对你有一定的了解。他们非常有经验，善于发现关于你的为人、信念、对工作的热情度、对工作的自豪感、条理是否清楚、组织能力和时间管理能力等方面的一些显性和隐性信息。

对你的作品集中放什么内容，你可能会比较谨慎，因为你不希望更为大胆的内容让潜在雇主反感。但是，展示真正的自己至关重要——尽管有时候你需要使用更为"大众"的方法加以伪装。不过，反过来说，如果你的作品过于极端，应该也找不到与你的作品产生共鸣的人。

多年前，我们曾有一位才华横溢的学生，他为自己的灵感缪斯绘制了十分扭曲的、全身的、奇怪的但又非常精美的时装画。他的老师非常欣赏他的作品，但心知肚明这个无法转换成泳装市场的实际作品，而他很想在泳装市场有所发展。尽管老师建议他将时装画的风格中和一下，至少包括一些更加"正常"的服装款式草图，他自己深信不疑，整个作品集都以这个风格完成。

你也许已经猜到了，无人能超越他狂野的绘画风格去欣赏背后的优秀设计作品。最后，他不得不重新制作整个作品集，也谋到了一份好工作。不过，这对他个人来说可谓沉痛的教训：你必须了解并表达自己，但同时必须了解自己的受众。时尚是个创意领域，但同时也是拥有具体设计语言的商业。你必须善于运用直观的语言让雇主很轻易地产生共鸣。

因此，进行自我评估对你也极为有利，这样你就能了解为了实现自己的目标在哪一方面你不会妥协让步，哪一方面又可以灵活处理。自我评估实属不易。说到我们自己的长处和短处，我们都有盲点。缺乏自我认识会让你踏上与你的目标相悖的错误道路或者让你在处理作品集的时候目光短浅，缺乏远见。了解自己的优劣势能让你对正确的内容进行强化处理，而对无法提高潜在雇主眼中你个人价值的内容进行弱化处理。

所以，花点时间，好好研读下一个设计师档案，然后仔细考虑自己究竟擅长什么，什么会给你造成问题。在职业生涯和个人生活中，诚实并准确地认识我们身上的这些方面是成长的重大一步。

## 设计师档案：关于你的一切

请坦诚地对自己进行评估，这样有利无弊。别人无需阅读你的评估结果，但是在制作作品集的过程中做出重大决定时你可以参阅这个清单。

1.职业教育（勾选符合的选项）

自学成才 ____

不计学分课程 ____

证书或者相关的资质证明 ____

学士学位 ____

高级学位 ____

实习经历 ____

**雇主的要求?** ____

2.在相关或者辅助行业的教育或者工作经历（勾选符合的选项）

零售 ____

商品企划 ____

造型 ____

零售采购 ____

戏服或舞台服装 ____

服装制板 ____

服装生产 ____

绘画、绘图或者其他艺术基础 ____

摄影 ____

平面设计 ____

营销 ____

广告 ____

**你的潜在雇主是否看重这些?**

3.软件培训（勾选符合的选项）

Photoshop和相关图像处理软件 ____

平面绘图软件（Illustrator、Freehand等） ____

我未接受过任何软件培训 ____

**这个职位有哪些要求?**

4.我喜欢的工作方式

单独工作 ____

合作 ____

作为团队成员的工作 ____

无所谓何种工作方式 ____

**公司是否以团队合作的工作方式为主?**

5.我喜欢的工作环境

我不讲究工作环境，随便什么地方都可以 ____

我需要私人空间。____

我喜欢跟别人一起工作 ____

**我所选公司的工作环境如何?**

6.选择最适合你的表述

我喜欢从事自由职业，拥有灵活性 ____

我需要稳定工作，以支付各种账单 ____

我喜欢从事稳定工作并同时兼职 ____

我对所从事的设计工作的类型并不挑剔 ____

我只想为我这种类型的客户进行设计。____

**毕业后为别人工作可能是较为简易的支付生活成本的方式，也是教育过程中不同但非常重要的部分。但是，如果你打算从事自由职业，那么优秀作品集的重要性更加不容低估。**

7.地理位置

我愿意在工作所在地居住 ____

我希望去别处工作和生活 ____

我愿意搬至别处，尽管这不是我的上佳之选 ____

我不介意搬到附近的城镇，但是我想呆在某个大致区域 ____

**必须认真考虑自己对此的感受。如果你别无选择，无奈搬迁到自己不喜欢的地方，这不利于你的职业成功。**

## 设计师档案：强项与弱项

在符合的特征边上打钩。完成后，分析一下你的特征对职业的影响。

**强项：**

1. 整洁 ____
2. 有条理性 ____
3. 能长时间集中注意力 ____
4. 创造高效率的体系 ____
5. 非常守时 ____
6. 良好的沟通者 ____
7. 有能力促成团体在观点上达成一致 ____
8. 天生的领导能力 ____
9. 进行资金预算和管理 ____
10. 善于建立社交圈 ____
11. 在社交场合外向活泼 ____
12. 擅长进行研究 ____
13. 快速适应陌生环境 ____
14. 天生的问题解决者 ____
15. 在有压力的情况下能保持冷静 ____
16. 能够接受批评 ____
17. 真实地提供策略反馈 ____
18. 着装考究，带有个人风格 ____
19. 衣冠楚楚，光鲜文雅 ____
20. 强烈的自我感 ____
21. 享受公众的注意力 ____
22. 缺觉少眠不影响工作表现 ____
23. 热爱旅行 ____
24. 欢迎挑战 ____
25. 享受身边人们的差异性 ____
26. 喜欢应对挑战 ____
27. 寻找并热爱日益增长的责任 ____
28. 喜欢与人交谈学习新东西 ____
29. 有能力有效地把工作按优先顺序排好 ____
30. 坚定果断 ____
31. 总能赶上最后期限 ____
32. 乐观 ____

**弱项：**

1. 杂乱无章 ____
2. 混乱无序 ____
3. 注意力持续时间短、多动症 ____
4. 无法同时进行多个任务 ____
5. 常常迟到 ____
6. 腼腆害羞、害怕畅所欲言 ____
7. 喜欢独来独往 ____
8. 希望别人当领袖 ____
9. 常常负债 ____
10. 时间管理能力差 ____
11. 在社交场合感觉不自在 ____
12. 缺乏耐心；倾向于接受显而易见的解决方案 ____
13. 缺乏灵活应变的能力 ____
14. 常常被众多问题压得无可奈何 ____
15. 认为批评意见针对自己 ____
16. 常常采取防范态度 ____
17. 提供反馈时口不择言 ____
18. 不愿给出负面的反馈 ____
19. 个人着装风格马虎随便 ____
20. 不安全感 ____
21. 讨厌成为焦点 ____
22. 需要睡足八小时才能好好工作 ____
23. 害怕乘飞机、去陌生的地方、离家太远等等 ____
24. 喜欢跟来自相同背景的人共事 ____
25. 讨厌任何形式的变化 ____
26. 不喜欢跟陌生人谈话 ____
27. 抗拒做决定 ____
28. 逃避责任 ____
29. 常常丢三落四 ____
30. 喜欢八卦 ____
31. 会把个人问题带到工作单位 ____
32. 喜欢耿耿于怀 ____
33. 悲观 ____

# 第七步 明确你自己的图形表达能力和强项

## 设计师档案

用另外的一张纸对以下列出的条目记录下你的想法。不要遗漏任何一条。如果你真正地思考这些内容，每一条可能都会对你产生一些影响。确定了你的想法后，可以用一些词语来描述每一条内容如何对你的工作产生影响。

**艺术**：列出你最喜欢的画家、雕塑家、插画师和摄影师，以及你最喜欢的艺术时期或者艺术运动。描述吸引你的特质，如色彩、主题、构图、图形、线条、古典风格、象征符号、简洁或者某个大胆的手法。

**建筑**：列出你最喜欢的建筑师和你最喜欢的建筑时期。描述吸引你的特质，如设计理念、材料、形态、色彩或者历史意义。

**音乐**：列出你最喜欢的歌手或音乐组合，以及吸引你的特质。

**体育运动和爱好**：你参加何种体育运动？你有哪些爱好？这些活动会对你的理念产生什么样的影响？

**书籍、电影和戏剧**：列出你最喜欢的书籍、电影和戏剧清单，它们如何影响你以及它们的潜在影响力。想象书中或者剧中人物的着装。

**个人文化**：你的工作和生活地点在何处？这样的环境对你产生了何种影响？

**种族血统**：你的文化背景是什么样的？

**朋友和家人**：你的亲密朋友是谁？他们对你产生了什么样的影响？你的父母或者兄弟姐妹从事何种职业？会对你的理念产生怎样的影响？

**亚文化**：你熟悉何种亚文化或者参与何种亚文化？例如朋克、哥特派摇滚乐、社交迷、星舰迷、滑板族等。

**精神信仰**：信仰何种宗教或者信奉何种道德理念？

**其他影响**？可能还有别的元素或者在人生中还经历过的小事对你产生的影响。将它们写下来，看看它们如何影响你的工作。

朱莉的"Bauer"陶器系列之类的漂亮艺术品能成为色彩与设计的极佳灵感来源。

摄影：朱莉·霍林格

## 碧昂斯

一些设计师为演艺人员设计令人叹为观止的舞台服装，并成就了成功的职业之路。

图片版权 Evertt Collection Inc./Alamy

## 设计师档案：视觉表达方面的优势

选定客户后，你的作品集应该是怎样的状态便心中有数了。例如，如果你准备设计童装，而你的朋友打算设计男青年滑板装，你们可能会采取完全不同的方式安排作品集的内容。以下清单有助于你确定自己最强的技能。在你的作品集中充分利用这些技能，规避那些对你而言有挑战性的领域，或者利用一些战略来有效应对这些挑战。

用1～10分来评估你的技术水平，10分意味着实力最强。

绘制女性人体 _____

绘制男性人体 _____

画儿童 _____

绘制时装画中的脸部_____

画手和脚 _____

绘制着装人体_____

手绘人体和服装_____

电脑绘制人体和服装_____

写实的时装画风格 _____

前卫的时装画风格 _____

手绘平面款式图 _____

电脑绘制平面款式图_____

复杂的服装人体动态 _____

多人组合构图_____

平面设计元素_____

趣味元素_____

与组合相关的文字 _____

制作面料板_____

面料处理_____

制作原型_____

织物样品_____

喷枪绘制技巧 _____

手绘背景的使用 _____

电脑背景_____

电脑特效 _____

# 第八步 自我评估

完成所有的分析之后，你会对作为创意人士的自己有所了解。这个自我评估可以明确你的工作经验和关键技能，以及你希望从事的工作领域。例如，你可能需要为一些公司温习你的计算机技巧，或者为了在自己心仪但是压力重重的工作环境里游刃有余，你需要提高自己的时间管理能力。

不管在哪个公司，最重要的一个问题就是人际交往能力。它们希望你能够进行良好的团队合作并持有积极向上的态度。如果你发现自己具有不利于此方面工作的特长，就得考虑接受咨询或者进行反思。而且，老板可能希望你善于用语言表达自己的观点并在公众场合代表公司发言。如果表达个人观点对你来说并非易事，参加演讲训练课应大有帮助。写下你的个人观点并在课堂上进行演讲练习也很有效。

了解你的强项和弱项是成为高效职业人士的重要步骤。作品集是以创意方式说明你本色的个人宣言，因此你需要它完全反映真正的你。挖掘你在视觉表达方面的能力有助于提高作品集的品质。

### 关于你的一切

1.我的三项最为重要的工作技能是什么？

2.如何在作品集中突出或者利用那些技能？例如，如果你有广告经历，可以将其作为你的整体主题。

3.如果有不足的话，哪些不足是我需要加以改善，使我的价值最大化（如造型、计算机技术、结构等等）？

4.我的理想工作地点和工作环境是什么样的？

5.这些理想是否符合我的目标雇主？如果愿意做出妥协让步，会如何妥协让步？

### 强项与弱项

1.我工作上五大关键强项是什么？

2.我的五大弱项是什么？

3.在这个过程中我会使用何种策略让自己的强项最大化？

4.我会采用何种策略让自己弱项最小化或者改正自己的弱项（例如，如果你习惯迟到，那么就强迫自己提前半小时进课堂或者让自己在学期剩下的时间里完成某些义务事项。类似对别人缺乏容忍和耐心的弱项也许需要接受某种形式的咨询与建议）？

### 关键能力

1.我打算专注于哪五项赋予我灵感的关键元素？

2.我是否打算将赋予我灵感的某个元素用作整个作品集的理念来将作品组合在一起（例如，如果你热爱室内设计，作品集中的每个组合可能基于《建筑学文摘》中某幢漂亮房屋里的一个不同的房间）。

3.如果是这样的话，我会考虑何种主题以及会如何使用这些主题？提示：为每个主题设想几个不同的想法，然后进行编辑删减，仅留下最好的一个。

### 视觉表达方面的强项

1.我的五个关键视觉表达方面的强项是什么？

2.我的五个关键视觉表达方面的弱项是什么？

3.在这个过程中我会使用何种策略让自己的强项最大化（例如，如果你善于绘制平面图，确保在一个组合中强调自己的这个能力）？

4.我会采用何种策略让自己的弱项最小化或者改正自己的弱项（例如，如果你的面料板显得比较苍白无力，应有针对性地请老师就此关键元素提出意见）？

注意：记得要在心里回顾自己所受的设计教育和为你带来极大成功的项目。不要忽视自己已经非常擅长的工作。

如果你对以上这些主题感到困惑不解，不要踌躇犹豫，去请教你的老师，特别是那些教过你的老师，他们也许了解你的优劣势，并且能够为你提供应对的建议。

考虑涉足服装行业的年轻人可能希望了解从学校毕业后，这个行业提供哪些岗位以及这些岗位的工作内容。许多学生只是考虑到成为光鲜亮丽公司里的优雅设计师，当然这也是个非常不错的目标。但是公司里也有很多其他职位，多才多艺并能抓住多种机遇是初入职场人士的宝贵财富。要知道所有的工作都因为公司不同而有所差异，而初级设计师和资深设计师的工作内容在某种意义上几乎可以互换。

### 1.实习职位

毕业前进行实习是获得服装行业业内经验的好方法。有的实习生有工资，有的没有。通常不付工资的实习职位充抵学分或者是经过校方安排的。不过，如果你不愿意辛苦地无偿工作，可以去你梦寐以求的公司找一份夏季临时工作，它也许会为你最终谋得一份真正的工作。因此，值得尝试。在经济形势不佳的情况下，有些毕业生也只是得到无偿的实习职位，但是如果你真的非常出色，最后还是会获得聘用。要做好准备，你可能很长一段时间都只是在跑跑腿、熨烫服装、整理档案和打包样品，不过，在这个过程中，你会学到很多东西，为以后的工作建立很多人脉。

### 2.助理设计师

这通常是刚毕业时获得的入门级的职位。这个职位的职责在某种程度上取决于公司的规模、助理设计师的数量以及设计工作室的运作方式。助理设计师通常应负责以下工作内容：用Illustrator或者手绘绘制平面图、填写规格表和成本计算表、辅助完成首批纸样、剪裁样品、订购、接收并分类面辅料，辅助设计师完成试装准备工作和查看样品之类的日常工作任务。

### 3.初级设计师

这个职位通常要求两到四年的工作经验。初级设计师的职责更多，通常直接听从于资深设计师，工作职责包括：

帮助开发服装系列或配饰。

管理参与制板、制作样品或成衣的工人。

调查人口结构，为设计确定目标市场。

为代理商和销售代表提供服装样衣。

为时装秀和其他生产工作咨询生产人员。

研究电影或者戏剧制作所需的服装风格和年代。

按要求制作面料样品。

不断了解最新的面辅料。

参加时装秀并为时尚杂志撰写评论文章。

检查服装样衣上身和悬挂效果；然后修改设计以达到理想效果。

选择服装系列所需的所有面辅料。

为生产技术提供建议以获得与设计相吻合的效果。

为服装或者配饰绘制草图并确定细节。

与设计团队进行合作并对其进行监督以完成产品制作。

### 4.资深设计师

这个职位通常需要五年或以上的工作经历，资深设计师常常处理很多商务端的工作，并确保创意团队工作方向一致，高效地推进工作。也许这个职位15%到20%的工作具有创造性。可能包含的职责范围如下：

监控海外工厂并解决问题。

评审新样品并参加试装。

与设计团队开会审议草图并提供反馈意见和指导方向。

与销售团队开会听取销售汇报并讨论需要改进的事项。

与负责面料的同事开会并预测潮流趋势。

接受公司总裁会见，商讨需解决的问题，审议预算，完成有关员工的文案工作。

负责整个产品的设计过程，包括色彩、印花、面辅料的研发、概念板的制作、绘制草图和试样。

了解最新潮流，为产品系列和季节主题开发理念。

确保产品与市场潮流以及商业策略保持一致。

为色彩设计、面辅料指明方向。

与技术人员合作确保工艺准确且完整。

向买手做报告。

# 女装设计师：吉尔·柳井爱子

吉尔·柳井爱子曾是一名舞者，她认为服装应该体现动感，富于表现力。她的设计作品希望能够唤起我们内心深处的创意和积极的能量。吉尔毕业于奥蒂斯大学，现居住于洛杉矶。2013年曾被提名为前50位青年才俊设计师。她曾为Clover Canyon品牌效力，为美国时装设计师协会提名人乔治·帕金森工作过。

你从什么时候开始创业？

从2011年的秋季到现在，我的工作室已经有4年历史了。

你是白手起家还是获得过一些资助？

我完全靠自己。因为产量不大，一开始公司的成立只是需要一些面料和机器设备。但是我还是要感谢我的父母能让我顺利完成学业，而正是系统的学习让一切变为可能。

你的定制业务占了多少比例？

大概占到了25％。通常顾客直接到我的工作室购买现成的产品。有一些则要求做一些改动，这也包括在每件服装的价格之内。制作半定制服装并不难，我会根据已有的版型为有定制要求的顾客作出调整修改。完全的定制款式就没有那么容易了，需要设计开发的时间，面料的选择，并且还要根据具体的客户绘制方案手稿。

自己创业最困难的地方是什么？

最困难之处在于小型企业需要处理各种繁琐的事务！不是每一件事情都能很好地完成，有如此之多的任务与挑战就需要不断地做决定。这是个喜忧参半的事情，因为一方面我可以自己做决定，而另一方面，每个决策都决定了我的成败。

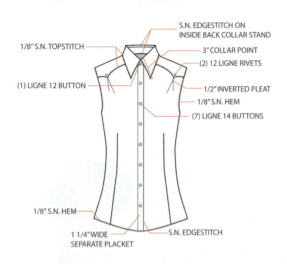

Born Country

## 技术/助理设计师：萨默·史宾顿

1/8" S.N. TOPSTITCH

(1) LIGNE 12 BUTTON

S.N. EDGESTITCH ON
INSIDE BACK COLLAR STAND

3" COLLAR POINT

(2) 12 LIGNE RIVETS

1/2" INVERTED PLEAT

1/8" S.N. HEM

(7) LIGNE 14 BUTTONS

1/8" S.N. HEM

1 1/4" WIDE
SEPARATE PLACKET

S.N. EDGESTITCH

1/8" S.N. TOPSTITCH

(2) 12 LIGNE RIVETS

1/2" INVERTED PLEAT

1/8" S.N. HEM

1/8" S.N. HEM

Awesome
Denim

GRAPHIC PLACEMENT

☐ DISCHARGE FOLLOWED BY WHITE WATER-BASED S.P.

HPS

HPS

***SEE "BORN COUNTRY" ARTWORK FILE FOR ACTUAL SIZE ART***

## 萨默的岗位职责

作为技术/助理设计师，我主要的目标是减轻资深设计师的工作负担。我接手她的创作理念，通过样品处理、工艺单的制作和管理令其显现初步成效。我协助试衣工作，并确认染色、印花和水洗效果。有必要的话，我必须更新工艺单，确保生产团队和设计团队之间的所有工作顺畅进行。我是两者之间的联络人和组织代理人。

通常，我8点到达工作单位。首先看看正在开发中的样品，了解样品在裁剪、缝制、染色和水洗部门的工作进展情况。我将必要的文案工作归档并更新电子数据表和笔记。然后，我负责成品以及为销售代表准备的产品的标签和标价工作。样品处理完毕后，我继续工作，处理工艺单和试衣以及一天中出现的任何事情。如果暂时无事可做，我就上网进行调研，寻找可以用于新系列的有趣细节或者水洗效果。

我的职责包括：

服装系列款式图

工艺设计图

平面款式图

样品处理

文件管理

生产联系

图形核准

我的高级设计师分派的所有任务

**创业人士：**经济的起起落落造就了全新的创业精神。设计师们根据经济衰退的形式创造了服装产品线，并在网上出售。由于网络销售也存在着激烈的竞争，初露头角的设计师创业人士必须创造独一无二、引人注目的服装或者配饰来吸引顾客并激发购买行为。

**自由职业设计师：**这指的是以独立承包人的身份与不同公司进行合作的自由职业人士，也有一些人会与同一家公司有定期的合作项目。自由职业的好处是非常独立，可以选择适合自己的工作以及自己的时间安排，很有可能大多数时间都是在家工作，也有机会接触不同的设计项目。而不足之处就是没有稳定的收入，生活没有保障，无人为你支付医疗保险费用或者退休金。如果你已经有了一定的客户基础，从事自由职业可能会相对容易，但是你必须是一个特别有条理和有商业头脑的人。如果你想更有组织性，去签约一家代理机构，它会为你提供工作，但是会抽取你所获利润的一定百分比。跟代理机构签约的话，你应与它们经常保持联络，这样就不会在时尚大军的有志之士中湮没。

开始从事自由职业的时候，为自己确定一个价格并保持不变（口口相传的确存在）。调查一下做同样工作的其他人如何确定费用，并根据自己的优势和经验确定合适的价格。

**样板师：**大多数样板师是公司中的关键人物，都拥有多年的服装行业从业经验。他们与设计师紧密合作，来诠释设计师们的理念并进行制板和修正，增加服装的合体性。根据他们的资历，收入会相应增高。

**规格技术人员：**这是初级职位，工作内容包括精确测量服装，制作样品进行海外生产。从事这个职位的人在多年后会成长为技术设计师。

**技术设计师：**技术设计师的职责实际上涵盖两个或者三个职位，可能包括：样板师、裁剪师（对更高端的公司而言）和测量服装样品的规格技术人员。

**平面设计师：**休闲服，特别是年轻人士的服装中使用新颖、帅气图形的需求越来越高。平面设计师通过手绘或者利用计算机辅助工具来表达其设计理念，绘制设计稿并给图形定位。他们甄选色彩、插图、照片、风格样式和其他视觉元素，将这些结合起来形成最终的图形。平面设计师也会决定不同视觉元素的尺寸大小和布局安排。然后设计师将完成的设计呈交设计总监或者创意总监审核。

**服装陈列协调员：**不论是批发还是零售业，这个职位负责商场中服装陈列的所有元素，包括橱窗的装饰、创造室内展示环境、内部的布局和存货、店铺灯光和所有的平面设计元素。协调员也规划和制定楼层安排，培训陈列设计师并担任店铺管理和公司之间的联络人并进行协调。确保店铺整洁有序，更新展品的存货清单，并向门店经理作报告。

**商品企划师：**商品企划师在销售、决策层和设计团队之间担任着重要的联系作用。商品企划师必须开发月度商品企划方案并分析商品零售历史，为服装产品提供有见地的建议。对市场进行研究非常重要，能够为设计团队提供设计导向和营销策略。商品企划师还要更新和维护产品购买清单，与销售人员合作以确保他们获得所需商品，就不同预算问题提供意见，并在每周的部门例会上解读销售模式及其发展趋势。

**造型师：**造型师善于进行整体的服装搭配，并利用配饰画龙点睛。造型师的工作场合很可能是某次时装摄影，或者某位名流要参加活动。造型师也希望与设计公司发展良好的合作关系，这样他们就可以获得服装或者配饰的最新样品。

**色彩设计师：**你如果热爱色彩，这会是一个非常有趣的职位。主要的职责是为服装生产商或者面料制作商掌控色彩标准和色样。此任务的关键技术工具叫分光光度计，用于解读色彩并辅助质量控制。通过从所有角度为面料色彩拍照，它能够发现并纠正任何颜色容差的问题。

# 第九步 了解作品集的常见误区

在教授了25年的"作品集的制作"课程后,我总结了一些作品集的常见误区。这些误区曾让我们最出色的学生无法展现自己的最佳作品或者完成自己的作品集。在制作作品集的过程中,了解这些误区并考虑一下可能的解决方案,应该有助于避免类似错误。

## 主要的误区

### 1.缺乏整体规划

很多优秀的学生都很容易产生跃跃欲试的心态,未经事先规划而直接投入作品集的创作,结果进入一个缺乏连续性的杂乱无序的过程,而最终使得他们无法完成自己的作品集。

**可为之事:** 利用这个章节和下个章节的内容准备一个切实可行的计划。如果随后有了更好的主意,你仍然可以进行变动。

**可为之事:** 确保在规划时明确一个比较实际的完成时间。不善于时间管理是最大的不足之一。

### 2.缺乏设计重点

你会情不自禁地想要通过创作针对数个不同市场的有吸引力的服装组合来展示个人的才艺。

**可为之事:** 针对你计划选定的设计类型做出明确的选择。

**可为之事:** 仔细研读设计类型和服装分类,帮助你做出选择。

**可为之事:** 如果确定自己希望涵盖不止一种设计类型,为其单独制作作品集。

**不可为之事:** 试图将不同的设计类型涵盖其中。这常常会让你潜在的雇主感到困惑不解。可以包括一些男女皆宜的服装和想法,但是必须牢记制作男装和女装的公司设置男装和女装的独立部门,并由不同的设计师对其负责。

**不可为之事:** 试图一次完成两个作品集。至少完成某个设计类型的三个组合后方可开始第二个作品集的制作。否则,哪一个你都完成不了。

# 你的客户档案

1.姓名、年龄范围和性别_____

2.客户居住地？_____

3.如果有工作的话，你想象自己的客户从事何种工作？_____

_____

4.已婚人士还是未婚人士？_____

5.教育背景如何？_____

6.你想象自己的客户常光顾哪些商场？_____

_____

_____

7.体型如何？_____

8.如何描述客户的审美品位？_____

9.你会设想自己的客户拥有何种爱好或者热衷于何种活动？_____

_____

_____

10.穿着这些服装，你的客户将去何处？（也许你要迟点回答这个问题）

组合一：_____

组合二：_____

组合三：_____

组合四：_____

组合五：_____

11.购买你的设计产品时，你的客户可以接受何种价格范围？_____

_____

12.除了你之外，你的客户最喜欢的设计师还有哪些？_____

_____

_____

13.你的客户是否属于"投资类购物者"？_____

_____

14.添加关于客户的任何其他想法：_____

_____

_____

_____

# 第二章

# 收集资源

2011年秋季山本耀司（Yohji Yamamoto）作品

你如何能在T台上获得一席之地？

设计灵感

绘制灵感

冲击力强的图片组成情绪板

令人兴奋的服装组合

有效掌握季节性时间表

有说服力的平面款式图

精彩的简历和商业名片

良好的时间管理

## 你需要什么？

恭喜！现在你已经制定了自己的整体计划，可以开始收集所需工具和资源来创造精美的作品集了。本章的十个步骤将帮助你收集完成整个作品集制作过程的一切要素。收集的内容有的是实际的工具，如剪刀和装订书本的胶带。其他的会以视觉调研和已进行编辑过的项目的形式出现。所有的步骤都力求节省时间，并提高你的工作效率，从而让你能够避免粗制滥造或者半途而废的作品。

### 新的误区

即使已经拥有针对目标客户的具体计划和设计类型，还是很容易失去重点，让你偏离既定轨道，降低效率。例如，你可能对时装画中人物的样貌有比较模糊的想法，可结果画出来的形象不尽如人意，无法满足你的期望。你可能画了又画，可是鉴于时间压力，很难发挥你的最佳水平。当问题无法解决时，你就会开始恐慌，于是效率和计划性就荡然无存。

我们曾亲眼见过太多优秀学生在学期末的时候还在尝试完善第一个或者第二个组合。这种状况会让他们与最佳的面试机会失之交臂，无法获得反馈。精心的准备工作以及收集必要的工具能帮助你避免这种窘境。

第一步是选择作品集的文件夹。文件夹能够实体展示你的作品并将它们组合起来。利用或者编辑之前完成的项目能让你抢得先机，而收集灵感图片能将你脑海中构想的理念呈现出来。随后，小型作品集样本（第四章）将为你提供一个具体而灵活的前进之路，确保你的想法不偏离重点。

即使你一丝不苟地完成了这十个步骤，制作作品集的道路也许仍然不会一帆风顺。但是精心的准备工作能让你胸有成竹，解决问题的高超技巧能让你应对任何窘境。对于设计行业来说，这是个很好的练习，因为在这个行业里，危机处理已经成为令人兴奋的日常工作的一部分。

---

### 十个步骤

1. 购买作品集所需文件夹

2. 收集工具

3. 决定作品集中的季节顺序

4. 回顾并更新过去的作品

5. 开发自己的设计概念

6. 收集设计灵感并制作灵感板

7. 为效果图的绘制收集灵感图片

8. 收集与你的设计概念相关的平面款式图模板

9. 自我介绍

10. 提高时间管理能力

### 第一步 购买作品集所需文件夹

　　告诉设计师该买什么样的文件夹无异于告诉他们该穿什么样的服装。两者都是个人风格问题，需要时间和研究才能做出深思熟虑的选择。你不会希望在一个至关重要的面试时，拿的是一个无法代表你个人审美观点或者在面试环节无法有效展示作品的文件夹。

　　好消息是，你可以预先在如Dick Blick或者Utrecht艺术品供应商网站上进行初步研究。然而，在购买之前，你应该去店里亲身体验一下自己所选产品的效果。大小很重要，价格会因材质的不同而有较大差异。有些微妙的特征，如多余的口袋或者固定纸张的弹性带子是无法在电脑屏幕上感受到的。以下为几种常见风格的文件夹。

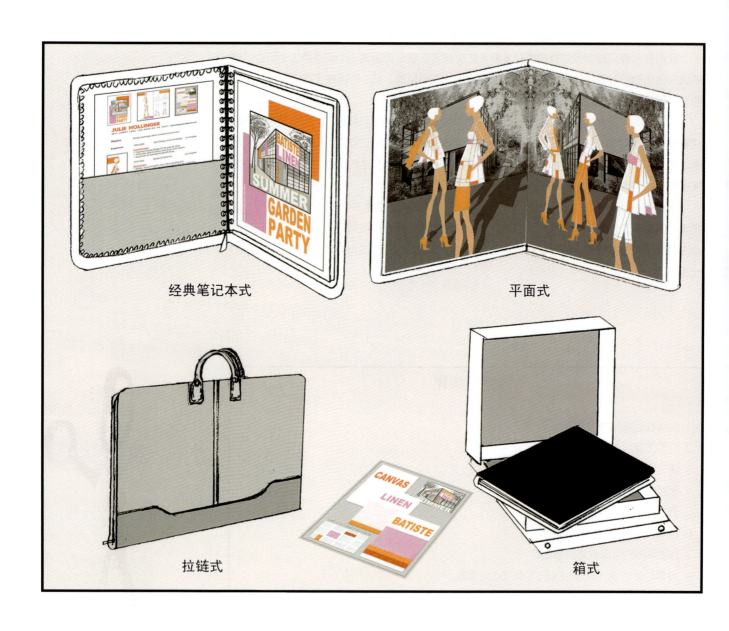

经典笔记本式　　　　　　　　　　平面式

拉链式　　　　　　　　　　　　　箱式

## 需考虑的内容

1. 考虑一下你自己的身高和体力。如果身材娇小，最好不要购买大于38cmX45cm的文件夹。如果你一心想要制作较大的版式，那么就应该购买45cmX60cm的文件夹，然后将其缩小为迷你版，如25cmX30cm的尺寸。如果你擅长手绘表现技巧，特别是表现细节内容，这些图片用较小的尺寸表达看上去会相当不错。

2. 是选用硬质还是软质文件夹也是你必须做的选择。外观当然是最重要的内容，但你也得考虑携带时是否舒适。如果开车去参加面试，携带体积较大的文件夹会比较容易。如果乘坐公共交通工具，使用带尖角的硬质文件夹就应该三思了。

**螺纹式作品集和文件夹**

3. 螺纹式文件夹是螺旋形或者三环装订式文件夹的替代品，它更为清爽、现代感十足。有用塑胶制成的，有透明色和磨砂色；有铝合金制成的，看上去很有光泽，非常时髦和现代；也有用人造革或者真皮制成的。文件夹的价格也因其材质不同而有所差异。购买时能装15页纸，可以加装到40页，纸要单独购买。在线供应商Pina Zangaro是这种风格文件夹的主要生产商之一。螺纹式文件夹的主要缺点是作品集无法完全摊平放置。

4. 透明塑胶文件夹看上去很帅气摩登，但是要非常小心，不能刮花了。

5. 定制的皮质文件夹能为你的作品带来真正的奢华感。纽约的The House of Portfolios Co., Inc.提供这种定制服务。

6. 盒式文件夹可以收纳单张卡纸页，将作品向他人展示时很直观。缺点是经多人之手后，容易损坏。

7. 标准的作品集为15～20页，如需放置更多的页面，可以利用增量包。

8. 护封能够固定并保护你的作品集。Pina Zangaro品牌有很多尺寸可供选择，21cmX28cm、28cmX36cm、28cmX43cm。

9. 如果你必须携带作品集旅行或者寄给潜在的雇主，考虑使用有衬垫的旅行式护封。要是你的作品集在运送途中会"被粗暴对待"的话，这种保护措施是比较明智的。

10. 黏胶带能方便地将作品固定到黑色插页上去。人家查阅你的作品集时，你可不会希望你的作品四处乱"滑"。

**铝合金盒式文件夹**

## 第二步 收集工具

绘制服装系列所需要的工具与你平时的项目需要用的工具基本相同。清单上还要添加一些新东西，但主要的目的只是确保你拥有进行高效工作的所需工具。以下是需要编入预算的物品清单：

文件夹：我们已经讨论了多种风格的文件夹。在这个过程中提前购买文件夹，你就会明白自己还需要哪些其他物品。不过，如果早早买好了文件夹，不要过多对其进行处理。塑料的页面易损，如果你改动工作内容会需要定期更换。

普通打印：要是你用电脑进行大量工作，很多作品需要打印出来，而且在学习的过程中会积累起来。学生们往往等到最后一刻再去打印，结果学校的打印服务跟不上。而校外打印的收费要昂贵得多，所以，最好未雨绸缪。

彩色打印： 打印出来看看作品的效果是这个过程中非常重要的一步。如果在家用电脑上工作，你需要一台不错的彩色打印机。惠普公司和其他公司生产有价格合理的小报（28cm×43cm）大小的打印机。对于进行大量创意工作的人士来说，这将是非常明智的投资。

## 如何附上面料小样

现在开始考虑如何展示自己的面料小样。但关键的是要保持它们的整洁迷人，潜在的雇主可以触摸。除非你打算给所有样布的边缘做包边处理，不然一把好锯齿剪刀必不可少，它可以用来防止织物出现毛边。你也可以用雕刻刀在塑料片上挖剪出小块区域，将面料露在外面。最精巧的高科技方法就是从书中悬挂金属环，这样可以放置更多的面料小样供认参考。右图为制作步骤说明。

这个案例展示了如何将面料小样悬挂于作品集的书脊，所需配件如下图。这种方法非常便捷，可以干净利索地展示你的面料小样。

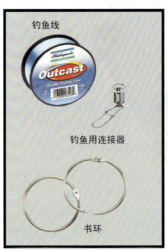

钓鱼线

钓鱼用连接器

书环

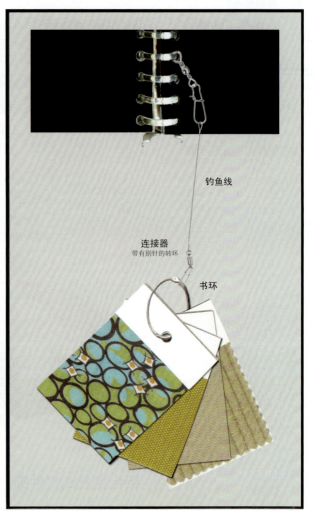

钓鱼线

连接器
带有别针的转环

书环

时装设计表现和打印所需的优质纸张：万万不可选用劣质纸张。如果你打算在不熟悉其性能的纸张上进行表现，那就要在过程开始的时候，允许自己有时间犯错误。在时间压力下做实验常常会造成彻底失败。

　　马克纸：这种纸张拥有奇妙的光滑表面，让描图工作十分简单，甚至无需照光盒。它价格低廉，即使返工（这事儿常常发生）也没什么大不了。Borden & Riley品牌提供的100%布浆马克纸是我们最爱的品牌，也是最便宜的纸张。不过马克纸非常薄，所以需要装裱在细料纸板这样较硬的表面上。

　　康颂描图纸（Canson Paper）：我们的学生在白色或者彩色的康颂描图纸上的表现技能已经炉火纯青，制作出的作品集也非常棒。这种纸张的表面有种柔和精致的艺术感，但很结实，看上去清爽又专业。很难用深色描摹草图。白色和鸽灰色与照光盒一起使用非常不错。加速这个过程的好方法是扫描图稿，将其打印在康颂纸上再进行表现，同时也可以打印背景。

　　细料纸板：有多种不同的细料纸板供选择。它比马克纸结实，但是表面过于光滑，不适合马克笔进行多次着色。

　　牛皮纸：在牛皮纸上绘图很有趣味性，甚至有点高科技的感觉。牛皮纸可以放在用作背景的其他图像上。试试看，你也许会十分享受其效果。

## 康颂描图纸

　　朱莉在康颂描图纸上用她的小型打印机打印了彩色背景，为人物的位置留白。然后手绘人体、服装并添加了面料板。如果在这个时候出了错，只需再打印一张即可。她还可以利用Photoshop的各种图像处理方法对背景的色彩进行试验。

## 手绘工具

为服装设计组合的绘制选定了马克笔色彩和其他工具后，应多买一点作为备用。如果手绘一气呵成，欲罢不能，而关键的某种马克笔或者彩色铅笔用完了，那着实令人泄气。你会去"凑合"用其他的颜色，但通常不是理想的解决办法。而再去艺术品商店跑一趟则会占用宝贵的时间。

注意：我们将在第七章进一步详述手绘技法。

1.Copic牌马克笔和Prismacolor牌彩色铅笔是我们的首选工具。可以将它们结合起来使用，将它们混合，创造出各种效果，从一个马克笔色调中创造出新的色阶。Copic马克笔的笔刷头是固定的，属于油性马克笔。

2.Pantone马克笔如今有笔刷型尖头的和替芯装的，所以要看清楚。Copic和Pantone马克笔都有300多种色彩可供选择。Prismacolor牌马克笔比较便宜，但是其凿形尖头不利于表现，而且没有替芯。不过，它们的色彩的确非常实用。

3.可以用棉签（买上几百根）蘸Pantone和Copic的替芯墨水进行表现。一旦你掌握了这个技巧，你会发现它又快又干净。用棉球渲染大块区域的话也很方便。

4.Tombo笔刷型马克笔绘制特定效果很不错，但是它们容易弄出污迹。它的黑色特别黑，为黑色服装、配饰或者头发添加深色阴影的效果非常好。

5.确保你用良好的中性色调处理人物皮肤，不能使用桃色或者金色。儿童的人物形象可能是例外。准备表现不同的皮肤色调，并购买相应的颜色。如果你的作品集仅包括一个种族的人物，看上去你的思想就不是那么"国际化"了（见第七章）。

6.白色水粉特别适于表现高光，添加肌理感和立体感。一些学生仍使用水粉绘制。如果你比较擅长水粉，而且速度较快，也不失为不错的选择。

7.马丁博士牌的防渗透白色颜料（Dr. Martin's Bleedproof White）是水粉的替代品。它会干燥，干燥后加少许清水即可。

8.为钮扣之类的细节添加高光效果和绘制线迹时，小画笔（00和000号）能派上用场。

9.添加高光效果和线迹时中性笔也很不错，但必须在艺术品商店购买高品质的中性笔。廉价中性笔的色彩会很快褪去。

10.金属笔、粉末/亮粉、铅笔和水粉可用于添加特殊的亮色层次，效果非常不错。

## 艺术纸

1.要将所有元素汇集在一起，将你的情绪板、面料和手绘稿装裱在纸张上，纸张应在色彩上与你的理念协调或者相关联。例如，你可以用奶油色的带肌理的宣纸来提升中性色调亚洲主题的效果。谨慎地选择这些元素会让你的作品集显得更加珍贵和专业。

注意：不要把资料装裱在塑料袋里的黑色纸张上。这种纸张本身薄弱易损、价格低廉，而且黑色会弱化你放上去的任何色彩。各级灰色或者暖色调的柔和中性色都是更佳的选择。

2.选定了创造气氛的图像后，将它们带到一个高品质的艺术商店，与不同色彩的优质纸张比对一下（康颂是个不错的品牌，而且价格不贵）。你很快就能看出哪种深浅的颜色让图像看上去效果最好。如果你对色彩不是很有悟性，就请懂行的人帮你选择。

注意：谨慎使用肌理效果过多、有过多图案或者过重的纸张。图案会分散人的注意力，而厚重的纸张会让你的作品集过重，翻页比较困难。

白水粉

各种粗细的笔刷来突出小细节（000号到00号）

利用Prismacolor牌彩色铅笔提亮马克笔的表现效果

桃红

用白水粉颜料添加高光

表现金属质感的面料，最好使用马克笔，因为利用亮金属笔来表现有点太过了

运用中性的皮肤色调表现成熟的人物

砖米色

尝试表现不同种族的人物，展示更加国际化的理念

探索马克笔微妙的色阶，表现这种美观面料的特性

保留神情轻松的人物姿态的样张，特别是人物组合，在作品集的服装系列中，这种效果非常好

帅气的配饰为服装锦上添花

*有客户在发号施令，一年到头事事都在流行。*
*——赛米尔·瑞迪（Sameer Ready），美国《新闻周刊》，2010年3月19日*
*不分季节的穿着风格以及轻便的里外搭配，这是我们的格言。*
*——迈克尔·芬克（Michael Fink），萨克斯第五大道精品百货店副总裁*

开始规划作品集中的服装设计组合前，需考虑季节问题。经典的作品集通常按照四季循环来安排，以表达自己的多才多艺以及对每个季节中出现的问题的理解（见第十一章朱莉·霍林格的作品集）。不过，你也应该考虑时装业"无季节性穿着风格"日渐盛行的发展趋势。全球气温突升突降，人们不愿意穿着厚重的毛衣和外套，而更喜欢轻便的内外搭配，而且在全球化大背景下很多人常常在不同气候状况下旅行，因此需要多用途的服装。所有这些都是无季节性着装风格出现的原因。

布莱恩·亚努谢克（Brian Janusiak）是"8号项目"（Project No.8）的创立者，这是纽约的一个时尚与设计的先锋。他如是说："无季节性的处理方法让我们兴奋不已的是，数十年来都是零售业的设计迫使人们淘汰衣物，如今他们开始改写时尚周期中什么样的节奏才是可以接受的。"这个发展趋势对尝试开始自己服装系列的设计师来说是件好事，因为他们可以在较长时间段内出售同样的产品，会更容易为自己的事业筹措资金。这对消费者来说也是好事一桩，因为他们拥有更多选择，也不用在某个季节局限于某种特定类型的服装。不分季节的着装风格也有利于在面料和纤维中开发新技术来探索符合这个理念并易于打理的轻型织物。

如果你是相信无季节性着装风格这一理念的设计师，那么问问自己这究竟是什么意思？实际上，各个设计师对这个问题都有自己的应对方式。例如，Badgely Mischka的设计合伙人在秋季系列中使用轻薄的"软绵绵的粗花呢"加上一点点毛皮做装饰。系列中光彩夺目的长礼服款式也减少了。

不过从另一方面来说，在隆冬季节推出度假休闲服和雪纺长裙会让一些客户感到匪夷所思。要是你住在明尼苏达州，你会觉得厚实的毛衣或者厚重的外套看上去恰如其分。你应该对目标雇主和最喜欢的设计师进行研究，看看他们如何处理季节的问题。一个不分季节的作品集要尝试表现多种有趣的样式可能更有挑战性。想象你自己和你的朋友们如何着装。是不是不分季节？如果是这样的话，你可能已经对风格塑造的技法有了内在的理解，使其具有趣味性。

记住，你可以在作品集中选取这两种立场，可以分季节，也可以不分季节。你可以制作不分季节的一个或者两个服装组合，然后制作分季节服装的三个或者四个组合，这是表现个人悟性和才能的极佳方式。

## 微妙的季节性风格塑造

图中三个人物说明了如何微妙地表现季节差异。这里都是休闲服，面料比较轻便，可以随意进行里外搭配。春季服装（A）的袖子稍长，让人联想到此时花朵盛开的花园。夏季上衣（B）是无袖装，用的是较暖较阳光的色调。而秋季服装（C）用的是秋天的色彩，搭配轻便的毛衣背心。如果天气变凉，可以在上面套件夹克衫。人字纹裤子可用轻型毛料或者合成纤维制成。添加短袜也能让样式显得更有活力。

## 美国时装周期表

春装：八月准备，十月发布，一、二月进店，三、四月销售。

这是非常重要的季节，服装从二月底穿到夏季，所以面料的克重各不相同。裸露的地方没有夏季服装多，特别是刚上市的时候。开领稍高点，无袖的风格非常少见。轻便夹克衫是重头戏。春季色彩较淡，轻淡柔和的的印花，或者是浅色调的中性色（可以考虑米色、淡灰色、灰褐色、棕黄色或者奶油色）。亚麻布为经典春季面料。春装毛料较轻薄。短裤常与及膝袜或者紧身裤搭配。

夏装：十一月准备，一月发布，四月进店，销售到六月底。

就销售而言，这个短暂季节的重要性较小。夏装相当暴露。如今T台上的很多夏装看上去就如同泳装。开领和后背也更低更暴露。裙装通常要么很短要么很长。面料轻薄凉爽。常用色为热烈的橙色或者白色。印花图案会相当大胆醒目。

秋装一期：一月准备，三月发布，五月和六月进店，销售到十月底。

过渡季或称为秋装一期，是夏秋之交的一段时间。到八月底天气依然炎热，但是情绪已经开始变化。客户们开始购物，心里想的是要回到学校或者继续工作。

秋装二期：二月准备，五月或六月发布，七月到十月进店，销售到十二月底。

这是两个秋季类型服装中最为重要的一个，涉及大量的真正的冬装：毛衣、羊毛呢套装、短裙和长裤、外套以及夹克衫。

美国大多数区域冬天都特别寒冷，所以厚实的外套，圆领的或者高领的、长袖的、多层的外套是标准服装。即使气候温暖也会有几个月的时间比较寒冷，所以大多数顾客都会准备耐寒的冬装。

度假装/休闲装：六月准备，八月发布，十一月、十二月进店，销售到二月底。

传统上，这是秋装二期之后的一个短期服装季。这个季节针对两大主要活动：假日活动和冬季度假活动。这些活动通常在温暖地区进行，可以包括滑雪服。

### 山本耀司

以奢华的冬季面料制成，显然是秋装二期的服装，来自山本耀司的秋季发布系列

©图片版权：Daily Mail/Rex/Alamy

---

### 为当季服装进行色彩调研的资源

fashiontrendsetter.com/content/color_trends.html

promostyl.com

thecolorbox.com

Here and There 色板

*Textile View* 杂志

Cotton Inc. 及其他纤维机构

最新色卡

## 第四步 回顾并更新过去的作品

　　如果想要规避时间不够的危险，方法之一是对先前完成的作品集中的内容加以充分利用。有些课程可能要求提供全新的服装作品，所以在对这个想法付诸行动之前，务必向你的作品集指导教师咨询一下。如果你全力以赴，集中精力，合理安排时间，肯定足以制作所有新的组合，而且你也可以将自己的奇思妙想改编成全新版式。

　　如果打算利用已经完成的成果，这并不意味着你的问题已然得到解决。因为它们还必须符合自己现在的目标客户和所针对的年龄范围，而且必须表现时尚感。你还需用Photoshop利用多个单张草图创造某个组合，并重新绘制某些面料令其看上去更加流行现代（见右页图的作品更新与改造）。

　　然而，很有可能的是，你已经完成了自己颇为得意的作品，而且如果它刚好符合要求，不利用它实在令人遗憾。一个或者两个"重复利用"的组合是可行的，这样可以加快作品集的制作过程。目标是以最佳的手法表现你的最佳创意，因此完全重新创作既不实际也没有必要。

　　在开始收集面料和规划小型作品集样本（第三章和第四章）之前，我们建议你回顾过去的设计项目，并确定其中是否有内容符合你的作品集计划。听取老师们和同学们的意见也是明智之举，这样能弄清楚其他人是否也同样觉得某些作品确实不错。

## 需要考虑的要点

　　1.我们对以往工作的评价会更加客观。考虑旧作的时候，不可为你的作品集强求过于偏离轨道的内容。例如，一个美丽晚礼服的组合可以重新设计成泳装组合，到那时不能因为你喜欢它就那样把它放进作品集就完事了。

　　2.考虑自己得分很高的作品。如果你的老师们喜欢某个作品，即便是去年完成的作品，那么很有可能它真的相当不错。

　　3.确定哪些作品真正表现了你作为设计师的角色。即使整个组合需要进行全面革新，你依然可以从自己曾经完成的创意思考中受益匪浅。

　　4.自问一下，进行一点"再加工"的话，这个组合能否看上去既有时尚感又引入注目？如果你不能做出肯定回答，去问问第二个人或者第三个人的意见。

　　5.替换一些面料能给予整个组合全新风貌。你也可以重新绘制某些服装并将组合调整到不同的服装季节。如果已经确定廓型和人物的话，绘制新服装，将其扫描进电脑，然后把它们放到人物身上会让你的工作简单很多。

　　6.考虑更换你的灵感缪斯。这个组合也许能受益于一个更引人注目的或者更有时尚感的灵感缪斯。扫描原图，添加不同的发型或者不同的面孔。看到组合里迸发的勃勃生机，你会感觉十分惊讶的。

　　7.更为新潮的鞋子或帽子能让组合焕然一新。而无指手套或者短手套能让整个风貌呈现出运动风格。

　　8.添加背景会让你的理念具有更大的冲击力。考虑多种解决方案，然后寻找支持自己理念的图像。扫描出来查看效果。

　　9.将单个人物形象组合成有趣的组合能焕发新的活力。利用Photoshop尝试这些人物形象，并考虑将一些人物前置或者后置来改变其角度。不可满足于显而易见的解决方案。

　　10.如果这个作品是一年前创作的，很有可能你现在的手绘技巧比过去有所提高。考虑重新绘制。这些多付出的努力一定是物有所值。

## 让作品集耳目一新的快速方法是利用现成的作品并对其进行更新

这两张图展示了秋装（A）向春装（B）的转换。生产商和设计师们常常回顾热销的服装风格并更新其外观投入下一个季节。你可能会有之前设计的服装组合，并决定对其通过再加工或者重新着色，使其符合新的季节。将之前的设计作品进行更新，这是为作品集添加新内容的快捷方式。

A

B

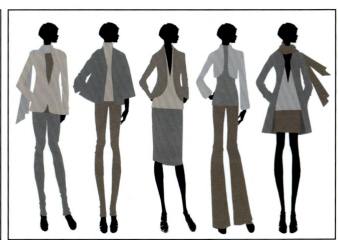

上图对服装组合的更新，再一次说明了如何对面料、色彩进行再设计，重新思考设计的含义。如图所示，整体的廓型和比例保持不变，但是每件服装的细节都进行了重新考量。而且为了平衡组合的效果添加了第二条短裙。正中间的这套服装与左图中之前组合的阔腿裤保持了同样的体量。

## 第五步 开发自己的设计概念

决定使用旧作中的某个或者某些服装组合后，可以开始为其他概念组合开发理念了。可以用多种方式处理这个问题，并没有唯一的正确答案。也许你已经拥有在教室里或者从自己的探索中找到的方式方法。你需要考虑的一些步骤如下：

1.如果有已完成的作品组合的话，对其进行分析，并考虑添加什么样的组合有助于创作出最协调的作品集。你也可以考虑现存的组合是否符合如巴洛克建筑风格或者黑色电影这类的大体主题。如果适合的话，可以围绕同样的主题创造所有其他组合。

例：

你的灵感缪斯是个年轻的少女，躁动不安但具有女性柔美气质。她在Rampage或者Forever 21这样的商场里购物。你已绘制了一个裙装组合——不对称的廓型和柔和的春季印花。这可以用作作品集的第一个服装组合。你喜欢设计单件服装，因此从不分季节的牛仔组合开始，以精致的线迹和不同类型的嵌钉对面料进行处理。使用有女性气质的印花上衣和可爱的坡跟鞋制造对比效果。你的第二个服装组合可以更加接近秋装，使用灯芯绒、精致的格子和条纹图案、微妙的图形、类似无指手套和围巾的可爱配饰以及叠层着装风格。剪裁的细节也能添加趣味性。你的第三个服装组合可以围绕假日主题，混搭裙装和单件服装。面料使用弹力绒和带有趣金属片细节的蕾丝。如果有时间制作第四个组合的话，不要用人体图，而是用图形制作软件Adobe Illustrator绘制平面图来展现自己的计算机技能。可以制作女式衬衫或者羊毛衫组合，带有贴花和刺绣之类的装饰。

2.利用网站如Style.com、Stylelist、Daily Candy、Trendhunter等研究当前的时尚趋势。搜索"fashion trend"（时尚趋势）有约2400，000个相关的结果。挑选一些符合自己审美和目标客户的内容。例如，Style.com，2010年秋季的关键趋势为"Fifties Something（五十来岁）""The Gold Economy（金色经济）""Under Wraps（保密）""Man Up（男子汉气概）"和"The Long View（长远观点）"。这些简单的描述，也许足以在你的头脑中形成有趣的形象。而且因为设计师倾向于追逐类似的潮流趋势，几种不同但是类似的观点会激发你的灵感。

3.将最近的流行色预测和你之前使用的色彩进行对比，并利用所获信息为新组合寻找更适合的面料。你也可以用更为流行的色彩更新已完成的组合。网上有最新流行色预报，包括潘通十大当季流行色。左图为潘通2011年春季的流行色报告，网址为：http://www.fashiontrendsetter.com/content/colorJrends/2010/Pantone-Fashion-Color-Repoi-t-Spring-2011.html。

4. 添加个人观点。研究你感兴趣的流行趋势和色彩，然后考虑自己特别感兴趣的，并想象一下各种不同的影响融合在一起的效果。例如，你喜欢"男子汉气概"的女装趋势，但是你个人酷爱嘻哈音乐。你喜欢说唱老将Lil' Kim的着装和态度，就以她为灵感缪斯。你设计一组帅气的剪裁得像男装的单品，使其呈现出嘻哈风格，搭配印花T恤来表现休闲的味道，以此展示你在这方面的才能。或者，你可能非常擅长于针织，因此你设计漂亮阿玛尼风格的单品，与精致的手工编织的毛衣和配饰搭配。注意：优秀的设计加上精心制作的样品或者原创的面料处理，这种组合会让人印象深刻。

潘通春季流行色报告

设计师：亚历山德拉·德·里尔

理念：**模糊的线条**

设计师亚历山德拉·德·里尔采用了"模糊线条"这个看上去非常简单的理念，创造了这个生动的引人注目的组合

亚历山德拉·德·里尔根据越野摩托运动创造了这个"酷姐"组合

理念：**摩托车越野赛**

## 速写作品集或设计日志

　　潜在的雇主当然想看到精心制作的完整作品集。但是，也有很多雇主希望看到你的工作或者设计过程，这个常以速写本的形式出现，有时也称为设计日志或者设计师的速写本。所有这些称谓实际上指的是同一样东西——展示你设计过程的集册。内容包括整套服装的快速草图、单件服装（如一个裤子组合）或者大体细节的理念，又或者更为具体的，如右页的组合。能够表明你能通过绘制自信满满的快速草图，高效地开发某个理念，通常这能给懂设计的人留下深刻印象。你也可以包括面料小样、笔记和对作品组合的想法以及你的灵感图片。一本"塞满"了美妙创意的册子能让制造商或者设计主管对你刮目相看。

　　选择合适的速写本也很重要。找一个看上去很优美同时又激发你绘图的本子。如果你喜欢编辑速写稿，可以在本子上粘贴页面。这么做既要小心又要有品位，可以让你的速写本看上去像是非常有创意的拼贴作品。

　　你也可以弄一本像右页图上一样的灵感速写本。这个本子可以仅用来记录赋予自己灵感的图像，也可以用来以速写记录并更希望仔细研究的你所景仰的设计师发布的系列。而且，如果真正动手绘制速写，你可以更好地理解某套服装，因为你会明白哪里的比例需要改进，也会特别注意微妙的细节部位。正如画家从临摹钟爱的画作中获得宝贵教益，花时间速写令自己兴奋的最新设计作品，你也会因此成长进步。当然，临摹诸如巴黎世家（Balenciaga）、克莱尔·麦卡德尔（Claire　McCardell）或者克里斯汀·迪奥（Christian Dior）等设计大师们的作品也会让你受益匪浅。

受施华洛世奇水晶饰品灵感启发而创作的设计组合。可能还需绘制更多的速写稿才能完成整个组合

## 将研究结果和样张放进速写本

随时携带速写本，在旅行或者设计调研时可以快速绘制你的想法。

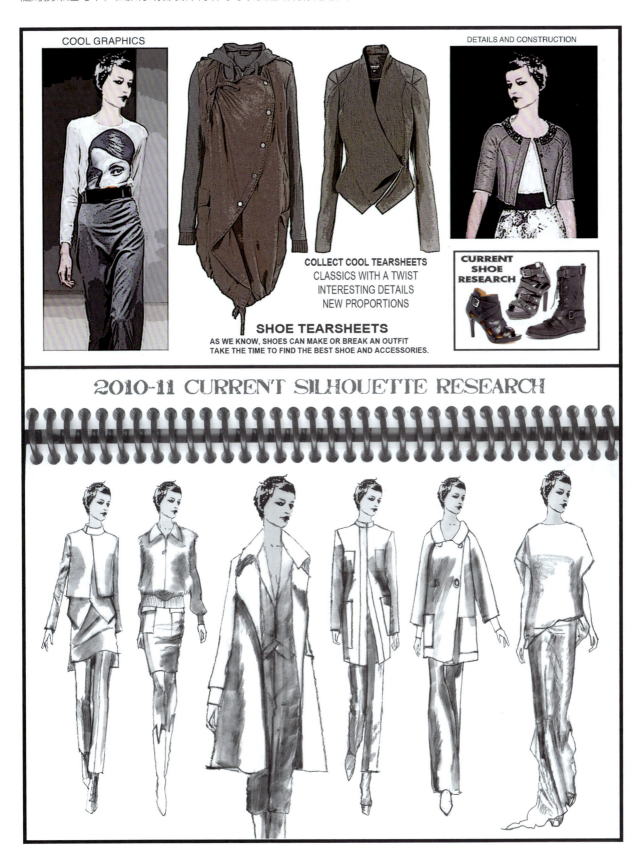

绘制廓型让你更加精确地感觉服装的结构。在你为当前的设计或者历史服装绘制廓型时，你在为自己的大脑或者电脑提供"养分"。当你准备好开始绘制新的速写时，你的潜意识已经在利用你的最新设计构思新想法了。这是与简单照抄别人的设计完全不同的过程。

## 第六步 收集设计灵感并制作灵感板

## 收集设计样式

　　没有设计师在真空里进行工作。变化是必然的。这是时尚界不言自明的真理。大多数成功的设计都反映了其创作的背景文化，这意味着当某个视觉或者概念的想法"没有成型"的时候，大多数优秀设计师能熟悉那种趋势，几乎就像是有心灵感应一般。例如，在瘦小廓型流行十年后，较大的造型突然在2010年备受关注。设计师们游刃有余，充分探索反应这一变化的超大造型。

　　因此，了解时尚动向并及时作出反应是设计师工作的关键。创意人士通常需要视觉资料的"养分"来开发新创意，不管是服装方面的调研还是各家画廊里最新的艺术作品。从时尚杂志或者其他较不明显的资源渠道为每个设计组合收集这样的资料是制作作品集的下一步。看到与你的理念相关的某个图像，要么把它撕下来（当然那必须是你自己拥有的杂志）或者复印下来。接着，立即整理这些图像，把它们放进文件夹里，按每个组合做好明确的标记。需要编辑这些图像并令其成为灵感板的一部分。

### 收集与理念相符合的有趣想法

除了好看的样式和廓型，你也需收集以下内容：

- ·有趣的线迹细节
- ·钮扣或者其他紧固件
- ·有趣的布料垂坠细节
- ·面料处理

- ·口袋处理或者风格
- ·帅气的缝份
- ·不对称的领口或者紧固件
- ·酷酷的图形的想法

### 收集适合客户的多种新廓型

·当今时尚潮流如何？用文字表述廓型的发展趋势——如"超大"或者"夸张的肩部"，这有助于回答问题。

·为以下各种服装收集五到七个造型样式，必须是你感觉特别流行而且特别有趣的（或者你也可以为自己作品集中的服装组合收集样式。例如，如果你在制作滑雪组合，收集运动服的样式）。

外套——夹克——定制夹克——日常装——上衣

女式衬衫——衬衫——背心——短裙——短裤和长裤

晚礼服——酒会礼服——泳装——内衣——睡衣——运动装

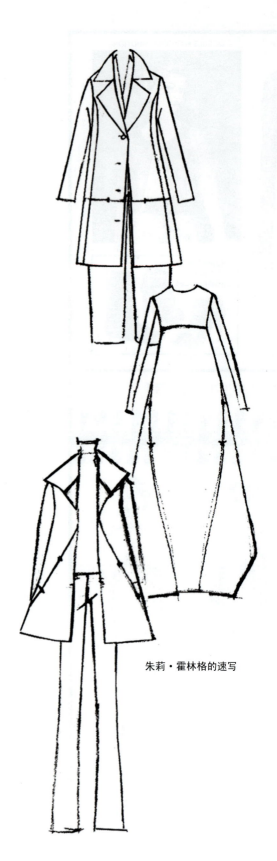

朱莉·霍林格的速写

# 收集设计灵感

## 收集能增强服装美感的时尚配饰的样张

规划每个服装组合的时候，花点时间问问自己关于配饰选择的问题。要确保自己的决定切合灵感缪斯的整体效果和态度，在做出貌似过于明显或者搭配过于完美的选择时需小心谨慎。记住，你无需购买莫罗·伯拉尼克品牌的鞋子或者路易·威登的包袋，只需画出来即可！

## 收集历史研究资料

如果忽视过去，后果堪虑。过去，不论是五年前亦或是五百年前，都是信息和想法无穷无尽的丰富宝库。哪些年代、历史人物、军装、古代建筑等会赋予特定组合以灵感？例如，如果我想为卡尔文·克莱恩工作，我就会根据20世纪三四十年代的现代派建筑风格为自己的组合创造不同的理念以体现其极简主义的审美感。如果想为约翰·加利亚诺（John Galliano）工作，我会查看巴洛克风格的陈设。自然风光的照片适合罗伯塔·卡瓦利（Roberta Cavalli），而维果罗夫品牌（Viktor & Rolf）会使用某种形式的概念艺术。

# 创建你的灵感板

在设计过程中，灵感板可以用作"试金石"。它也可以成为向设计导师或者同学传达个人概念的手段。如果不够集中，很容易会偏离某个概念，因此灵感板是一个极佳的工具，让你聚焦于自己希望也必须注意的中心。当然，有时候，选定的概念行不通，而且你在制作过程中有更好的想法，但是要清楚自己预先计划的目标方可改变前进道路。

## 正在制作过程中的灵感板范例

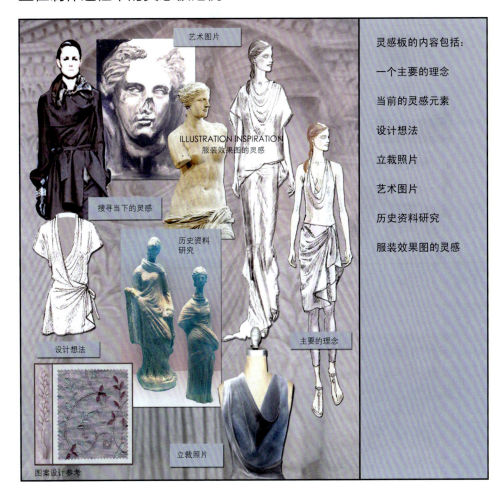

艺术图片

ILLUSTRATION INSPIRATION
服装效果图的灵感

搜寻当下的灵感

历史资料研究

设计想法

立裁照片

主要的理念

图案设计参考

灵感板的内容包括：

一个主要的理念

当前的灵感元素

设计想法

立裁照片

艺术图片

历史资料研究

服装效果图的灵感

将自己受到最多灵感启发的元素聚集或者拼贴在一起，但是随着工作过程的进展，有可能要删除某些图像。别针或者双面胶都很实用。

添加相关联的更多图像或者元素。删除对当前的理念没有帮助的照片。不要把灵感板弄得乱糟糟的。

## 第七步 为效果图的绘制收集灵感图片

为设计组合收集图片的时候，你也希望找到一些能在服装效果图的绘制方面给予你灵感的东西。在一开始就重视这一点很有好处，因为你不可能在最后一刻把一些随意的东西胡乱地扔在一起。为每个组合准备独立的文件夹，这样让每个组合都拥有其独特的氛围。即使你要优先考虑统一感，你希望每个组合的外观只存在微妙的不同，但是，每个组合有一个主要的灵感源，以这种方式处理每个概念有助于创造令人兴奋的视觉效果。

## 需要考虑的要点

1.一个组合的设计和效果图紧密相关，二者相得益彰。
2.你的设计理念将决定灵感缪斯的外观，而灵感缪斯会影响你的设计。
3.绝对不要用普普通通的人物创作你的设计组合。
4.在意想不到之处寻找灵感，这样你的作品将不落俗套。

**收集与你的客户以及/或者灵感缪斯有关的样式、照片或者艺术图片。**

名人：名人会成为令人激动的灵感缪斯，大家都认识他们。

时装模特：模特们穿衣服很好看，而且也很容易从不同角度拍摄他们的照片。

朋友：如果你的朋友外表帅气，请他们担当你的灵感缪斯，为他们拍摄照片。

你自己：如果你的外表很有特色，也善于摆姿势拍照，可以让别人为你拍下照片。有些设计师为自己充当出色的灵感缪斯。

油画、手绘或者插画图片：如果你喜欢别的艺术家的作品，你会受到他/她艺术手法的启发来创作自己的作品。

### 正在制作过程中的服装效果图灵感板范例

在计划设计组合的时候，想象一下最终的服装效果图是什么样子。现在开始收集图片，并把它们粘贴在一块板上，在工作的时候可以查看。就像在制作展板时一样，要为自己在工作中留有对其进行添加和删除的余地。如果已经做好准备开始绘制服装组合的效果图，将展板放在自己的面前，这样是为了创作出令人兴奋的视觉作品，你可以牢记整个过程中发现的所有好点子。

都市街头年轻男青年组合

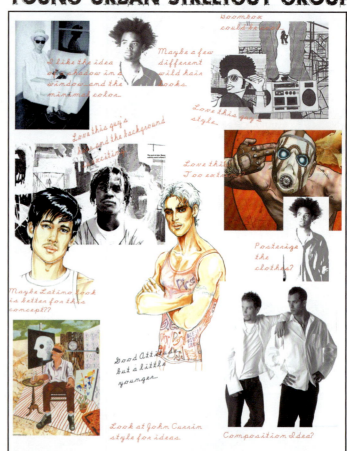

你的效果图灵感板内容可能包括：

有关灵感缪斯方面的想法
可以是照片，也可以是手绘稿

人物组合的构图和姿势

帅气的专业绘画

与概念相关的

可能使用的背景

纯艺术
灵感

色彩
灵感

表现技法方面的想法

文字说明

任何能启发你创作出优秀服装效果图的事物

设计师：勒娜特·马珊德

勒娜特创作了这个酷酷的情绪图，表达了一个叛逆群体的精神特质，这种特质含蓄地反应在这个前卫风格的男装系列组合中。

# 泳装平面款式图模板

系带比基尼短裤

三角泳装上衣

罩裙式短裤

钢圈衬垫式泳装上衣

折叠式低腰短裤

分体泳衣

抽褶式带环发带式上衣

前胸系结吊带

热裤

低腰短裤

特定造型的吊带上衣

扭结发带式

三角短裤

锁眼式吊带上衣

男孩式短裤

背心式上衣

## 第八步 收集与你的设计概念相关的平面款式图模板

工艺平面图如同建筑师的蓝图。设计师绘制平面图时，交代了比例、款式线、结构、细节、紧固件等设计内容。如果将设计送交国外制作样衣，平面图就成了技术规格图，需附有明确的尺寸和规格说明。通常生产商有专门的人员制作工艺图。业内人士喜欢设计师的精美时装画，但是要了解服装的真正内容，他们会查看工艺平面图，这是业内日常工作中使用的平面图。

不论是手绘还是使用图形制作软件Adobe Illustrator，绘制漂亮但是明白易懂的平面图的能力是一种艺术。希望此时你已经是用平面图表达自己想法的专家了。但是不论你的技巧多么熟练，在现成的正确模板上绘图总能省去"进行无谓重复"的麻烦。人体模板有助于创作人体比例正确的平面图，而合适的服装模板让你可以快速准确地绘制廓型而无需担心比例或者翻领的角度。如果有必要的话，你可以自己制作一些模板，有工作压力的时候这些模板能为你省下不少时间。我们用整整一个章节为你提供一些优秀的基本模板。

当然，对平面图的处理有多种不同的方法。理想的情况是你既擅长高度技术化的平面图，也精通艺术上随意自由的其他种类绘图。电脑平面图的绘制是大多数公司刚入职时的基本要求，但是不同的公司会要求不同风格的平面图，也可能会使用特殊的软件，所以具有灵活性是非常有必要的。

## 需考虑的内容

1.可能会要求刚入职的的设计师制作所有季节服装款式的工艺图。这些图将供销售人员、买方和生产厂家等使用，精准为其基本要素。你的作品集应展示自己可以完成这一重要任务的能力。了解如何制作并非你自己设计的服装的平面图，且比例准确，细节充分，这是个非常重要的能力。

2.可能会要求你制作规格书。规格书使用平面图作为基础来分析需制作服装的所有方面，包括从图形、辅料到线迹等内容。在设计作品中表现自己对细节的充分认识，能让雇主相信你能够高效地完成这份工作。

3.在业内，平面图的创作最终还是需要一定程度的速度和精确性。在优秀的平面图模板和人体模板的基础上工作将助你成功。

4.不要留到最后一刻才处理作品集的平面图，这样它们会显得敷衍草率或者不够精确。平面图是个人能力展示的关键部分，缺少它们，你的组合将缺乏完整性。

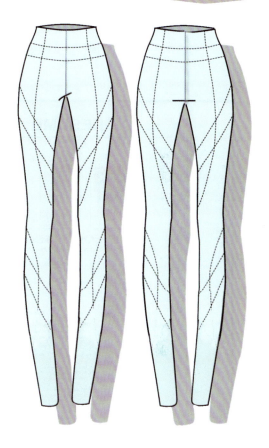

用图形制作软件Adobe Illustrator绘制的工艺平面图
非常适合运动装款式图

5.不同的公司偏爱不同风格的平面图。有些公司要求写实的成比例的平面图，而有些公司喜欢夸张比例的服装人体。有些公司喜欢看上去非常精准的平面图，而带有"个性风格"的随意平面草图可能让你获得不同的工作。归根结底，平面图是上佳的销售工具，具有多种才艺非常重要。

6.有些作品集仅包含平面图。这看上去非常不错，特别是设计作品表现了极为细致的细节内容和缝制方法，且整体效果非常生动。表现充分的平面图也极具吸引力。

## 第九步 自我介绍

### 规划你的简历、求职信、商业名片等制作过程

　　作品集的关键内容之一就是你的个人简历。本页提供的经典版式向潜在雇主说明了个人所受的教育以及工作经历。申请信、商业名片和掌握的技能都是助你获得梦想中工作的关键工具。我们将在第十一章进一步讨论这些内容，但是我们建议，如果时间不是特别紧迫的话，你务必现在就开始考虑这些重要元素并安排时间进行集中考虑。我们的学生实际上在开始作品集的创作之前就开始撰写简历了，这样他们得以更加专注于自己的设计工作。也许你不想这么早就开始准备简历，那么等到最后一刻可能很不实际，因为那时你会忙于准备重要的评论或者准备面试什么的。

　　的确，在网上可以找到很多简历模板以及如何撰写简历的书籍，但是这些资源很少针对从事创意工作的人士。我们提供了作品集随附材料的多个范例，希望对你有所帮助。你可以富有创意地个性化制作你的简历，以体现真正的自己。这也使得制作过程更加有趣、更加值得。所以，现在就花点时间，至少对这些关键因素的相关信息略作了解，在制作作品集的过程中同时思考自己的策略方法。

**RESUME** 简历

**LEAVE BEHIND PAGE** 学习成果

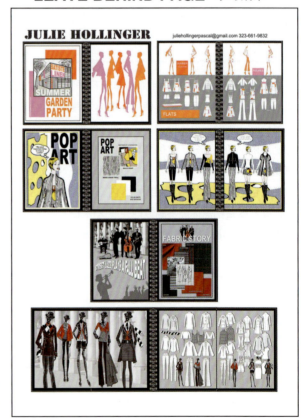

**BUSINESS CARDS** 商业名片

## 第十步 提高时间管理能力

何为有效规划时间的方式？

1.留出特定时间处理作品集并遵守时间安排。要切实地估计自己所拥有的工作时间以及出色完成工作所需的时间。在规定时间内进行工作能让自己更有效率。例如，我会给自己两个小时来进行服装组合的构图安排并绘制10幅平面图。如果最后的平面图显得粗制滥造，我还是会继续其他的工作，等下一次再安排时间对其进行"润饰"。

2.为每周需要完成的工作设定目标并认真对待这些目标。常常会情不自禁地沉迷于个人的"完美主义倾向"或者陷入纠结。如果知道自己可能会落后于某项既定工作，请一个朋友在最后期限即将到来时给你个提醒电话，并对他们心怀感激！

3.为意料之外的问题留出额外的时间。打印店突然关了门，文具店卖完了你需要的马克笔或者纸张，你的宠物猫生病了……这样的事情常常不可避免地发生。这就是真实的生活，所以要为意外的耽搁做好计划安排。

4.了解你自己。要是晚上工作效率更高，就用那段时间进行工作。如果你适合上午工作，那么就用周末的时间进行设计，把工作日晚上的时间用来处理较少耗费脑力的工作。

5.不要低估在较短时间内所能完成工作的量。午餐时间和课间的20分钟可以用来在图书馆进行卓有成效的调研。在为英文考试做准备之前画上一小时的草图能让你保持头脑清醒，安抚紧张情绪。每天做上一点点能让你感觉自己的工作稳步前进并让你与作品集的创作过程保持紧密关联。

6.记住，即便睡觉的时候你的潜意识也在继续解决问题。如果回顾解决某个问题的相关材料，早上一觉醒来的时候你可能已经找到了问题的解决方案。

7.不要与世隔绝。间或出去看看，感受外部世界的氛围。

8.不可同时处理所有组合。这听起来有点奇怪，但是我们常常看到学生在各个组合间跳跃不定，结果是什么也没有完工。在制作作品集过程的一开始就收集所需材料非常有帮助，但是之后，一次仅专注处理一个组合。

9.在工作进程中将组合放入文件夹。将它们集合起来有助于弄明白是否还有需要处理的问题。你也可以获得更为有效的反馈以及一种成就感。

## 我的作品集日程表

| 星期日 | 星期一 | 星期二 | 星期三 | 星期四 | 星期五 | 星期六 |
|---|---|---|---|---|---|---|
| 男装展 | 开始第三组合的工作 | 绘制草图：4小时 辅料和串珠 | 针织毛衣样品 面料处理 1 | 绘制草图：4小时 上课：8-4 2 | 取样品 丝网印 3 | 技法表现，练习绘制服装人体 4 |
| 时装画技法 练习3小时 5 | 对草图练习进行评判 修饰完稿：5小时 6 | 跟老妈共午餐 7 | 取毛衣样品 绘制草图：3小时 8 | 上课：8-7 9 | 寻找合适的人体动态 10 | 绘制人体：7小时 11 |
| 观看玫瑰杯美式足球赛 寻找样品 12 | 开始绘制最终组合 绘制草图：4小时 13 | 绘制草图：4小时 14 | 对草图进行批评 15 | 午餐时去图书馆寻找主题图片 完善人体：2小时 16 | 17 | 转描人体 去计算机实验室寻帮助 18 |
| 在网上进行调研 19 | 对调研内容和主题图片进行评判 20 | 将三个组合放在一起，获得意见反馈 21 | 绘制人体：3小时 22 | 技法练习：5小时 上课3-6 23 | 期中考试 24 | 绘制人体：7小时 25 |
| 电影协会 26 | 绘制最终组合5小时 上课8-4 去面料店铺 27 | 6小时 28 | 3小时 → 时装秀彩排 29 | 上课8-6：3小时 最后的润饰 30 | 作品集截止日期 31 | 睡觉 |

创作日程表进行时间管理是一个好办法，可以用可行的方式来分配时间和任务。有些学生看似能够轻松应对各项任务并赶上最后期限，他们告诉我们说自己非常精确地计划每个星期的时间，包括所分配的时间以及需要完成的任务。这并不意味着他们永远不会偏离计划，但他们的确认真地对待自己的计划并尽可能按计划行事。如果情况发生变化，他们总能对日程表进行调整来处理问题。如果又赶上了某个重要的截止期限，就小小地奖励自己一下。譬如，多睡上一个小时，周五晚上看场电影，微小的事情也非常重要。

## 章节小结

### 你的基础是否扎实?

本章节的重要内容奠定灵感基础,你的最佳作品将从此产生。收集一些必要的工具后你就能以最高效率进行工作。在工作中也一丝不苟地按照同样的方法行事有助于养成今后一生受益的良好工作习惯。因为设计师工作如此纷繁复杂,层级多多,不论身你在哪里就职,能够认识到细心准备和有条理地工作这一点非常宝贵。在真空中工作绝非完美之选,这个认识将让你超越不必要的阈限而得到进一步发展。

如果你已经按本章的分步骤计划按部就班地行事,你的任务单(见下表)应该已经基本完成了。但还是详细检查一下,确保自己未遗漏任何任务。我们很容易逃避比较难完成的任务或者需要投入很多精力的任务,却常常在非常不方便的时刻受到它们的阻碍。

工作过程在某种程度上因人而异,因此你可能拥有组织工作或者安排时间的不同方法。例如,办公用品商店出售很多种专业的时间管理系统,也许你愿意投资购买一种。也许,比起单个文件夹,你更喜欢带有多个口袋的。只要自成体系并于你有利就没有对错之分。

### 任务清单

完成这些任务,逐项核对并打钩。

1.购买作品集所需文件夹。

2.为必须物品制作清单。

铅笔: _____

纸张: _____

马克笔: _____

面料展示所需物品: _____

其他物品: _____

3.为可能需要的物品制作第二份清单,不过这个时候对此尚不确定。

4.购买自己需要的所有物品。

5.确定季节顺序。

6.回顾过去的作品,寻找可以收录于作品集中的内容。

7.根据要求对过去的作品进行更新。

8.为所有四个或者五个组合创造设计概念。

概念1: _____

概念2: _____

概念3: _____

概念4: _____

概念5: _____

9.为每个组合准备贴有标签的文件夹来收集设计和表现技法的灵感。

10.为每个组合收集设计灵感。

组合1:

组合2:

组合3:

组合4:

组合5:

11. 为每个组合收集时装画灵感。

组合1:

组合2:

组合3:

组合4：

组合5：

**12.** 准备一个速写本，用来草草记录或者勾勒自己的想法并记录大体的启发灵感的内容。

**13.** 准备文件夹，为每个组合收集服装样式。例如，夏季组合的服装样式裸露的地方更多，质地更轻，与秋季组合的服装样式会大相径庭。

**14.** 阅读第十一章关于简历和商业名片的部分，并计划何时为自己的作品集创作这些关键元素。

**15.** 复印几份下面的日程表模板，开始填入自己的时间安排计划。注意：要放大这些表格，这样方便在空格里填写内容。

## MONTHLY PLANNING CALENDAR    月计划日程表

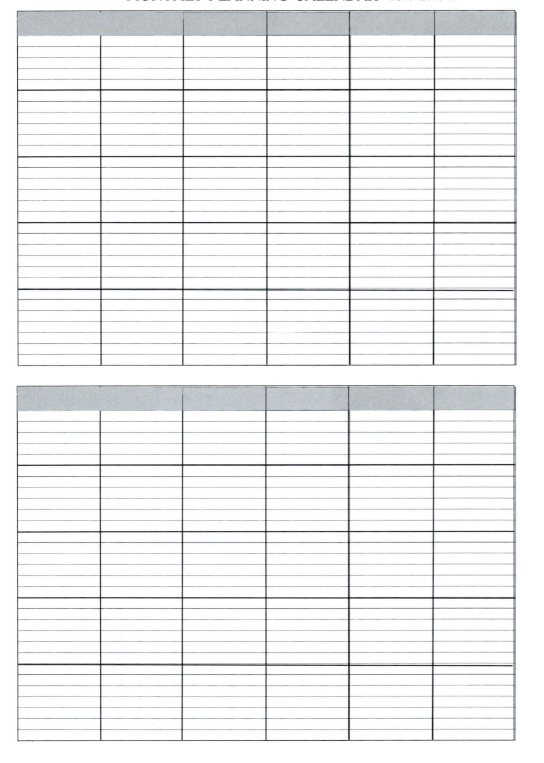

# 第三章

# 制作面料板和款式开发计划表

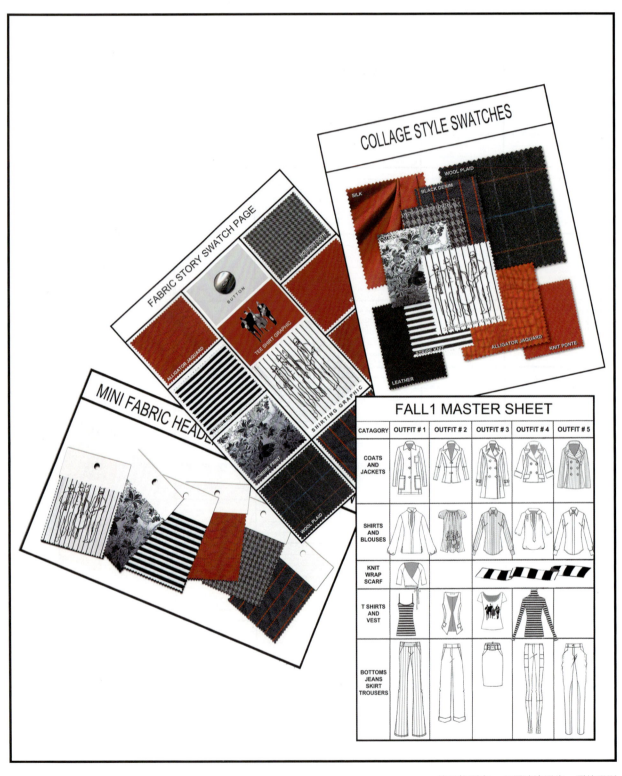

就风格而言，必须随波逐流；而就原则问题而言，务必坚若磐石。

——托马斯·杰斐逊（Thomas Jefferson）

# 了解面料

面料是时装设计师的媒介。许多设计师新一季服装的设计都从面料开始的。一块美丽的毛料、蕾丝和一段漂亮的毛线都能赋予他们灵感，启发一个全新的方向。如果你打算创作昂贵奢华、复杂精致的服装，你的面料选择必须反映这样的品质。而从另一方面来说，如果你打算创作酷酷的街头"快时尚"，你得对所用面料进行现实考虑，必须把价格控制在自己目标客户的预算范围内。

已经学习过设计课程，很有可能你已经修过织物科学这门课程。大概你已经学习过面料的知识，因此你了解不同织物的"手感"，毛料与棉布或者丝绸的感觉。你知道昂贵的针织套衫更加合体，而便宜的面料与之无法媲美。你应该已经了解高品质的梭织织物拥有一种光泽感，而粗制滥造的织物缺乏这种光泽。你会了解诸如此类关于面料的知识。经验丰富的设计师只需触摸一下某种面料，就会明白其垂坠效果，以及适合什么样的设计风格。获得这种专业技能应成为你追求的一个目标。

## 面料展会

在服装行业工作，你会经常与从事面料的人士打交道。你甚至有机会去参加在世界各地举办的各种面料展会。其中最出名最受欢迎的当属在巴黎举行的"第一视觉"面料展。每年这个展会吸引成百上千家最有声望的面料制作工厂和织物生产商参展。因为许多设计师都关注着同样引人注目的新面料，很容易了解时尚潮流如何兴起。有些东西注定会引人关注，而有些面料制作商如法国蕾丝生产商索菲·海力特（Sophie Hallette）会为多位顶级设计师服务，所有面料的相似性显而易见。如果你生活在拥有服装区域的城市如纽约或者洛杉矶，也去关注一下批发商。他们是生意人，从生产厂家购买剩余面料，以较低价格进行再销售。

## 面料板

创造有效的面料故事来反映个人的理念，这是作品集中将要展现的关键技术之一。如何选择、编辑和摆放这些面料小样将让潜在的雇主更多地了解作为设计师的你。很难用一套呆滞无趣的面料创造激动人心的服装组合。一种或者两种美丽动人的面料可以制作好看的服装组合，但通常只有将不同质地、颜色深浅或者色彩和不同种类的面料进行趣味性地组合后，面料故事才能在视觉上更有冲击力。作为设计师，并非将面料进行随意组合然后希望万事大吉就可以了。他们所作的每一个决定都有其背后的原因，而这样的考量需要时间、练习和专注。注意：尽管面料的品位是非常个人化的，但必须避免无人能与之产生共鸣的选择。应听取别人的反馈意见，研究本章中的面料策略和案例，并乐意折返到面料市场去寻找其他选择。

## 款式开发计划表

面料板成形后，便可以开始款式开发计划表的制作了。这些表格是一个很棒的工具，有助于让你的设计工作井井有条，让你的服装组合均衡协调。仔仔细细地按照下列步骤进行工作，享受这个过程！

注意设计师马库斯·勒布朗（Marcus LeBlanc）在这个面料板中所表现的图案、质地和纯色的多样性。在设计服装组合的时候，这些为他提供了许多不错的选择。

## 十大关键步骤

1. 回顾面料决策
2. 回顾自己的理念和灵感图片
3. 为所有服装组合收集面料小样、辅料和紧固件
4. 为所有服装组合设计面料
5. 制作面料板
6. 在款式开发计划表上添加面料小样
7. 为首个服装组合绘制大致廓型
8. 将最喜欢的廓型放入款式计划表
9. 为其余服装组合重复步骤5～步骤8的各项工作
10. 检查服装组合中各款式之间的均衡与和谐感

## 第一步 回顾面料决策

　　有条不紊地选择和使用面料，能为你省下大把时间，并助你创作更富有表现力的服装组合。在购买面料之前，先考虑以下多种策略，创作面料板的时候要确定自己已对这些策略进行思考。

　　1.围绕某种印花或者图案进行创作。如前所述，常常围绕着某种图案讲述面料故事。一个复杂的彩格图案（如下图中的方格花纹）或者印花图案，可能又包括黑色或者白色三种或者四种色彩。很有可能这些色彩彼此和谐搭配，并与印花或者图案产生共鸣。也要考虑以出其不意的方式使用图案，如下图中用方格花纹彩格呢制作的短上衣。巴宝莉、米索尼和普奇是围绕图案进行创作的出类拔萃的品牌公司，要对这样的公司进行研究。提醒一下，在时装业，印花适用于织物表面，而图案被编织进织物内部。

　　2.多样性增添趣味性。要考虑加入面料板的其他类型的面料，包括亚光面料、光亮面料、绒毛料或者毛皮料、极薄面料、带图案的面料、凸花面料或者平整面料、带条纹或者直线型面料、有粗节的或者起毛的面料、基础面料如牛仔或者灯芯绒、手工编织，当然还有经过处理的面料。使面料在质地、表面、色彩等方面形成趣味性的对比有助于增加面料板的视觉效果。

　　3.考虑服装。做有关面料的决定时，必须考虑服装组合中的各服装款式。如果你想把某种面料仅用于衣领或者用在整件服装上，那么你可能要考虑其他面料的多次使用问题。在实际操作中，一家公司为了使用某种特定的面料，常常需大量购买米样，所以服装组合应真正致力于某种面料的使用。

　　4.面料处理。如今，在时装业内，面料处理相当重要。有卓越见识的客户要求独一无二的服装，他们也愿意承担相关的成本费用。理想的情况是，你已经拥有面料处理的技能，如果没有，你需要进行调研来获得了一些好想法（我们将在第四步的时候就面料处理展开讨论）。面料处理可以非常简单，如添加一些重要的装饰性褶带或者定制条纹；也可以非常复杂，如从串珠商店或者五金商店收集完全不同元素的组合形成一个系列。对于每个组合的面料处理都应预先就自己的方法进行一番考量，在做面料选择时，你会发现很多潜在的面料处理可能性。

© Ruth Black / Alamy

© FashionUK / Alamy

© Christopher King / Alamy

　　你也可以用Photoshop，根据"核心"面料来搭配色彩。只需将面料小样扫描进电脑，然后用拾色器工具寻找配搭的色彩。

5. 比例。开始规划服装组合的时候，需要对不同的比例进行思考，比例对零售商来说特别重要。买家会根据这些比例的平衡感对服装组合进行判定，因此你希望自己未来的雇主明白自己对这些重要概念的充分理解。

A.组合中单件服装的平衡：五套服装的现代服装组合通常包括：两件或三件夹克、两条或者三条裤子（包括短裤）、两条或者三条短裙、三件单色上衣（有针织也有梭织的）、两件新颖的上衣（编织的图案或者纱线染色）、两件或者三件手工编织的毛衫以及两件外套夹克衫（可选）。

B.单色服装与花色服装的平衡：通常一个组合不会全是单色服装，也不会全是印花图案或者编织图案。必须平衡这些元素。

C.针织上衣和梭织上衣的平衡：在选择上衣服装面料的克重的时候，考虑包括针织和梭织上衣。

D.挺括和柔软面料的平衡：客户通常期待夹克衫或者裤子等挺括面料的服装和衬衫或者飘逸短裙等结构感没有那么强烈的服装之间达到一种平衡。请见下面平面款式图的范例，由设计师琳恩·权（Lynn Quan）创作。琳恩的强烈设计感和高超的电脑技能让她获得了在俄勒冈州耐克公司的一席之地。

## 平面款式图

| 挺括 | 柔软 | 柔软 | 中等 | 挺括 |

6. **织物克重的问题**: 选择面料时，必须考虑何种克重的面料适合制作上衣或者衬衫，何种面料适合制作夹克衫或者短裙的中等克重的服装，以及短裤或者裤子需要使用何种适合下装的面料。所设计服装的适应季节也有助于决定需要考虑的织物克重问题。冬装面料具有保暖性和厚实感，不适合过渡季或者春季。薄型面料适合较为温暖的季节，但需要衬里，因此增加了服装的成本价格。

7. **面料手感**: 面料的手感非常重要，这是为何你必须在作品集中展示面料小样的原因所在，目的是为了让别人可以进行触摸，亲身体验其手感。消费者常常会受色彩的吸引，但是如果面料的手感差强人意的话，他们经常会转身离去。经验丰富的设计师拥有特别的能力，在触摸面料后立即能了解该面料的垂坠效果，如何保持其形状，是否易于或者难于缝合等等。他们也会明白何时该面料需要衬布，衬布通常较硬，能为服装的特定重要位置塑型。例如，如果你选择用垂坠感强的柔软面料制作定制夹克，潜在的雇主就会明白你并非真正了解如何正确使用材料，因此你必须小心谨慎地对自己的选择加以计划。"因为我就是喜欢"在时尚业内行不通，一个糟糕的面料选择可能会让公司亏损大笔资金。同样，如果仅仅因为色彩适合你的服装组合就选择价格低廉的粗硬质面料（硬邦邦的不讨人喜欢），你对面料的把控能力将受到质疑，因此万万不可满足于劣质产品。

# 在色彩设计上做出最佳选择

为服装组合选择面料的时候，色彩这个元素特别关键。很多客户购物时首先关注的是服装的色彩。如果服装的色彩深浅投其所好，他们常常会试穿。因此，时装业的大多数雇主都期待你能够有效地使用色彩。2011年秋季服装系列实际上大量使用了强烈的色彩。通常坚持使用中性色的设计师们独辟蹊径，使用了强烈色彩和大胆的图案。但是很多年轻设计师只想用黑色和白色进行设计，因为这符合他们自己的着装风格。但在作品集中，应采取不同的方式处理面料板上的色彩，这样你才能展示自己的多才多艺以及良好的"色彩鉴赏力"。

在讨论色彩选择之前，在此回顾一下色彩的三要素。

1.**色调**：这个术语指的是一种色彩的冷暖。如今的客户都非常了解何种色调更适合自己的肤色。认识色调的重要性非常关键。因为成功混搭暖色和冷色非常有挑战性，大多数面料的组合要么倾向于冷色，要么倾向于暖色。

暖色当然是火热的色彩：红色、黄色和橘色；而冷色则相反：绿色、蓝色和紫色。暖色通常在视觉上更"突出"（想想蓝绿色图画中的几点红色），从而强调身体的形体。冷色在视觉上往后退，让形体显得比较小。设计超大服装的设计师肯定会考虑这些特点并倾向于使用较冷的色彩。

冷色和暖色也会产生不同的心理影响力。例如，使用暖色涂料的房间真的会让人感觉较为温暖。而冷色会令人产生完全相反的感觉。人们认为红色是侵略性的色彩，而蓝色和紫色更加令人舒缓平静。例如，瑜伽服通常使用柔和的冷色调，因为冷色调更加适合这一活动沉思冥想的氛围。也可以考虑下，身体上淡色与深色相交的地方（明度对比）会将注意力引向那个区域。为服装系列进行设计和绘制草图的时候，对色调的清楚认识非常有利。即便是选择配饰也应该考虑这些准则。

2.**明度**：往一种色彩里添加白色，它的颜色会变淡，明度会增加。而往里面添加黑色，所得色彩变深，明度会降低。大多数人都知道，非常浅淡的色彩会让身体显得较大，人显胖，而较深的色彩会让人显瘦。但有趣的是，非常深的色彩或者黑色也能让人注意身体的形状，而中明度的色彩更多地起掩饰作用。

注意：很多备受青睐的服装色彩会添加白色和黑色，创作一种更为微妙的灰度效果，更好搭配。往某种色彩中添加黑色或者白色，所得的效果就称之为"调"。

这件惊艳的长裙设计为全绿色，但是使用了不同色调、明度和纯度的绿色。闪闪发光的冷色调重磅丝绸和薄如蝉翼的暖色调的薄纱配搭在一起，创造了绝佳的对比效果。

© NemesisINC / Shutterstock

注意设计师贝齐·约翰逊（Betsey Johnson）如何大胆地在自己的服装中使用冷暖色的对比。

浅灰色的上衣是两件服装的"缓冲器"。你觉得夹克衫的黄色纯度如何？要是黄色的纯度更强或者更弱的话，这套服装的效果是否会更好一点？

© Everett Collection Inc/Alamy

3.**纯度:**色彩的第三个方面是纯度或者饱和度。这两个术语可以互换，都用来指色彩的浓度。高浓度的色彩强烈明亮。低浓度的色彩黯哑阴暗。注意色彩也可以用纯度和明度来形容。例如，褐红色的明度低，因为它是暗色；它的浓度低，因为其色彩中红色的饱和度弱。而黄褐色的明度高，因为它的色彩较亮；黄褐色的纯度也低，因为它实际含有的彩色成分较少。

## 色彩的和谐

色彩和谐原则是帮助设计师选择色彩的一个工具。实际上，有一些书籍主要讲述了不同的"好看的"色彩组合，如秀明千千岩（Hideaki Chijiiwa）的《色彩和谐》。她展示了不同的色彩组合，分别用引人注目、平静安宁、年轻活力和女性魅力这样的标题为之命名。你的想象力可能已经描绘了那些色彩可能的样子。她还阐述了：

1.关联色的色彩和谐共有一种色调，如橙红色和橙黄色。

2.单色的色彩和谐应具有同一色调的三种或者四种深浅变化和明度变化。左页图的绿裙子显示了这个特点，因为绿裙子的所有面料都使用了不同深浅的绿色。

3.相似色的色彩和谐是使用色环上的邻近色，如蓝绿色、绿色和蓝紫色。

4.对比色的色彩和谐不使用相同的色调。例如左页图蓝色短裙和黄色夹克的色彩搭配。

5.互补色的色彩和谐使用色环上位于相对位置的色彩，如蓝色和橙色、红色和绿色或者黄色和紫色。

6.亮色与深色的色彩和谐指的是一种强烈的色彩与一种暗淡的色彩形成有趣的对比。

这件罗戈蒂埃长裙非常灵活地运用了单色中性色，毫不费力地表现出一种高贵感，并创造了增高显瘦的错觉效果。注意较重的深色更接近长裙的下部。

©Trinity Mirror / Mirrorpix / Alamy

将亮色与较深的中性色相结合是经久不衰的服装色彩搭配方式。较强烈的色彩和柔软质地的毛皮置于面部附近，让观者的注意力放在穿着者的脸上。中性色让腰部和臀部显瘦，而从胸部往下不分割的廓型增强了高挑身材的错觉效果。

© Daily Mail/Rex / Alamy

## 色彩策略
## 有益的提示

1.大体从六个范畴看待色彩：暖色、冷色、高明度、低明度、明亮和混浊。明亮的色彩为未经混色的基础色。高明度色为将基础色与白色混合的色彩，而低明度色为将基础色与黑色混合的色彩。都可以创造各种色阶效果。浊色与灰色混合。

2.选择色彩时，将设计理念牢记心头。你打算用该色彩表现何种氛围？特定的色彩创造截然不同的氛围，因此不可选择与你的基本理念相冲突的面料。例如，如果打算设计平和冷静的春季服装，不论你有多么喜欢艳粉色的灯芯绒，都不可以选择它。可以把这个面料用在另一个组合里。

3.避免日常生活中司空见惯的同样色彩组合，如黑色和白色，或者浅蓝和深蓝色。你可能很喜欢这种色彩组合，可是它们能让你的雇主了解你在色彩上的创造力吗？

4.在选择色调之前先考虑色彩明度（或者深浅）。你想创作浅色系列，还是想创作郁郁寡欢的深色系列呢？

5.限制服装系列中所用色彩的量。三种色彩很不错，五种就太多了。记住，通常你需要的是核心色彩的面料表现不同质地、图案和克重效果，而并非需要过多完全不同的色调。

**色彩的协调性**

色彩之间的联系
两种颜色都包含橙色

单一色相的色彩协调性
同一色相，不同的色调

邻近色的色彩协调性
色环上位于相邻位置的色彩

对比色的色彩协调性
色彩之间没有共同的色相，
在色环上相隔3个颜色

互补色的色彩协调性
色环上位于相对位置的色彩，
如红和绿、蓝和绿、橙和黄等

灰色调彩色的协调性
任何颜色与黑、白、灰的混合，
这是成功的色彩搭配方案

6.尽管有时候，设计师会为强烈的色彩而着迷，但是通常使用亮色的时候必须多加小心。要考虑有特色的色彩强调表现法，而不是整套服装的色彩。观看过几个季节的时装秀，你就会发现用到了很多中性色，因为它更适合穿戴也更容易跟家中其他服装进行搭配。中性色还常常反映自然环境中的色彩，让观者感觉非常亲切。

7.较为保守的客户通常会钟情于传统的色彩。追逐时尚的客户会选择更加不同寻常的色调，如前几个季节中流行的暗黄绿色。

8.美丽的艺术作品也可以成为色彩理念的极佳灵感源泉。如果画家的色彩感糟糕，其作品不太可能流芳百世。

9.室内设计师通常具有上佳的色彩品位。仔细查看那些室内装修杂志。

10.在时装界，大多数色彩都拥有描述性的称谓，如"棉花糖粉色"或者"苔绿色"。要养成为自己选定色彩命名的习惯，并确保所选名称反映自己的理念或者主题。

11.很多设计师使用潘通色彩系统作为色彩参考。潘通提供流行色预测服务，每年会产生一个新色彩系列（以扇形出现），许多不同行业包括时装业对此加以利用。潘通公司还提供电脑配色服务，为纺织品设计等提供精准色彩。

12.与其他事物一样，色彩也会流行，也会过时。两个季节之前看上去新颖别致、激动人心的色彩今天就有可能显得平庸俗气、做作夸张。要紧跟色彩的潮流！

## 运动装设计师：米歇尔·夸克

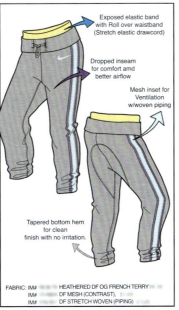

Exposed elastic band
with Roll over waistband
(Stretch elastic drawcord)

Dropped inseam
for comfort amd
better airflow

Mesh inset for
Ventilation
w/woven piping

Tapered bottom hem
for clean
finish with no irritation.

FABRIC: IM# HEATHERED DF OG FRENCH TERRY
IM# DF MESH (CONTRAST),
IM# DF STRETCH WOVEN (PIPING)

绘制人体动态，真正展示重要的服装细节

## 设计师宣言：米歇尔·夸克

设计师采用不同的方式进行调研。我阅读有关体育和常见伤痛的文章，因为我希望自己的设计能提高从事体育运动人士的安全性和舒适度。我也会了解最经常活动的肌肉，这样我可以通过材料和接缝的构造对这些肌肉进行支撑和保护。

我们也和包括职业人士和高中生在内的运动人士进行互动。每个季节都会开展小型访谈会，与会人士的反馈是我们设计过程的基础。我们也向他们展示样品，询问问题并就他们的反馈拍摄录像。

为了寻找合适的面料，我们拥有面料实验室、材料开发人员，还有来自亚洲的供应商为我们带来新的想法。我们也会踏上寻找灵感的旅程来收集样品。提出某种新面料的一些想法后，我们会把它们转交给材料开发人员来继续完成这个过程。

运动的姿势为视觉效果增添动感！查阅漫画，寻找优美的运动姿势参考素材

这个姿势优雅，带有微妙动感，但注意力始终放在服装上，让人能充分欣赏表现功能性但依然迷人的设计作品。

# 进一步了解面料

## 关于面料

关于面料需，要了解的内容相当多。对于设计师来说，面料的运用关系着他们的功败垂成。你将一如既往地查看最新潮流并强化自己的知识。你也许会参加法国"第一视觉"面料展，与高级定制时装设计师们擦肩而过，或者对价格并非那么昂贵但提供相似"外观"的厂商进行研究。价格较为便宜的面料可能色彩选择较少、图案没那么复杂，或者含有其他纤维成分，但它们依然拥有你所希望的时尚外观。如果经验足够丰富，你可能对这个面料的服装效果是什么样子心中有数，但在首个服装原型出来之前，你并不能确定。如果面料效果看上去和预想的一样，可以购买样品码数（15到60码）。如果看上去的效果差强人意，你要么更换面料，要么改变风格。设计师不得不做好随时进行重新组合和调整的准备。

有趣的面料是帮助生产厂家区别于竞争对手的关键要素。在过去的几年里，面料纤维、针织技术和梭织技术方面都有很多创新。有大量的产品可供设计师（和客户）选择。对不同纤维和纱线的了解越透彻，对公司而言你就越有价值。

## 关于染色

面料染色对设计师的服装系列至关重要。诸如浸染法之类的技巧能为服装增添趣味性，你可以制作样品来表明自己了解这个工艺。

上岗后，你应该了解三种基本的染色工艺：纱线染色、匹染和成衣染色。

纱线染色：在进行针织或者梭织之前，对纱线进行染色。

匹染：面料制成服装之前，对其进行染色。

成衣染色：服装由未经染色的面料制成，然后与其他服装一起在大染缸中进行染色。

## 关于印花

1.丝网印花和滚筒印花是业内主要的印花技法。

2.滚筒印花价格较为昂贵，因为必须为各个印花图案定制滚筒。通常这要求有5000码或者以上的订单。各种色彩都要求独立的滚筒，因此套色越多，成本越高。因为这个过程耗费巨大，所以首先会手工制作小样。

3.直接印花是将深色图案印制在淡色底布上。染色后局部褪色是更为昂贵更为复杂的类似染色处理方法，但是染色效果更加精致。

4.丝网印花为各种色彩使用不同的网筛。有手工的丝网印法也有自动旋转式机器印法。要想获得更好的丝网印效果，印花必须是相对简单的图案。

5.满地印花的图案单元向四周不断重复，既有横向的也有纵向的。

6.单向印花有顶部和底部，每个印花图案都必须以相同方向剪裁，这增加了成本。而双向印花有一个既往上又往下的基本图案，因此可以从不同方向进行剪裁。

7.边界印花放在面料的边缘，与素色或者协调的印花搭配组合。

8.定位印花在服装完全一致的位置上印花。例如，一件衬衫的背面可能印有设计基本图案。

9.重新着色印花很常见，是为了让印花跟特定组合的其他服装相搭配。

这个满地印花图案在水平和垂直方向重复这一基本单元。在设计图案的时候，需要考虑印花的位置，这样重复的单元在接缝处正好连接起来。

设计师为设计系列选择面料时，必须了解不同纤维的优缺点，并与时俱进地了解新动态与趋势。例如，超细纤维的引入增添了多种不同的表面特色，并制作了重量轻但相当耐穿的面料。这些多用途的纤维特别适合运动员，他们需要的服装能"吸除"汗水并保持身体干爽舒适。因为这些纤维重量轻，表现迷人的垂坠效果，它们也适合于制作不分季节的服装。

## 关于纤维

1.**纱线由多种多样的纤维制成。**有天然纤维，如棉花、羊毛、蚕丝和亚麻；有纤维素纤维的，如醋酸人造丝、人造纤维丝和天丝纤维。它们是由天然材料制成的。还有以石油为基础的，如聚酯纤维、尼龙和腈纶。

2.**纱线根据其厚度来衡量。**数字越大，纱线越细。大多数纤维加捻成纱线。纤维可长可短，但品质较好的面料用长纤维制成。可以用"低捻度"或者"高捻度"形容纱线。高捻度纱线通常更耐穿，但是绉布和一些新颖纱线除外。

3.**蛋白纤维来自动物毛皮和蚕宝宝的分泌物，**可以用来制作丝绸制品。通常这些纤维价格高昂，被认为是奢华纤维。

4.**所有纤维都有优劣。**一些面料是天然纤维聚酯纤维混纺，这样它们得以混合二者的优良品质。混纺织物一词常用来指代这些"混合物"。

5.**纤维由针织、梭织和毡合三种技术制成。**梭织将经纱和纬纱在织机上交织在一起。针织用一根线制成环环相扣的圈环。毡合织法是不太常用的工艺，将纤维压成面料形状。

6.**高蓬松纱没有弹性。**

7.**纤维质纤维具有吸水性。**在热天比较凉爽，会起皱，不会产生静电，比其他纤维重，在潮湿的天气下会发霉。

## 纤维特征

| 纤维名称 | 优势 | 劣势 |
|---|---|---|
| 棉花 | 舒适，易于打理，耐穿，柔软，吸汗，透气，有柔韧性，易于水洗，可以干洗 | 除非打算表现皱褶效果，否则需要熨烫 |
| 亚麻 | 结实，凉爽，舒适，易于水洗或者干洗，可以十分柔软或者十分粗糙 | 若未经特殊处理，容易起皱 |
| 真丝 | 结实，有弹性，耐穿，保暖，吸汗，柔软，悬垂效果好，外观华丽。一些可以手洗 | 需专业技术进行熨烫。购买和保养的价格比较昂贵 |
| 羊毛 | 可厚硬，可轻薄，保暖，舒适，有弹性，能吸水，有柔韧性，不易起皱，易于剪裁，视觉x效果佳，手感不错，可制成耐洗布料 | 如果处理不当易缩水，通常需要干洗 |
| 人造丝 | 重量上有极重到极轻薄，手感有的极松软，有的极硬实，易于熨烫，能吸水，舒适，柔软 | 清洗需特殊处理；通常干洗更佳；潮湿时会拉伸，干燥时会收缩 |
| 天丝 | 特征接近棉花；可制成水洗或者干洗面料；手感柔软光滑 | 若未经特殊处理，容易缩水 |

待续

| 纤维名称 | 优势 | 劣势 |
|---|---|---|
| 醋酸人造丝 | 外观亮丽，光泽度佳，重量轻 | 不太结实，遇水比干燥时更不结实，弹性差，折痕恢复力较差，弹力可能回缩，暴露于高温下会皱缩，穿着时不凉爽，有静电，遇热会变软 |
| 三醋酯纤维 | 外观亮丽，光泽度佳，有弹性，折痕容易恢复，不易拉伸和收缩，重量轻 | 不太结实，遇水比干燥时更不结实，穿着时不凉爽，有静电，遇热会变软 |
| 尼龙 | 重量轻，非常结实，耐磨，垂坠效果好，有弹性，不易起皱，定型效果好，洗后快速干燥，易于打理 | 需低温清洗和熨烫，易产生油媒污渍 |
| 聚酯纤维 | 重量中等，弹性好，折痕恢复力良好，比较结实，吸水性良好，易于打理；新式微旦尼尔纤维拥有很多极为出色的品质 | 不吸水，若非进行热定型，需使用极低温进行清洗和熨烫 |

来源：《Individuality in Clothing Selection and Personal Appearance》，第七版，作者：Marshall，Jackson，Kefgen，Touchie-Specht和Stanley。Upper Saddle River 出版社，NJ：Prentice Hall，2004。

## 智能面料

纺织行业中最有趣、最先进的动态，当属称之为"智能"面料的出现。这些面料的设计旨在将新技术植入我们的生活。在伦敦举行的IntertechPira智能面料大会，让我们体验了即将问世的面料，例如，穿着者按压后会发光的牛仔面料，可以由实际上会发光的光学纤维制作这样的效果。另一个方法就是使用电池和电子器件将LED灯光不露痕迹地植入纤维中。能提醒医护人员关注严重健康问题的传感器系统可以直接放在服装里。

2009年丹麦设计学院与科学家合作创作了"气候服装"，该服装的内置传感器系统能标示空气中二氧化碳的含量。

其他技术正在探索帮助前线士兵的方法，譬如监控热应力，以便炸弹爆炸时保护人体安全。纳米技术也可以应用于纤维，来创造可以自洁甚至抵抗病菌的服装。年长人群会欢迎这种舒适而且具有功能性的服装技术，让他们能够呆在自己家中。

在研究未来人们潜在的需求以及新纤维如何能应对这些关键问题方面，已经进行了大量工作。由于世界人口激增，环境压力不断加重，可能在不远的将来，我们即将面临缺乏材料制作服装的窘境。可能的结果是配给供应。但如果能够创造满足多种功能的服装，将有助于缓解这一问题。

## 第二步 回顾自己的理念和灵感图片

下面的示例展示了一个情绪图像以及根据所提供的视觉灵感或者相关图像而制作的面料板。所选面料及其处理方法反映了这张建筑图的色彩和质地。看看巧妙选择的面料所展示的趣味多样性，很有可能，作为设计师的你已经为一个现代女性设想了精工制作的春装单件组合。这个组合功能多多，也许作为男装组合也不错。

此刻，在我们作品集的制作过程中，你可能尚未为各个组合选择最终的情绪图像，但是至少你要对自己的设计灵感图进行编辑删减，这样你的面料选择就不至过于分散。然后，你的任务是使用每个组合的这些设计灵感图像来为你最初的面料选择和处理方法提供灵感。当然，你也会考虑我们在第一步中所讨论的所有其他方面的内容。

### 注意

1.整理不同组合的图像，将它们分别放在不同的文件夹中。这样，到了面料商场就不至于糊里糊涂。

2.把客户放在心上。你也可以在每个文件夹里放上一份客户档案，这样你在选择面料时可以针对他们的需求和生活方式。例如，你不会为童装或者十岁左右孩子的服装购买价格过于高昂或者难于打理的面料。如果你的客户较为年长、精打细算，他们也会喜欢免烫面料的服装。

3.在开工之前研究最新纤维。例如，如果你需要免烫面料，就需要某种合成纤维。比如，数十年来，有品位的客户都对聚酯纤维敬而远之，可如今它以微纤丝和摇粒绒的形式卷土重来。如果你了解最新潮流并在组合中加以利用，对此雇主会欣赏有加。如果使用新兴纤维，他们甚至可能会从特定创新纤维公司获得广告资金赞助，因此他们会加倍欣赏你对新技术把握的能力。

4.成功的设计师常常有机会与面料生产厂家合作来创造他们自己的定制面料。特瑞娜·特克（Trina Turk）就是一个绝佳证明。她最近推出的面料设计也用于室内装修。如果拥有平面设计的才华，你就可以创作自己的图案并让它成为一个组合的重头戏。

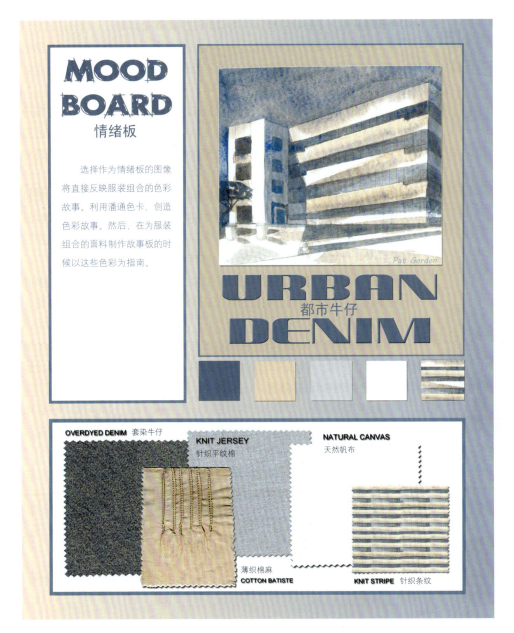

酷酷的系带、拉链、贴花以及其他细节将你的设计带入新的高度

## 第三步 为所有服装组合收集面料小样、辅料和紧固件

也许去最喜欢的面料商场跑上一趟，你就能够为所有组合收集面料和其他的元素，但是很有可能你得跑上很多次才能找到合适的小样来制作面料板。这是作品集中的关键元素，其重要性容不得你敷衍了事，必须找到完完全全符合你为组合所做的设想。上佳的面料以及与之相配的辅料和钮扣能让你兴奋不已并保持专注。它们也有助于创作优秀的设计作品！记住，有很多辅料能增添趣味性，包括缎带、波浪状花边、镶边、拉链、腰带、按扣以及其他种类的紧固件。了解这些小物品的价格，这样如有必要就可以方便地填写成本报表。

### 有益提示

1.尽可能收集更多的面料小样、辅料、拉链、钮扣等，比你需要的多更好。如果有什么不合适，拥有多种选择能省去你跑路的麻烦。

2.与面料商场的员工交朋友。如果他们喜欢你，会剪给你所需的全部小样。但是你不要贪心哦。这些员工会乐于帮助未来的设计师，但是他们也必须各履其职。

3.虽然你只需要一点小样，而不是成码的布料，但你也不能为年轻客户群的休闲装选择昂贵的面料，也不能为成熟稳重的客户群选择价格低廉的面料，除非你有把握把价格低廉的面料处理得妙不可言。未来的雇主希望看到你了解这样的区别。

4.将面料样片钉在一张纸上（可以使用本章结尾的形式），并记录面料来自何处以及是何种面料的相关信息。你并不清楚什么时候需要更多面料进行处理或者做不同的展示，而且你只有了解了面料的成分才能在作品集里对其进行标注。在教室里工作的时候常常会轻易地遗失关键的面料小样。

5.记住每个组合要包括基本的以及新颖的内容。一个组合里包括过多的复杂面料会显得过于凌乱。观者的目光必须在较为简单的某样东西上停留。必须考虑对比效果！

6.除非愿意更换关键面料，否则不可选择与之不配的色彩。可以染色或者把过于明亮的面料浸泡在咖啡或者茶水里。如有必要，马克笔也能派上用场，只是它会影响面料的质地。

7.愿意另辟蹊径。如果你和同伴去同一家面料商场，很有可能你们会做出相同的选择。所住街区便利的商店不太可能出售很多真正时髦有趣的东西。你可能需要在网上订购色卡。

8. 辅料是将组合凝聚成一个整体的关键元素之一，所以不可低估它们的重要性。你不一定非得使用辅料，但是拥有多种选择总是好事情。

9. 考虑明缝以及打算使用的色彩。购买色彩相配的线来制作样品。

10.钮扣、扣钩和扣眼、斜纹带，以及其他紧固件有助于展现细节，使设计更加精彩。

11.在古董店或者旧货交易会收集古董钮扣和其他紧固件。它们会为你提供灵感，而且也许在你的某个组合中能派上用场。

漂亮的钮扣是可在面料商场收集的另一个有趣元素

## 第四步 为所有服装组合设计面料

　　面料处理是让设计组合真正新颖别致的关键元素之一。由于其在零售业中的重要性，成功的公司如BCBG，Anthropologie，St. John以及MaxStudio 都大大依赖于面料处理让自己的服装系列引人注目。正如我们前面所讨论的，富裕的客户希望拥有在基本服装中鹤立鸡群的独特的服装，而且他们愿意为多增加的成本买单。当然，由于其处理方法让热爱牛仔服的人们成为回头客，很多牛仔服公司也在成长壮大、兴旺发达。如若低估在作品集中良好面料处理的重要性，那将是一个错误。诚然，高质量的处理不可能随意拼凑而成。需要大量时间对其进行开发，而且要获得最佳效果常常需要多次反复尝试。

### 亚历山德拉·德·里尔

　　亚历山德拉·德·里尔为这件羊毛连帽衫添加了凸条花纹袖口作为微妙对比效果，这是一个简单但是非常有效的细节内容。亚历山德拉供职于Fox Racing，最近晋升到设计经理的职位。之前在Free People工作时，她也曾在拉链衫上进行过巧妙的领口处理，使用针织羊毛衫和流苏，使服装独具特色，色彩丰富。

## 需考虑的内容

　　1.在整个作品集制作过程中，面料处理一直是可以利用的元素。但是要对每个组合采用不同处理方式，并开发相应的面料处理技术，这样做很有帮助。例如，你不会希望因为时间不够而在整个设计中仅仅使用缝迹的细节。

　　2.你也许已经拥有很棒的处理方法，可以将其直接用于或者经改动后用于新组合。如果手头有成功的想法就不要费力做重复工作。

　　3.有趣的处理方式通常都不是平面的。将多个元素结合起来，并进行叠层考虑，能增添趣味性。例如，将做旧、染色、补花和刺绣等处理方法结合起来能获得美妙的效果。

　　4.为面料处理收集时尚元素也能将你带入意想不到的地方。去五金商场、礼品商店、串珠商店、进口商品店、旧货交易会、艺术品商场等地方逛逛瞧瞧。你的元素越是异乎寻常，你创造别人未曾见过东西的可能性越大。从另一方面来说，只是把奇奇怪怪的东西附加在自己的服装上，你也不可能就把这个称之为处理吧。所选择的元素对你的理念来说必须有意义才行，而且它们必须与你的设计融为一体。

　　5.许多上佳的处理仅涉及以出人意料的方式处理面料。譬如说，可以把面料折叠、扭曲、收拢，做成褶裥饰边和打褶。

　　6.可以把松紧带放在出人意料的位置，以制造有趣效果。

　　7.仿旧处理能改变所有织物的表面。可以用砂纸打磨、刷洗、撕碎、灼烧、酸洗、漂白面料，或者就用自己的车在面料上碾过。

　　8.常见的绗缝或者拼缝技法也可以制作迷人的图案。购买几码布料，这样你就可以"探索一番"了。

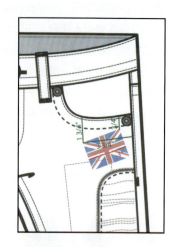

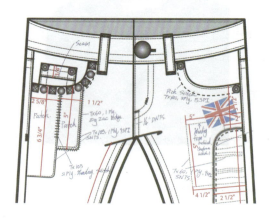

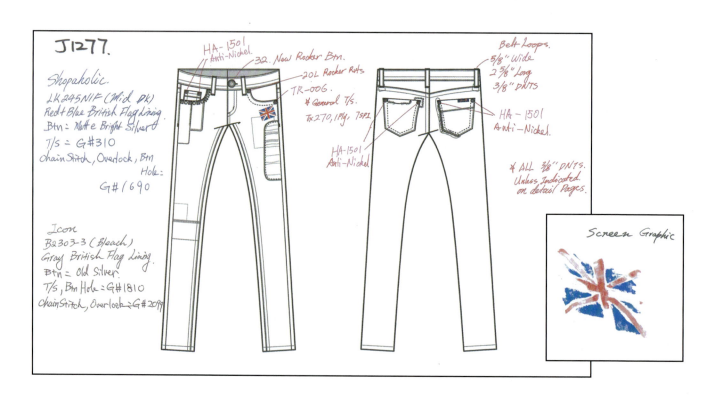

# 牛仔面料的处理

### 实际处理经验

这两页让我们见识一下为 "7 for All Mankind" 工作的牛仔服设计师洛莉·钟的作品,看看她如何创造、展示自己的处理想法并让这些想法按照自己设想的方式实现。

首先,她绘制自己想法的详细工艺图,也称工艺图。它展示每个设计的所有方面,诸如针脚细节、在牛仔裤上的摆放位置等内容。然后,她把这些工艺图发到海外工厂,由这些工厂制作完整的样品或者原型。这个过程会花上数周时间,因此预先做好计划是问题的关键。

因为洛莉供职于一个错综复杂的多层次大公司,所以记录样品上所添加的所有细节也非常重要,这些细节包括缝线的色彩、针脚的样式等等。如果你也制作了诸如此类的样品卡能表现你对细节的关注,作品看上去具有高度专业性而且能给人留下深刻印象!

当然同样的方式以及对细节的关注也可以应用于所有的面料或者设计工作,不论是水晶珠锻还是轻薄摇粒绒都是一样。面料样品是让你在众人中脱颖而出的上佳方式。

为作品集创作此类样品会让你获益匪浅。全球生产众多种类的牛仔裤,创造出看上去时新且不同寻常的牛仔裤是极富挑战性的工作。而像洛莉这样能够创造这些时尚细节的人永远不会沦落到挨饿的地步。

## 设计师宣言:洛莉·钟

在一家牛仔裤公司实习后,我爱上了这种神奇的面料(用一块布料你就能开发如此之多深浅不一的颜色和水洗效果,而取决于设计方法和处理方式,它可能会提供成千上万种选择并呈现成千上万种外观)自此之后,我一直在为牛仔裤公司工作。

目前,我供职于 Seven 7 Licensing LLC。它隶属于 Sunrise Brand(一家私人企业,曾用名为 Tarrant)。我已在此工作 4 年,如今担任青少年服装部的牛仔裤副设计师。青少年服装部包括 Seven 7 的青少年牛仔裤和梭织服装;Bebe、Superdry、DKNY、Express 授权冠名的牛仔裤和梭织短裤。

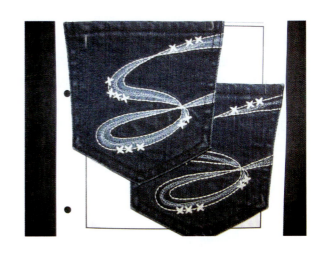

## 更多处理方法

1.如果你擅长使用色彩和画笔，可以亲手绘制非常有现代感的时尚图案。例如，Style.site.com最近推出的印花就是受到大自然中小石块、矿物质和图案的综合启发。朴实的质地看上去又非常清新。也可以考虑大自然中的其他元素，它们可能会激发出创作酷酷印花图案的灵感。

2.查看服装的金银线花边。这个有趣的技巧是制作精巧辅料或者缘饰的艺术，可以使用镶缀、金银线、刺绣、彩色丝线、丝带或者珠子。其他的风格也可以使用流苏、穗饰、装饰线、绒球和圆花饰。

3.金属饰钉是为服装增添质地感的简单方式，深受较为年轻的客户青睐。你可以花上五美元在网上购买100个一包的饰钉。它们有多种形状和抛光效果，包括金字塔形的和圆锥形的。尖钉形的视觉效果更为强烈，但是每个售价约为0.75美元。www.studsandspikes.com出售特殊形状的饰钉，但是价格比较昂贵，可能更加适合于高端的设计作品。其他网址包括www.kitkraft.biz 和 http://www.crustpunks.com/studs-c-21.html。

去http://www.instructables.com/id/How-to-add-studs-to-clothing/看看，学习一下在样品上使用饰钉的方法。

加里奥在茄克衫的袖子上添加了缎带

克里斯提·鲁布托靴子

芬迪在这件漂亮的茄克衫上运用铆钉形成精致的图案

## 使用面料色卡进行处理

都市"格"调

面料色卡包括多种可能互相搭配的面料，能让你想出面料处理的好点子。例如，此处展示的格纹可以制作：

1. 出色的拼缝作品；

2. **色块；**

3. 在彼此上方运用补花技术；

4. 将一种面料用作另一种面料的斜纹装饰；

5. 层叠成荷叶边短裙。

面料色卡也能启发你随意创造自己的格纹或者条纹，可以独立使用或者与其他格纹结合使用。也可以给面料样片染色来与自己创造的独特色彩搭配，或者使用Photoshop来创作自己的格纹色彩，展现自己对不同色彩设计的理解。

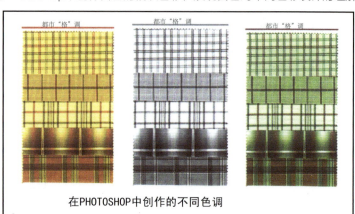

在PHOTOSHOP中创作的不同色调

设计师：就职于Fox Run的亚历山德拉·德·里尔

## 市场上常见的面料处理手法

打褶　　　　　　　　　补花　　　　　　　原身面料包边

丝网印花　　　　　　　　假明缝

## 亚历山德拉的宣言：工作过程

在季节开始，我们制作团队和我一起创作各种面板。我们会用几周时间购物和进行网上调研。在Fox Run，我有机会在澳大利亚、日本、香港和阿根廷购物以感受那种氛围。

后来，在中国的工厂里，我会手工绘制一些草图。我绘制一些人物草图把它们转到illustrator或者Photoshop，用当前艺术或者定位图案填充，来看看整体效果如何。我们也会设计色彩，看看印花在身上的效果，但大多数只是"感受"而已。

随后，我把这个和样品、艺术灵感等等一起交给设计团队。在此所见的服装是即将投产的样品。我们也制作工艺图，你可以看到如何制作补花的工艺细节图。

从亚洲回来后，我拿到服装原型后，就开始处理色彩设计和完整的工艺图。

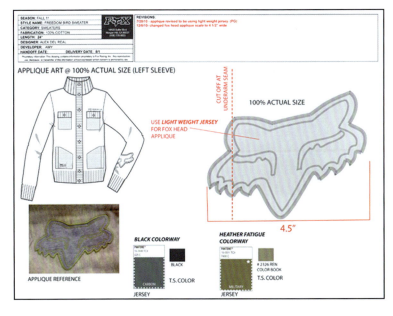

工艺图页面展示补花细节和在服装上的位置

很多处理都是先在CAD软件中进行

# 面料处理方法

## 打褶垂坠加装饰

打褶和加装饰的雪纺与垂坠的条纹形成对比

## 刺绣工艺

用彩色线缝制花形、心形和其他各种形状

## 运用条纹垂坠效果

用丝带制作条纹带垂坠效果的条纹在视觉上非常生动

## 蕾丝补花

这个20世纪20年代风格的蕾丝补花在连衣裙的上身创造了一个图案

## 装饰性褶裥

褶裥花边上下垂坠的图案在服装下摆形成造型

## 树叶形补花

叶片形状的补花形成图案

## 色块造型斜纹

运用几何造型和色块,创作带有现代非洲风格的图案

## 抽象造型垂坠成层叠效果

抽象造型优雅地层叠,形成体量

将丝带的一边缝制,花朵似乎围绕着曲线低垂

丝带缝制成花朵形状

关于面料处理的方法有很多书籍,可以参考借鉴。

设计师：考特妮·蒋

考特妮巧妙使用多种处理手法，让这个全深色服装组合看上去性感迷人

注意：在一个组合中使用多种处理方法时，要改变它们在服装上的位置。注意设计师考特妮·蒋使用精致的装饰将人们的注意力引向裙装的上身，突出人物的面部，但同时对腰部和下摆进行细节处理。

## 第五步 制作面料板

这是激动人心的一步，因为现在你开始进行作品集的实质性工作。很有可能你的面料板会经历多个编辑和重组的阶段，但是要与计划最终的解决方案一样小心地做各项安排。要用稍稍不同的方式处理每个组合。看看右页上的范例，领会一下这个意思，而且要记得去回顾为其他项目创作的别的展板。安排面料的时候，服装组合会在你内心深处获得立体感，而你也会转向实际设计过程的工作。

有益忠告：

1.在一个组合中所用面料种类的数量并无准确数字。这大多取决于服装的数量以及概念的导向。多并不一定意味着更好，所以如果你清楚地了解不需一些面料的话，不要担心，大胆地去掉它们好了。不然的话，它们会跟你更喜欢的某样东西相冲突。

2.如果面料板上的两种面料非常相似，选择更好的一种。畅销的面料会带来更为有效的设计内容，因此应寻找更有对比性的替代品。

3.由于各个组合的概念展现不同的个性，你得使用面料板来支撑那些主题。右页上的面料板取自比较经典的秋季运动装组合，所以它们表达优美、精致和冷静的主题。

4.另一个组合可能更加关注失控状态：例如，手工编织物改变了形状和质地而获得相当的立体感，在毛料织物不同寻常的位置水洗和梳理处理，流苏由不同的纤维制成，诸如此类。如绘画一样，只要符合主题，面料板也可以极度"散漫自由"，特别是涉及好看的纱线、独特的紧固件和处理手法的时候。如果功能和性能是关键所在，也可以高度技术化。所有元素务必支持你的概念，可以说，对于所有这些问题没有唯一正确的答案。

**概念：洞穴壁画家参观伦敦萨维尔大街**

这个面料组合的主题直接来自洞穴壁画图像，并在作品集中对此组合进行介绍。这种含蓄的大地颜色在面料色彩故事中得到了反映，精致地处理表达肌理。纱线最好是手工编织的样品，能为引起情感共鸣的图像添加"质朴"的元素。

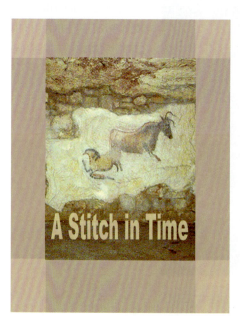

# 面料表现

## 拼贴风格的面料小样

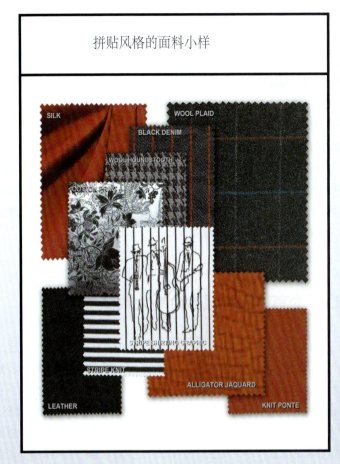

## 面料故事板

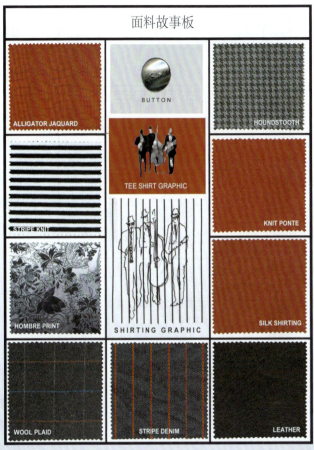

## 面料色卡

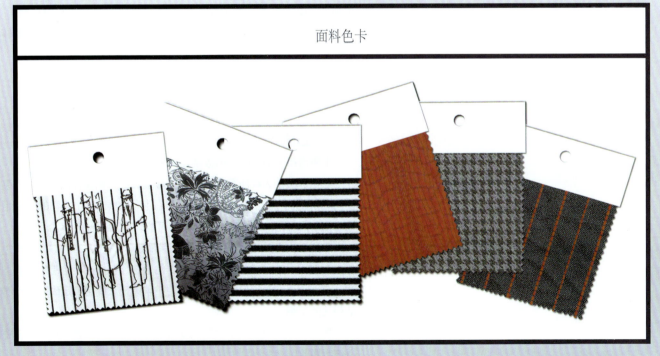

| 运动服装款式总表 | | | 组1 | | |
|---|---|---|---|---|---|
| 面料 | 款式 #1 | 款式 #2 | 款式 #3 | 款式 #4 | 款式 #5 |
| STRIPE DENIM | | | | | |
| | 将面料小样 | | | | |
| Hand Knit<br>knit a sample | 黏贴在表中 | | | | |
| | 的相应位置 | | | | |
| bottom weight<br>can be a base cloth | | | | | |
| LEATHER | | | | | |

## 第六步 在款式开发计划表上添加面料小样

面料板和与之相配的要素收集完毕后，就可以开始初步设计过程了。这涉及创作初步的款式开发计划表，形成设计草图的基础。我们在本书99页为你提供了一个款式开发计划表模板。为每个设计组合准备一份款式开发计划表并对其进行相应的分类。

从第一个组合开始，将面料样片剪成小块并放入如图所示的款式表。特别要注意做好标记。如果不确定某个样片的所属范畴，务必咨询老师。为自己的服装选定正确克重的面料至关重要。

还要注意这个模板适合于使用多种面料的运动装。也许，你不需要有这么多种，也许你需要更多。要是不需要这么多种，还是把空间留在那里。要是以后你决定添加面料的话就直接添上去就可以了。要是需要更多种类的面料，只需在款式表下方添加内容即可。

## 第七步 为首个服装组合绘制大致廓型

现在你已重温自己的设计灵感并完成面料板的收集工作，你已经准备就绪，可以设想首个组合的各种服装，并绘制服装的粗略草图。例如，如果在设计秋季运动服组合，你会知道应该要包括一件外衣和一件户外夹克衫。可能你已经拥有一到两种制作户外服装的足够厚重的布料，所以你已然了解应该使用何种布料。此时可以查看自己收集的关于外衣和夹克的各种想法并开始决定廓型的大致样子。其他的布料可能是克重较轻的毛料织物，适合制作定制夹克和/或裤子，所以把对夹克和裤子产生影响的图像放在一起。如果你似乎缺乏灵感，那么还需进行更多研究。一旦获得所需廓型，在制作设计草图的时候可以解决细节问题。

有益提示：

1.考虑每个组合的人物数量。

2.估计每个人物所需"穿着"的服装数量。例如，如果是内外装搭配的5个人物组合，你可能需要14到18件服装。如果是5个人物的裙装组合，假设包括了几个两件套的设计，那么你可能只需5到7件服装。

3.列出认为自己会放进组合的服装清单。

4.使用设计灵感和收集的任何其他想法，在模板上绘制潜在廓型的平面图。这些平面图无须包括细节内容。如果你无法确定特定廓型，绘制一些其他想法的草图。

所幸的是没有什么东西是铁板钉钉无法改变的，等你有了好主意总是可以进行更改。

## 设计师：亚历山德拉·德·里尔

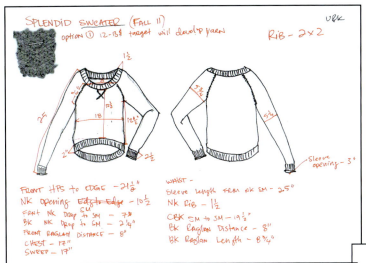

### 针织品：手绘草图

这些设计师草图展示了一个系列运动衫组成元素的实际设计过程。虽然草图很粗糙，但细节部分却非常明确，包括纱线类型、紧固件、针脚类型、服装尺寸等等。了解一下琼斯服装集团（Jones Apparel Group）旗下的杰西卡·辛普森针织服装部门的职位描述，请见右侧清单，这会对你很有帮助。

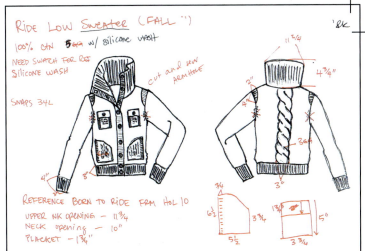

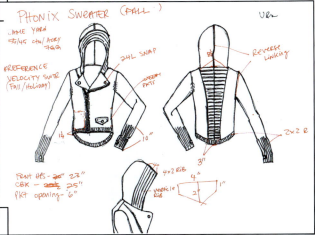

## 第八步 将最喜欢的廓型放入款式计划表

　　将大致的廓型想法绘制好以后，剪出你最喜欢的每件服装的平面图，并用别针或者双面胶将其附到初步款式表上。这样可以依据个人的意愿，方便地添加或者取下廓型图。

　　看看你的夹克，它们是否看上去过于相似。想象自己是一个客户，在寻找三种或者四种非常不同的廓型，但是这些廓型与服装组合依然有关。如果有廓型还存在什么问题的话，计划有时间而且能专注于创作的时候多画一些草图。

　　继续回顾关键元素（理念、灵感、图像、季节、客户），并确定自己对所选择的一切感到满意，而且这些关键元素彼此协调。要是有什么地方不合适，就要考虑替换它。

**保持**

**灵活**

## 提示

1.如设计一组上衣，考虑短夹克、中短款大衣、短大衣和长大衣等种类。

2.如设计夹克，考虑包括修身款和宽松款。一种使用经典单色面料，另一种使用新面料或者新颖面料。

3.决定服装的内外搭配数量。秋季服装的上衣可能会有三到四层：一件T恤或者无袖针织背心，一件衬衫或者第二件针织服和一件毛衣。外套应该能套在这些服装外面。

4.对于下装，两条短裙和三条裤子通常能达成良好的平衡。流行时尚以及客户类型会决定在短裙或者裤子二者之中谁更加重要。

5.确定所有的平面图彼此之间的比例正确。不要为了把它们放进格子里而把它们缩成大大小小的形状。

6.为了制作最终的款式表，应对展示的一切进行整理并印制整齐的备份。

## 面料说明

1.如果面料的克重合适，通常夹克和裤子用同一块面料制成。

2.衬衫和针织服装应该包括经典面料和新颖面料。应让服装在针织面料和梭织面料的选择上取得平衡。

3.制作秋装二期的服装组合时，考虑至少包括一件手工编织的服装。

4.记住这些只不过是宽泛的指导原则，目的是让你在组合安排中确定良好的比例。

## 运动装款式开发计划表

| 面料 | 款式 #1 | 款式 #2 | 款式 #3 | 款式 #4 | 款式 #5 |
|---|---|---|---|---|---|
| 厚重型面料<br><br>可以与中厚型面料一致 | | | | | |
| 新颖的厚重型面料<br><br>可以与中厚型面料一致 | | | | | |
| 手工编织<br><br>编织一件样品 | | | | | |
| 针织面料 | | | | | |
| T恤印花或者图案<br><br>可以是色彩指南 | | | | | |
| 中厚型面料<br><br>可以是常规面料 | | | | | |
| 新颖的中厚型面料<br><br>可选 | | | | | |

## 第九步 为其余服装组合重复步骤5～步骤8的各项工作

为第一个组合完成了让自己满意的初步款式表后，为其他各个组合完成相同步骤的练习是非常有益的。在工作过程中，要常常回顾已经完成的组合，因为你有可能会发现服装的重复或者失衡。这个过程不仅鼓励你在自己的设计组合中创作令人愉快的多样化效果，而且防止你满足于最简单的和/或舒服的解决方案。

注意：你可以一直工作，直到完成首个组合的全部内容。但是，制作其他组合的款式表时，你很有可能会明白自己希望做出的改动。如果预先为所有组合做出计划安排，你随后就可以专注于某个组合直到完成这个组合的全部工作，因为你清楚其他的组合不会形成干扰。

## 第十步 检查服装组合中各款式之间的均衡与和谐感

完成所有四个或者五个款式表后，将它们展示出来并进行最后的检查工作。

**需要考虑以下问题：**

1.每个组合中的服装是否达成良好平衡？

2.就廓型、面料和辅料而言，每个组合看上去是否各不相同？

3.各个组合中的服装是否与我的理念一致？

4.服装看起来是不是我的客户愿意穿着的那种？

5.我的面料选择对服装的外观和重量而言是否明智？

6.所选面料在质地、图案和色彩上是否体现多样性？它们是否支持设计理念？

7.浅色和深色面料之间是否达成良好平衡？是否拥有足够多的色彩？

8.款式表看上去是否激动人心？还需添加什么来增加组合的生动性吗？

9.所有的平面图彼此之间是否成比例？

10.对自己的选择是否感觉自信满满并足以投入下一章节的工作？如果还不够自信，为何如此呢？

款式表帮助你专注所设计的服装款式

## 设计师: 亚历山德拉·德·里尔
## 公司: FOX RACING

　　亚历山德拉在过去两年供职于Fox Racing，担任针织服装和运动衫设计师。她最近晋升到设计经理的职位，负责监管一个设计团队。如上图亚历山德拉的出色草图中所见，该系列表现了多款运动服。注意每件服装的风格的差异性，从而鼓励客户把它们全部买回家去。

　　我们可以看出，亚历山德拉的设计能力和让针织衫符合流行时尚的能力让她取得了极大成功，成为公司的后起之秀。每年她多次前往中国，与服装生产线的厂商合作。她带回了这张照片，照片中一位工人正在调整一架巨大的针织机。

树叶凋零之际，我们应学会欣赏它们的美，并展望来年从树上摘下果实的时分。

——安东·契诃夫

由于面料是设计过程的关键，你必须花费必要的时间和努力来为作品集创作有效的面料板。如果你按照本章介绍的步骤做，现在你应该即将完成所有组合的面料板了。不过，在进入下一个章节之前，花点时间回顾一下，看看这些面料板应该达到的目标并确定自己是否已经实现了这些目标。

1.是否使用格纹图案或者印花图案创作至少一种或者两种面料组合？

2.所选面料是否反映并支持你的理念？

3.所选面料在审美感、品质和价格方面是否适合目标客户？

4.面料板是否表现了色彩、质地、面料克重、图案等方面的良好平衡？

5.你所选择的面料在挺括与柔软质地方面的配比是否合适？

6.面料的手感是否舒服？记住潜在的雇主会要求亲手触摸你所选择的面料，来查看你是否理解触觉效果的重要性。

7.在选择与评估你的色彩时，是否考虑了不同的配色原则？你的色调是否有助于表现服装组合的氛围？

8.是否为自己的目标客户选择了合适而且实用的面料？

9.万一设计过程中有什么行不通，是否为这种情况收集了作为替补的其他面料样片？

10.是否收集了适合所选面料并支持自己理念的漂亮的辅料和紧固件？

11.是否创作了出色设计作品所需的多种令人激动的处理方法？

12.面板的展示方式是否增添了面料的吸引力，展示方式的氛围是否适合该服装组合？

13.是否为每个组合开发了井然有序的款式表？

14.面料和服装的比例是否均衡？是否充分利用了放在面料板上的所有面料？

15.所选面料是否适合于所设计的服装？雇主们会超越面料的色彩去关注面料的克重、手感以及价格点。

虽然这些面料看上去是漫不经心地摆放在一起，它们是由设计师基斯·谢为自己计划中的男装组合精挑细选出来的。多种仿旧牛仔布、衬衫衣料、棉布和毛料格子布、软皮革以及外露的时尚拉链一起混搭出了非常有男性气概的现代感。

## 任务清单

1. 回顾一些面料策略来激发自己的创意活力。

2. 回顾所有的理念和灵感图像。在开始收集面料之前进行所有必要的改动。

3. 收集面料样片和大量辅料。

4. 为服装组合计划并开发面料处理方法。多多益善，因为处理方法可以成为你作品集的点睛之笔！

5. 创建你的面料板。如果面料板看上去不够整齐，考虑购买一些上好的锯齿剪刀。要探索不同的版式来形成自己的风格。

6. 制作至少四到五份空白款式表并为首个服装组合添加面料样片。

7. 绘制廓型草图，尝试达到长度和形状的良好平衡。

8. 将最后的完成稿添加到款式表上。

9. 为其他组合重复这个过程。

10. 务必将各个组合进行比较，来保持整体的平衡以及整个作品集的多样性。

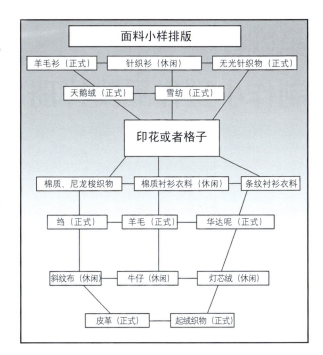

这张图表给出了面料板较为正式的排版顺序。帮助你组织和整理面料小样。注意：补充面料的排版原则是将正式服装的放在一起，休闲的服装放在一起。

## 组合或者理念 _____

| 资源表： _____ | 资源表： _____ | 资源表： _____ |
|---|---|---|
| 来源： _____ | 来源： _____ | 来源： _____ |
| 面料： _____ | 面料： _____ | 面料： _____ |
| 纤维： _____ | 纤维： _____ | 纤维： _____ |
| 价格： _____ | 价格： _____ | 价格： _____ |
| 季节： _____ | 季节： _____ | 季节： _____ |

| 资源表： _____ | 资源表： _____ | 资源表： _____ |
|---|---|---|
| 来源： _____ | 来源： _____ | 来源： _____ |
| 面料： _____ | 面料： _____ | 面料： _____ |
| 纤维： _____ | 纤维： _____ | 纤维： _____ |
| 价格： _____ | 价格： _____ | 价格： _____ |
| 季节： _____ | 季节： _____ | 季节： _____ |

复印一些资源表带到面料商场去，这有助于让你的面料样片和辅料条理化。

# 第四章
# 制作小型作品集样册

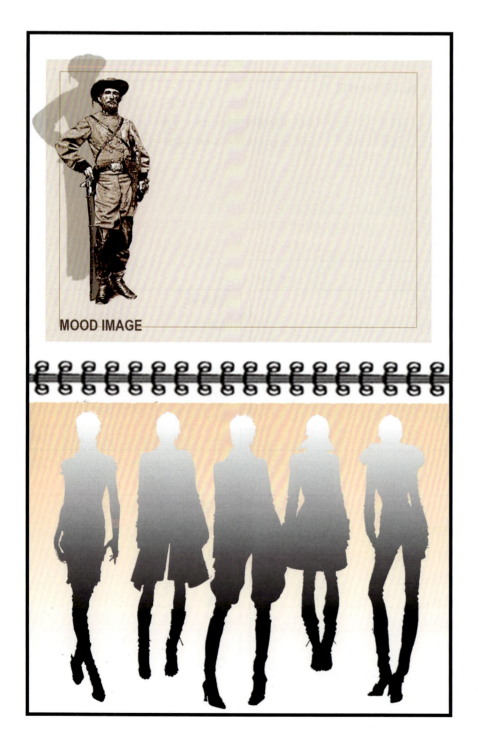

MOOD IMAGE

伟大成就一直需要惊人的准备工作。工欲善其事，必先利其器。

——罗伯特·H·舒勒

## 规划小型作品集样册

本章旨在帮助你制作小型时装作品集样册，与你的最终作品集尽可能相似，拥有至少四个服装组合。你需要进行规划并根据本章结尾处提供的模板拟出所有四个组合细节的梗概。这看上去有点像是额外的工作，但是我可以保证你的努力是值得的，你的作品集将更加精彩纷呈。这个练习有哪些好处呢？

将组合做成作品集的形式，你就能看出它们是否能高效地从一个组合流畅地过渡到另一个组合。良好的流畅性通过多种元素得以呈现。

1.面料色彩：例如，你应该用较淡的多色组合开始工作，在后两个组合里尝试不同的中性色，用更深更有戏剧性的色彩处理最后一个组合。无论如何规划自己的色彩，你都希望它能在视觉上能够打动观者。

2.情绪：改变组合的情绪也能在视觉上打动人心。与室内设计一样，即便拥有整体的主题，你知道不同的房间会表现非常不同的情绪。把最强烈的情绪组合作为作品集里的第一个和最后一个。

3.外观的多样性：同样的东西过多，不论处理得多么精妙，也不会让人很感兴趣。当然，多样性可以来自季节差异，而且如果制作不同季节的服装，你需要相应地安排各个组合，不可犹豫不决。通常，最好是以春装开始，以秋装或者度假装结束。

4.设计差异：即使是"不分季节"的作品集也会展示许多设计细节、廓型、面料和配饰。如何安排这些差异性非常重要。你必须在一开始就吸引观者的注意力，在中间部分保持他们的注意力，而在结束的时候让他们为之叫绝。

5.你的灵感缪斯：什么是你最最激动人心的灵感缪斯？他们在组合的顺序中如何表现？把最好的留到最后。

对组合及其组成要素进行安排非常有必要，这能让你充分认识哪些理念过于重复啰嗦或者哪些理念就流畅性而言无法紧密吻合。

例如，你可能非常喜欢自己设计的带亮片和蕾丝的黑色鸡尾酒会礼服，但是当你尝试把它跟其他裙装组合进行视觉搭配的时候，你意识到它过于"耀眼炫目"，而且跟其他更为精致复杂的理念不配。不论把它放在小型作品集的什么地方，它看上去都格格不入。或者你仅仅发现把带针脚处理的牛仔服组合跟其他视觉上更强的组合放在一起的时候显得不够有趣。

制作小型作品集迫使你就组合顺序和布局安排等问题作出决定。

做这些棘手的决定有时候会很拖拉，但最后会导致白费力气，因为各个服装组合的最后效果差强人意。在本章中，你将看到多种布局安排，越快地选定其中的一种，你就会越有效率。而且决定组合顺序后，你能按照在作品集中出现的顺序集中于各个组合的工作，这有助于你沿着既定工作的轨道行事。完成各项工作的同时，每个组合的工作也即告完成，这样可以避免最后一刻的工作失误。

---

### 制作小型作品集样册的十个步骤

1.选定作品集的版式

2.收集组合的各项元素

3.复制模板并简化

4.创造视觉计划的提纲

5.在模板上添加情绪图像和面料板

6.创作小型构图

7.创作小型平面图

8.在模板上添加人物布局和平面图

9.寻求有益的批评意见

10.进行必要的改动

使用奥丽薇亚·柯生动的人物图像之间自然的空档，我们能为这个开本制作绝妙的版式。水平的图像能让你展示人物的全身，但是也不得不将人物放入两张页面。尽管中间有个隔断，这些人物也应该能够彼此关联。注意两边的人物都面向页面中间。我们也可以将人物在空间上向前移动，这样能表现服装的截面图。

## 设计师：奥丽薇亚·柯

是时候在作品集的创作过程中做出最为艰难的一个决定了。为作品集选择一个前后一致的版式是个重大任务，万万不可掉以轻心。因为有些开本需要投入更多的劳动成本而且需要小心谨慎的技艺，所以你必须把自己的长处和劣势时刻放在心上。例如，如果你常常把东西弄得乱七八糟，但是又特别想制作折叠式插页，那么你就必须找一个非常灵巧整洁的人当帮手。不过，你必须做出选择才能继续工作。

需牢记的内容

1.一旦决定选择某个版式后，必须以此版式计划所有组合（尽管你知道可以结合一些变化）。你不会希望你的观者需要把作品集翻来转去才能看到不同的组合吧。

2.不同的布局版式各有千秋，既有长处也有短处，因此必须亲自研究这些范例。如果你发现自己的版式并不尽如人意，此时就是进行改动的时机。

3.仔细规划小型作品集，不要留下空白页。总是能用聪明灵活的方式把空白页弄得更有趣味性和完整感。

4.在就版式做决定的时候必须拥有实际的作品集文件夹。你会希望用里面的一些作品进行实验，来看看何种版式的效果感觉更好。

FALL I: STREET WEAR

## 年轻女装

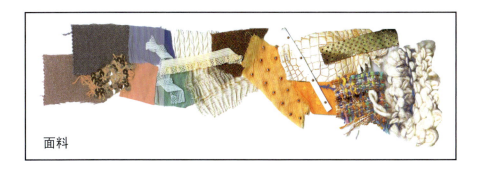

面料

注意有趣的款式和多彩的时髦配饰如何让这个组合看上去特别出彩。有很多追求时尚的客户非常喜欢色彩，因此如果作品集中包含至少一个多彩组合来表现你懂得如何运用色彩，你会从中获益颇丰。

## 设计师档案

奥丽薇亚·柯是美泰玩具公司的高级设计师，目前担任芭比核心时尚系列"芭比时尚达人（Barbie Fashionistas）"的首席设计师。她专攻时尚创新和概念化，每个季节都连续推出新颖时尚的风格产品。她对最新的时尚和配饰加以利用，所创作的产品反映了个人的激情，展示了无与伦比的细节处理、现实主义、真实性和独创性水平。

奥丽薇亚的家人和童年记忆激发她紧紧追随成为时装设计师的梦想。如今，得知自己的作品让女孩们继续自己的梦想和幻想，奥丽薇亚从中获得巨大的幸福感。

### 基本的垂直版式布局

1.可能这是可供选择的最简单的版式，因为把它们放在一起比较容易而且对观者来说一目了然。

2.组合中可以使用少到三个人物图，但是我们也曾见过12个仔细摆放的姿势各异的人物，而且看起来非常棒。那个组合有6套服装，一个"穿夹克"的人物和一个"不穿夹克"的人物展示每套服装。

3.注意平面图必须非常准确地摆放在人物下方，这能让观者方便地将人物和平面图联系起来。

4.在平面图边上放置对面料的概述也很不错，因为在人物附近看不到关于面料的信息。你也可以在面料边上添加人物小图。

5.可以分散放置人物和平面图，产生变化效果。

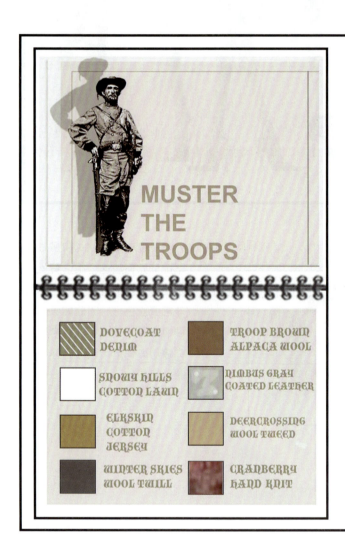

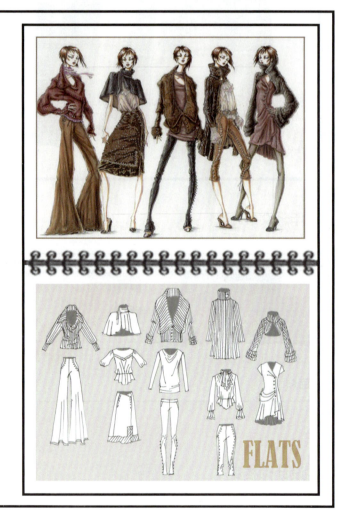

## 设计师：芭芭拉·阿劳约

### 服装类型：现代运动服

如你所见，对于作品集的经典垂直版式布局而言，设计师芭芭拉·阿劳约设计和绘制的这个出色构图的组合堪称完美。尽管展示了五套服装之多，人物非常紧凑地放置在页面上。如果分析一下人体动态，你会发现芭芭拉仅使用了两个不同人物，只是对人体进行了翻转并稍稍改变头部和胳膊的动态，她就创造了出色的多样性错觉效果。各种各样的姿势穿插在一起，增添了视觉上的趣味性。

由于芭芭拉在组合中包括了基于史实的军旅廓型和细节，如短披肩、侧边有钮扣的七分裤和高领圈的上衣。士兵的形象是很不错的情绪图像。注意色彩的名称包括在军旅环境和自然环境的两种。平面图在每个人物下方以有序的线状摆放，这样，观者可以方便地将平面图与效果图联系起来。它们常常以从上到下的顺序摆放。

尽管整个组合色彩较深，色调较暗，仔细的效果图表现技法可以让观者细细审视各件服装。诸如军旅钮扣以及蕾丝胸饰和袖口等细节跃然纸上。对各种不同质地的考虑也赋予各件服装独特的外观。我们几乎能够感觉到毛衣柔软的毛茸茸的纱线。创造视觉上的肌理感也是设计表现过程中的重要部分，对此，我们将在第七章进一步讨论。

也要注意鞋子的样式非常类似，只不过芭芭拉改变了鞋子的色彩并添加了有军旅风格的紧身裤。人物的头部来自同一灵感缪斯的样貌，芭芭拉巧妙地让她们摆出不同的迷人姿势。这种辅助性元素的统一感能让观者仅注意设计本身。组合中的色彩运用也很均衡，让观者的眼睛绕着页面运动。

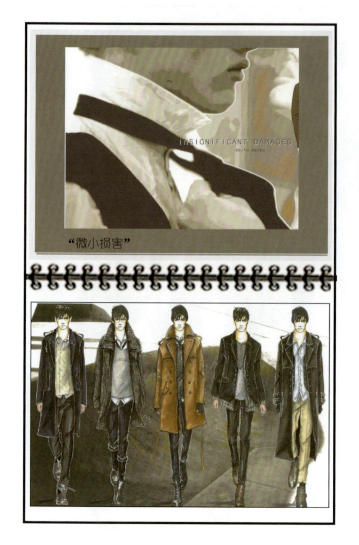

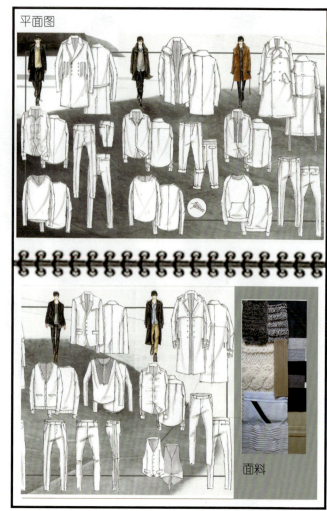

## 服装类型：现代青年男装

男装设计师基斯·谢用他命名为"微小损害（Insignificant Damages）"的非常时尚的服装组合，为我们展示了垂直版式布局的变化运用。情绪图像放在效果图组合的上方，接下来的两页都是平面图。虽然平面图与组合分开摆放，基斯在所有服装的平面图边上放置了人物的缩小版，并巧妙地将面料放在第二张平面图的一侧。

基斯为所有人物选择了同样的行走动态，他们看上去正向观者走来，创造了一种具有动感的视觉力量。他将最浅的色彩——浅黄色放在两侧的人物身上，而将最深的色彩——赭色放在中间的人物身上。其他的色彩都比较暗，但是深色和亮色保持均衡，让观者的双眼在页面上移动。获得这种均衡感看似简单，但是这些元素必须小心放置，对此，我们将在第六章进行更为深入的讨论。

基斯也充分利用了自己的Photoshop技巧，为人物和平面图添加了颇具抽象性的背景。同样，效果甚为微妙，但是对整个情绪非常重要。与前面芭芭拉·阿劳约的布局一样，配饰和头部的外观非常相似，所以注意力会完全放在服装上。基斯的灵感缪斯年轻气盛、愤愤不平支撑了该组合后现代主义的主题，也从它的名称中体现出来。

右页图展示了基斯作品集中的另一个设计组合以及他的个人宣言和对年轻设计师的一些忠告。你会看出这个组合如何出色地支撑了基斯前沿的审美观的总体氛围。目前，基斯担任阿玛尼集团旗下的纽约A/X（Armani Exchange）的生产经理助理（助理设计师）。

## 设计师宣言

　　我来自中国台湾，家人从事婚纱生意，他们既从事设计也从事生产。我受到他们的启发才学习时装设计。从小就看到太多的裙装、蕾丝和花朵，所以我想试试男装设计。我想给毕业生们的建议是一定要真正努力地学习数字技术！现在所有的一切都是数字化的，因为所有的东西都要通过电子邮件发送，包括工艺图、规格表等等。但是，手绘也非常重要。我很幸运，有时候我们还是手绘平面图和效果图。因为我的作品集在某种程度上是用电脑绘制的，他们感到奇怪的是我居然会手绘。再一个建议就是要了解你的面料！当要求你进行调研、订购面料、制作面料板等等任务的时候，这些知识非常有帮助。我们的确是受过良好的训练，但是总是有人懂得更多。要不耻提问，不能不懂装懂，然后又把事情弄得一团糟。不要害羞，学会畅所欲言。不要害怕从基层做起。我一开始当的是实习生，当时我要裁剪面料、订购面料、买咖啡等，随后我获得晋升，从事草图绘制、灵感板和面料板的制作工作，而上个季节我设计了女装系列的全部花型！

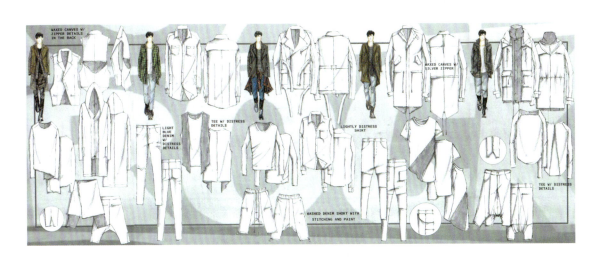

**拓展型垂直版式布局：**

1.这个版式要求延伸的折页向中心对折时要完全合缝，因此处理手法必须相当完美。

2.所有元素同时得到展示，可以创造视觉冲击力。

3.放置平面图的空间稍显有限。

## 折页

如若处理得当，折页的明显好处就是让观者能够一次性看到组合中的全部元素。如需了解如何制作折页并让折页结实耐用且边界清爽，见118页的说明。

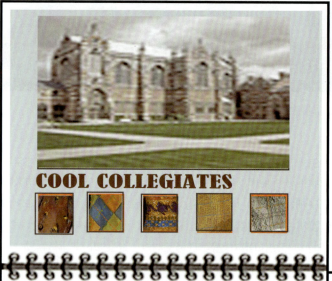

情绪图像为英国一所卓有声望的学府，这支持了设计师莎拉·安（Sarah Ann）的迷人青年学院风男装组合的理念。经典的男装面料如粗花呢和羊毛格子呢裁剪成年轻修身的廓型，看起来非常不错。使用松松的领带和彩色领结为组合异想天开的情绪增色不少。注意，莎拉非常精巧地运用背景图像将组合中的不同元素凝聚在一起。

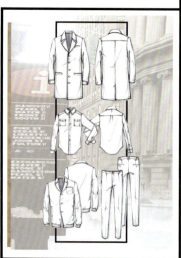

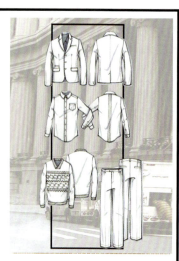

男装时尚学院风版式

设计师：莎拉·安

款式平面图

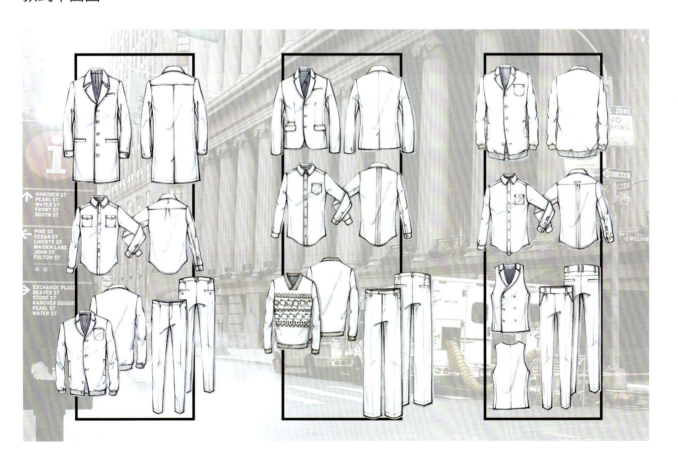

# 如何制作
# 作品集的折页

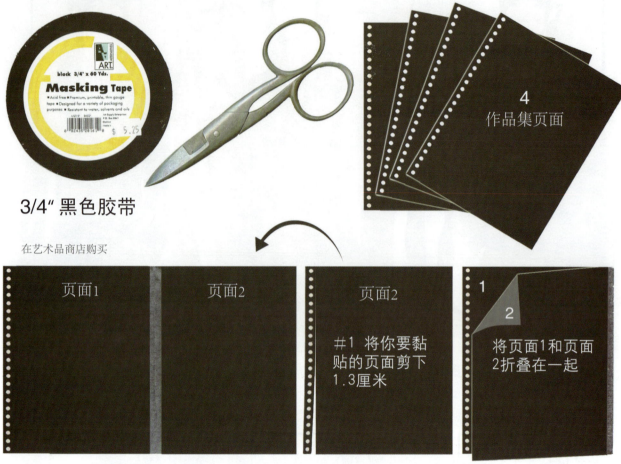

3/4" 黑色胶带

在艺术品商店购买

4
作品集页面

页面1

页面2

页面2

#1 将你要黏
贴的页面剪下
1.3厘米

1

2

将页面1和页面
2折叠在一起

将页面2剪去1.3厘米，去掉打孔的一侧，用黑色
胶带将两个页面黏贴起来。将页面的两面黏贴，
使其完全贴合。

现在插页已经做好，将完成的页面插入作品集。

# 水平版式布局

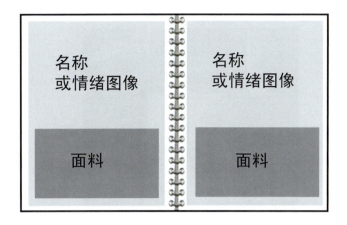

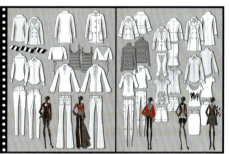

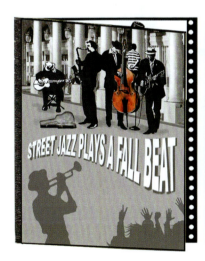
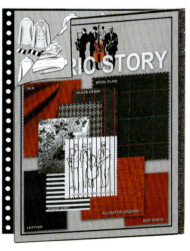

## 基本的水平版式布局

· 这是一种非常紧凑的版式，如果你的面料板和平面图数量有限，这种版式会很不错。

· 集中诸如夹克或T恤的服装单品是作品集中改变节奏的一种方式。

· 裁切的人物难于构图，但是能创造戏剧性效果。画面必须画得十分精致，或者形象生动，经过精心设计。

灵感

面料

"漂泊不定的机车手"

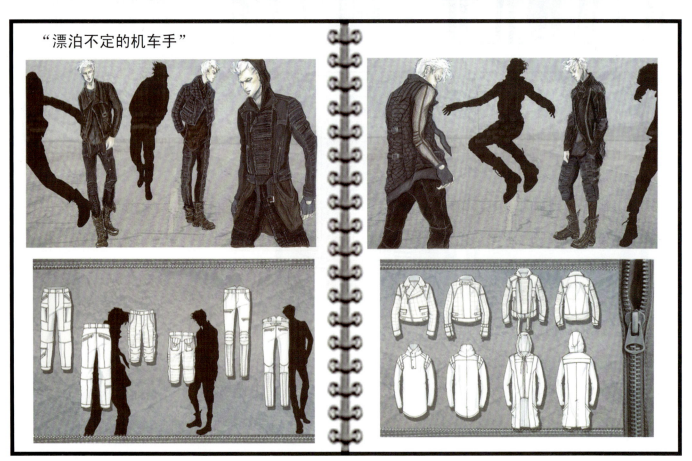

## 男装设计师：切里斯·石开

## 设计师宣言

我在东洛杉矶出生长大，在奥尼尔品牌（O'Neil）的男装泳衣、托德·奥尔德汗姆品牌（Todd Oldham）的男士秋季运动服以及鲍勃·麦基品牌（Bob Mackie）的礼服部门接受过训练。曾在赫莉国际的男装部门实习。我曾是H20实习生团队的一员，帮助开发赫莉的洁净水项目，为在亨廷顿海滩举办的美国冲浪公开赛设计了一个展台。目前我是马萨诸塞州坎顿镇的锐步公司男士运动装的服装设计学徒。

这些非常时尚、视觉上激动人心的设计基础就是摩托车越野赛——一种摩托车或者全地形越野车在越野赛道上举行的比赛。自行车越野赛是非机动越野轻骑摩托的类似体育运动。

从当今文化的时尚元素中汲取灵感是为设计增添"时尚感"的好方法。

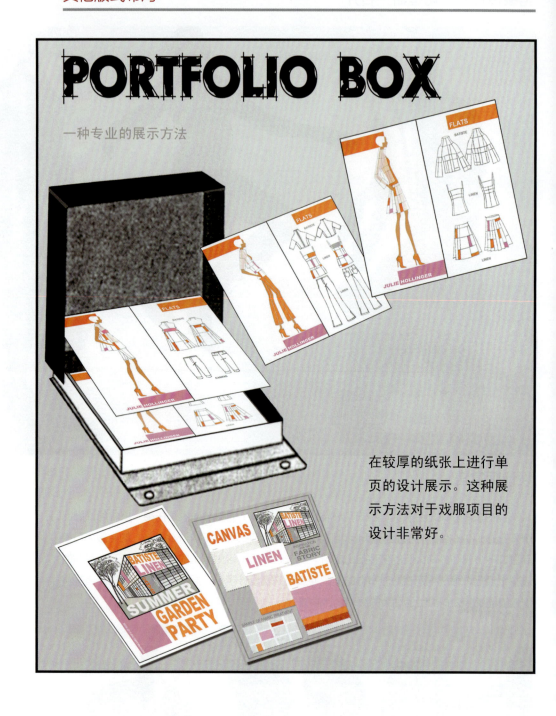

**PORTFOLIO BOX**

一种专业的展示方法

在较厚的纸张上进行单页的设计展示。这种展示方法对于戏服项目的设计非常好。

要是你特别希望鹤立鸡群，可以考虑使用与传统笔记本风格相异的作品集版式。如你从这两个展示中所见，制作方法迥异，但是看上去的视觉效果令人兴奋，表现了专业性。两种方法都使用了硬质的盒式文件夹。它们并未使用笔记本风格的典型塑料套，这种风格利弊共存。因为使用一段时间后，塑料套会破损，必须进行更换。有时候在制作过程中学生的手多次触摸塑料套，结果页面尚未接受首次检视就已经被弄得乱糟糟的。而使用盒式文件夹让你无需担心这样的问题，但是你必须意识到因为缺乏保护以及人们的直接接触会弄脏你的作品。如果你希望自己的观者注意单件服装，我们认为这些单张卡片式的作品也很不错。它们特别适合进行戏服展示，因为每一个人物可以用一张卡片。

## 风琴折叠式版式

这是非常引人注目的方式，能让你的组合整齐有序，并一定会吸引观者的注意力。该版式的缺点是需要一定的空间来展示作品，而这在接受工作面试时倒不一定有足够的展示空间。这种出色的展示技巧在设计领域，特别是在初级职位的工作中是非常有价值的。

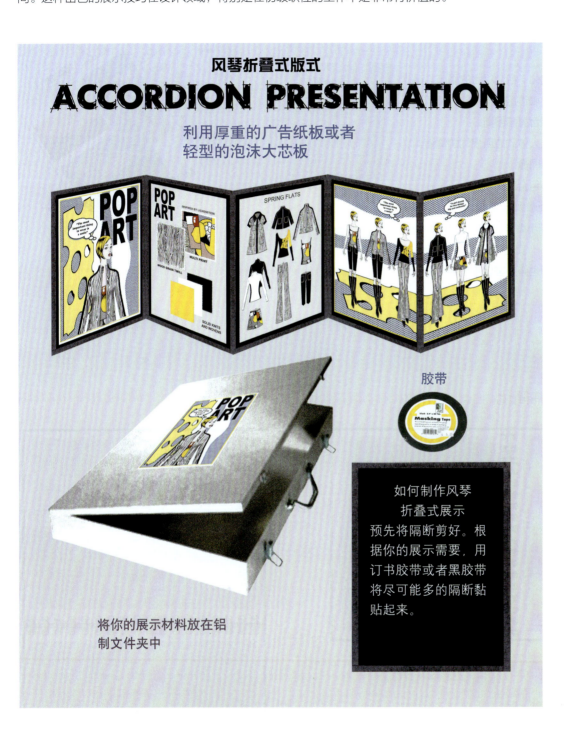

## 第二步  收集组合的各项元素

如果你已经勤勉认真地按照前三章所述步骤行事，此刻，应该已拥有各个组合的所有关键元素（至少处于规划阶段）并已经准备就绪开始制作小型作品集了。

这些关键元素包括：

1.所有4个或者5个组合的主题/概念。

2.所有组合的面料板。

3.（若计划表现季节变化）各个组合的季节。

4.各个组合的情绪以及表达这一情绪的灵感图像。

5.表现组合概念的各组合灵感缪斯。

6.人物的整体态度以及人体动态所表达的情绪。

7.各组合之构图的灵感图像。

8.带粗略平面草图的各组合款式表。

如果对这些元素的选择感到自信心十足，说明你已经准备就绪，那就开始制作小型作品集吧。当然，所有这些并非必须"一成不变"，灵活性是设计师必备的重要能力。不过，有时候我们也必须坚定不移地全心投入。

## 第三步  复制模板并简化

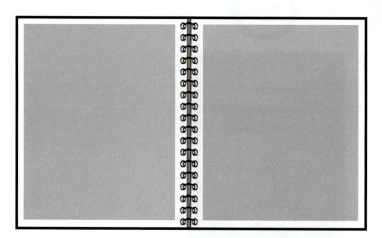

模板一

牢记：

1.模板一和模板二都可用于垂直版式布局和水平版式布局。

2.复制这些模板并放大到21.5cm×28cm的绘图纸大小。需要大约12到15份。

3.可以用灰色作为背景，或者在制作复印件之前拼贴进一种新的色彩。也可以扫描模板并在Photoshop中进行更改。

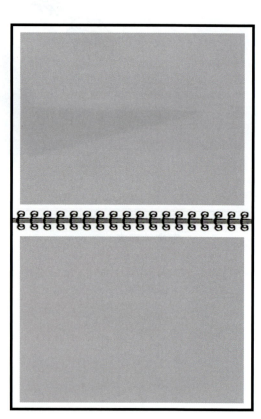

模板二

## 带延伸折页的模板

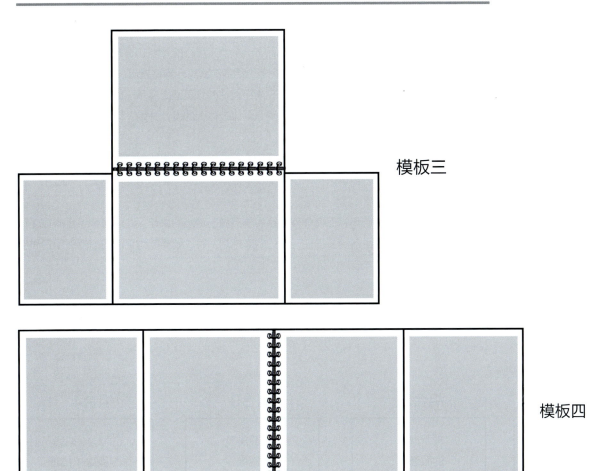

模板三

模板四

减少内容使其适应你的模板空间

### 减少元素的数量

复制好模板后，复制或者扫描所收集和创造的元素，减少它们的数量以适应模板页面的大小。

## 第四步　创造视觉计划的提纲

　　如在前言中所论及，用图像和想法创造视觉上的流畅性是高效作品集的重中之重。如何排列组合的顺序是关键所在。以下模板展示了一个切实可行的计划，是按照传统季节顺序排列的简单垂直版式布局。如选择折页版式，各个组合的所有元素将展示在两张页面上。

　　如果选择折叠版式，每个组合的所有元素只能在两张页面上展示。如果你的服装组合不分季节，那么就像服装秀一样规划服装类型。以比较休闲的设计开始，以比较考究的压轴组合结束。

　　注意：我们建议，每个作品集至少包括四个服装组合。如果能包括第五个组合，特别是能展示其他技巧的组合，再理想不过了。十一章后面是朱莉·霍林格的作品集，它展示了五个服装组合。

　　专注于书面提纲的创作将促使你就顺序和季节做出艰难的决定。注意各个组合的描述和平面图展示了各个组合中各种多样性元素的明确规划。每次效果图和平面图的都采用不同手法，为展示个人的全部才能提供了好机会。


*记住你要用第一个组合吸引观者的注意力，用组合二和组合三保持他们的注意力，而压轴组合要让他们为之叫绝。*

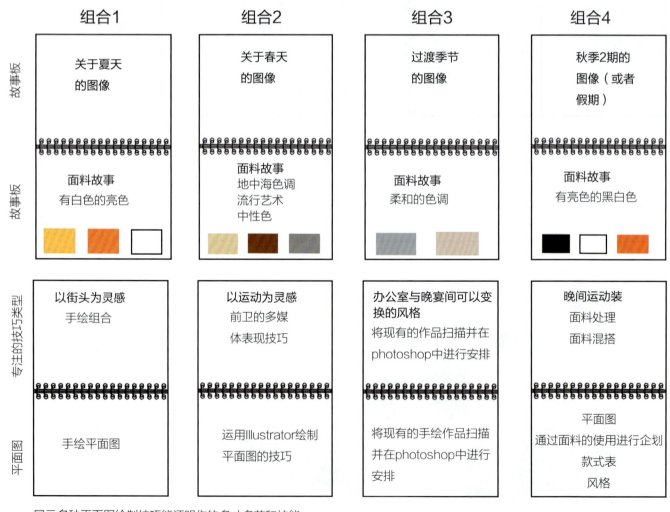

展示多种平面图绘制技巧能证明你的多才多艺和技能。

## 女装设计师：查梅因·德·梅洛

## 年轻人服装：女装

查梅因·德·梅洛定居纽约，为诸如卡尔文·克莱恩和薇薇安·谭等品牌公司工作。"我给予开始职业生涯人士的忠告是：带上所学的一切与之一起奔跑。在学校所学的知识只能作为准备独挡一面的指导原则。说到创造性，并没有什么规则条例，除了这一点：坦诚地接受变化并跟随正确的感觉行事。真正地开发内心的本能天性并锐化自己的设计品位，这会助你成为更强大的设计师。要花点时间去了解自己的设计理念和个性。这也许需要几年的时间，我个人就是如此。我仍然处于缓慢的自我发现进程之中。不过，每一个新工作和新经验都帮助我明确自己的设计个性：专注、剪裁讲究、有女性气质，但又不过分繁琐，而且一直予人以力量。虽然尚无法预测自己职业生涯未来20年的光景，但我的设计个性将保持不变。"

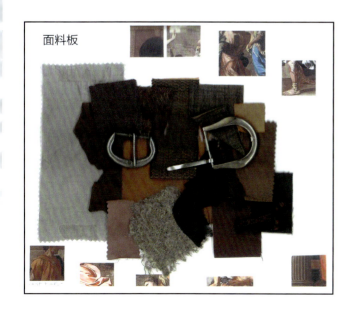

面料板

## 秋季单品

女装设计师查梅因·德·梅洛为现代感的客户创作了这个可爱的秋季单品组合。她的灵感图像非常不同寻常，因为她启用了尼古拉·普桑的著名油画《抢掠萨宾妇女》。仔细观察这个不可思议而且有点令人恐惧的构图，你就会明白查梅因为何做出这样的选择了。画中人物服装的美丽细节启发了绝妙的设计。在细节处，特别是在领口和肩部的处理和形状上，我们能看到清晰明确的视角。由于这是个忧郁低沉的秋装单品组合，查梅因可能会考虑添加一个较为多彩的度假装组合来表现自己的多才多艺性。制定个人的视觉计划时，你必须对类似问题进行考虑。

## 第七步  创作小型平面图

　　虽然此时款式表看上去还是比较粗糙，你依然可以利用它们为各个组合制作微型平面图。这样做会促使你用更加具体的形式去考量廓型以及各种概念的细节。也会让你真正了解各个组合需要的草图数量，从而规划如何安排它们以及在作品集中的摆放位置。布局问题是学生无法按时完成某个组合的常见原因，因此，在此阶段务必合理安排好时间。

　　注意：这也是回顾视觉计划并考虑各个组合的平面图如何进行表达的大好时机。表现方法包括使用Illustrator、手绘等。

### 记住：

　　1.从上装到下装安排平面图，确保里面穿的服装与外衣搭配恰如其分。

　　2.添加图案或者大致的色彩很方便，特别在Photoshop中，这有助于查看微型作品集的流畅性。

## 第八步  在模板上添加人物布局和平面图

　　这个过程不解自明，我可以肯定，当你看到自己的小型作品集即将汇聚成形的时候，你也在获得一些理念和想法。所有这些预备的思考工作正在创作一个真正的整体计划。准备好开始制作真正的作品集时，因为深知逻辑方面的问题已在掌控之中，你可以集中在非常重要的设计和表现方面的工作。这并不意味着你必须亦步亦趋地坚持到目前为止所做的一切决定。实际上，你很有可能会进行改变。但是我们确信，因为已经预先进行了大量的规划工作，此刻你应该也会感到信心倍增了。

设计师：莫兰尼·阿圭勒

　　在垂直版式布局中，不可避免你会把平面图放在人物旁边而不是在下方把它们排成一行。如果你打算多用几个人物，那么首先得考虑空间问题，其次就是清晰度问题。制作折页的方式可以解决空间问题。如果你要这么做，效果会很不错，否则，你只能创作真的非常小的平面图或者保持组合的小规模。而为了提高清晰度，你必须限制人物以及相应平面图的数量，或者在相应的一行平面图旁边添加极小的人物。最终平面图的表现也有助于观者将其与对应人物联系起来。

## 青年男装设计师：莫兰尼·阿圭勒

青年男装设计师莫兰尼·阿圭勒想要突出表现夹克设计的功能性，所以选择了这个不同寻常的构图。将背朝观者的人物放在前景中，她把注意力引向了新潮时尚且富于创新的内置背包。在平面图中，她也仔细地展示了背包的细节内容。选择人体动态时，明智的作法是仔细考虑自己特别希望在组合中突出表现的内容，然后根据该内容决定自己的选择。

## 设计师宣言

我出生于菲律宾奎松城，一直想当个建筑设计师。迁居美国时，我发现了将自己对设计的热忱投向服装的可能性。我爱上了男装设计，并开始担任助理男装设计师。因为我供职于更受运动装启发的产业，很大一部分工作都涉及用电脑制作平面图和图形。我得承认，对Photoshop和Illustrator的充分了解以及用电脑将设计和理念以更加精细的方式进行转换的能力是绝佳的技术，绝对值得拥有！这无疑为我的职业发展铺平了道路。

### 第九步　寻求有益的批评意见

　　恭喜！本章的繁重工作已经完成，你手头应该已经拥有一个完整的小型作品集了，它足以反映你所做的大量准备工作以及追求卓越的努力！另一个好消息是别人在这个步骤必须完成绝大部分工作，而你的工作只是寻求一些反馈意见，问问你的导师们、同学们、父母等人的意见。你认为谁能为你提供有效的意见，你就去问问看，这对你会很有帮助。至少要获得三个人的意见，而且多多益善。一定要记笔记，把那个人的名字写在评论语言的旁边。

　　有人会从你的小型作品集中看到如此之多的内容，他们会提供相当之多的建设性意见，我想你会对此感到惊讶不已。当然，你可能会得到一些相互冲突的观点，这在业内是司空见惯的事。你一定要考虑评价的来源以及在某个主题上知识最为渊博的人的意见。不过，这是你个人的作品集，你必须信心满满地把它展示出来，追随自己的最佳感觉。

　　最后，你得明白，你所做的思考和规划工作是对你未来职业生涯最大的回报。你已经收集了这个过程所涉及的大量信息，而人们不可能仅通过看你的粗略微型布局图就能看得到这些信息。

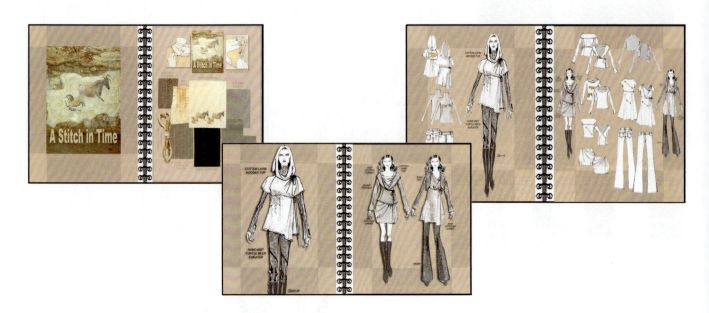

### 第十步　进行必要的改动

　　获得足够多的反馈后，研读你的笔记并花点时间决定是否要进行一些改动。

**需牢记的事项**

　　1.即使所有的"评论家"都认为你的计划完美无缺，你仍然可以从他们的评论中获得一些不错的想法，促使自己进行调整。不可忽视进行改动的冲动，但也不可纠结于此，乃至无法释怀。

　　2.如果你决定进行改动，可以回顾自己的"小型作品集"，看看这些调整之处的流畅性。如果你感觉自己已经准备就绪，完全可以继续下一步的工作，也不一定要进行改装。你可以一边想着打算变动的地方，一边着手进行第一个组合的设计开发，然后进行相应的改动。

　　3.这是回顾时间管理计划并对其进行调整的大好时机。可能你会更清楚地了解哪些组合将需要更多时间。

## 章节小结

如果已经按本章工作步骤的安排仔细行事，你应该已经拥有一个完整的小型作品集，它将是制作真实尺寸作品集的理想指导。要是已经获得反馈意见并进行了必要的改动，你就已经准备就绪，可以继续工作，投入创作个人作品设计的美妙过程了。因为你已经准备了各个组合所需的诸如情绪板和面料故事的大多数元素，你可以完全专注于作品集之"盛宴"的"主菜"——设计组合。

现在你已经选定了布局安排，可以用垂直版式布局或者水平版式布局绘制服装组合的粗略草图。同样，如果看起来样样东西都不对，你就应该考虑尝试不同的布局版式。有些人不论怎样尝试新东西，可就是觉得有些特定构图比较适合自己的作品。

我们之前已经指出，你的小型作品集并非铁板钉钉不可更改。但成功的一大重要元素就是坚守既定方针的原则。要是你有了一个看起来更加可靠的想法，一定要跟一位师长对此讨论一番。处于压力之下时，人很容易会极度冲动，所以，接受新规划之前一定要特别慎重。

## 任务清单

**划去这些任务，确保完成所有步骤。**

1.购买放置作品集的文件夹。☐

2.选择作品集的布局安排。☐

3.复制版式模板并将其扩大到绘图纸大小。☐

4.将关键元素缩减到合适的量。☐

5.概述包括季节、面料想法、平面图策略等内容的视觉计划。☐

6.往模板上添加情绪图像。☐

7.制作微型布局图。☐

8.制作微型粗略草图。☐

9.往微型模板上添加布局图和平面图。☐

10.继续所有四个或者五个组合的工作。☐

11.请自己信任的几位人士对小型作品集提供批评意见。☐

12.进行必要的修改。☐

## 补充练习

1.在网上研究作品集，看看其他院校学生的作品。选择某个作品集的一个服装组合并写上一段话描述自己对其优缺点的看法。

2.完成自己简历的粗略草稿，并将其添加到小型作品集里。

3.起草求职信和商业名片，并将其添加到小型作品集里。

4.与班上某位同学交换作品集并对其进行商讨，提供建设性意见。

# 第五章

# 设计开发

REALM DREAMER

KEITH HSIEH

情绪板

面料板

男装设计师基斯·谢根据这么漂亮的情绪板和面料故事创作了一个设计组合，谁不想一睹为快呢？随后的内容会让你一饱眼福。

本章所讲述的步骤阐述了如何为服装组合拓展设计和创作精美作品集的方式方法。

设计师：马库斯 · 勒布朗

## 设计开发

　　终于，我们准备好创作作品集的"心脏"，即足以表达我们作为创意人士个性的令人感兴趣的设计作品。你应该曾经听说过"条条大路通罗马"的说法，它的意思是：要成功解决问题，总是有很多的方式方法。这也适用于时装设计，特别是你希望不仅仅只是简单地模仿其他设计师的作品并对他们的创造力加以利用，而是希望超越这些的时候。即使你已经探索了能高效展示你的个人才华的服装组合，而且经过验证，这些方法是非常好的，往个人的创意工具箱里添加一些元素也无妨。设计开发的新方法能增添作品的趣味性，也会带来更多回报。

　　我们获得新想法的一种关键方法就是进行分析考察，不仅仅分析诸如比例和色彩的传统服装设计理念，也要考察在诸如建筑学、艺术和产品设计等相关领域的成功设计师们对其工作的认知和思考。你会惊奇地意识到设计裙子的过程与设计一幢楼房或者一个漂亮的色拉碗竟有那么多的相似之处。优秀的设计就是优秀的设计，而优秀的设计师可能会擅长所有设计。

### 草图模板

　　本章将向你详细讲述用于深入设计开发所需的所有步骤。为每个组合花时间创作出色的草图模板能让你省去受挫败之苦，而采取分步骤的处理方法有助于你有条不紊地处理设计工作。我们会问你一些问题，助你思考如何将不同理论应用到自己的作品之中。

　　让我们带着这样的目的开始工作，去发现全新的观点吧！

> ### 设计开发的十个步骤
> 1.回顾优秀设计的元素和原则
> 2.回顾建筑设计的原则
> 3.回顾产品设计的原则
> 4.回顾视觉艺术家的创作原则
> 5.回顾草图模板
> 6.考虑可持续性
> 7.为各个组合绘制详细的平面图
> 8.在草图人物上进行设计
> 9.对草图进行必要的调整
> 10.检查最终设计作品的平衡感

## 第一步 回顾优秀设计的元素和原则

　　设计拥有一些重要的元素，可以用几个词语来表达，如形状、比例、色彩、聚焦点和对比。这些是创意过程的基本所在，不论从事何种设计项目，都必须对这些元素进行考虑。对比是一个概括性的概念，涵盖多种其他元素，因为我们会用这些元素创造趣味性和惊喜感。将色彩、图案、比例或者形状进行出其不意的组合，也能增添视觉上的吸引力。从另一方面来说，缺乏对比效果的设计看上去会比较守旧，甚至单调乏味，因此，牢记这一重要工具非常有益。我们的范例展示了创造对比效果的不同方式。不过，毫无疑问，你会找到自己的方法。不要畏惧，要勇于突破比例的差异，或者运用能增添趣味性、具有对比效果的质地和大胆的图案。同时，也要考虑微妙的差异效果。哑光和亮光形成对比的全黑服装就是一个精致的结合。要创造出其不意的东西，你的观者会因之而深深着迷。

## 对比效果

宽松与紧致　　　　透明与不透明　　　　大与小　　　　软与硬

图案对比　　　　深与浅　　　　哑光与亮光　　　　正式与休闲

## 女装设计师：福本正美

## 对比

　　福本正美的精彩秋装设计组合是我们了解微妙对比的典范。该组合展示了舒适但时尚的服装在设计上明确的一致性，它使用柔和中性色，用精确的裁剪和垂坠效果创造鲜明的轮廓，尽管如此，该组合还是表现了相当多的对比效果来吸引观者的兴趣。首先，比例的对比效果是经过深思熟虑的。例如，第一件毛衣是最长的上衣，却配搭了最短的短裙——一条用梭织格纹迷你裙。肌理与图案的对比效果也非常有趣，设计师用前面制作迷你裙的格纹为最右边的人物"穿上"了引人注目的宽松上衣，创作了令人愉悦的视觉关系。左边第二个人物将极致的肌理效果与单色平针织物效果进行对比。第三个人物添加了一些饰物，将深色和浅色并置搭配。第四个人物为服装组合添加了一件可爱的套头毛衣，一条围巾把她一直紧紧包裹到鼻子的位置。两条宽松的裤子与最后一个人物身上微妙装饰的紧身裤形成完美的对比。福本正美让自己的灵感缪斯看上去年轻有活力，服装上带有可爱的配饰，双脚的脚尖稍稍向内。她出色地使用Photoshop技巧，给所有人物添加了具有都市风格特点的背景和柔和的光泽。

## 设计师档案

　　设计师福本正美生于日本，于2000年迁居美国。2010年，她在手绘和设计方面的出色能力为她获得了橘滋品牌（Juicy Couture）时尚运动服部门的助理设计师职位。目前，她供职于乔伊品牌（Joie），担任助理运动服设计师。她与首席设计师紧密合作，创作运动服组合和情绪板，与零售商的互动，检查色样，进行时尚趋势的研究，当然还要创作工艺图。福本正美深受戏装设计的启发，包括太阳马戏团、电影和高端时尚。

　　福本正美给未来设计师们的忠告是：一定要认真对待电脑课程！那将是你日复一日整天要做的工作。要坚持不懈地启发自己的灵感，因为有时候会显得冗长无趣。

**类型：少女春装**

QUIRKY COQUETTE
quirky coquette

**情绪板**

**设计师：珍娜·罗德里格斯**

　　设计师珍娜·罗德里格斯使用出人意料的新奇灵感图像，如颜料罐和纸板制成的形状，创作了这个非常迷人的少女服装组合，表现了大量的对比效果。看看你是否能够找出表现以下对比效果的地方：

　　1.宽松到紧致

　　2.大与小

　　3.图案对比

　　4.浅与深

　　5.正式与休闲

　　注意珍娜在整个组合中都将更为浓烈的红色和蓝色放置在至关重要的位置。她也十分小心地平衡单色与图案印花形成的简单对比效果。珍娜让自己的服装廓型青春又新颖，但又给自己的客户提供中短裙和裤子等多种选择。在同一组合中，她可以从休闲装转换到职业装。

## 在设计中使用对比效果

　　虽然与女装相比,男装上的对比效果通常较为含蓄,但是我认为,在设计师达奇·布朗(Duckie Brown)为2011春夏系列所创作的这两套青年男装中,不难看出对比原则运用的多处例证。由于布朗的客户较为年轻,因此他们通常乐意进行尝试,所以比起较为保守的男装设计师来说他可以较为大胆地使用对比效果。

　　第一套服装将重量较轻、颜色较淡的透明面料与较厚实格子面料形成对比。衬衫看上去十分中性化,而裤子由经典男装材料制作而成。裤子的翻边削弱了长裤的严肃性。

　　第二套服装采用带有完全不同情绪的两种面料,经典的格纹面料和精致的印花面料。衬衫比普通的稍短,而桃色的汗衫添加了另一个中性化元素。与较为女性化的元素形成对比的是非常有男性特色的棕色鞋子。

　　花点时间看看你最喜欢的设计师的时装秀,了解他们如何在服装系列中运用对比效果。刻意地寻找那种对比元素能让你更容易识别它们。

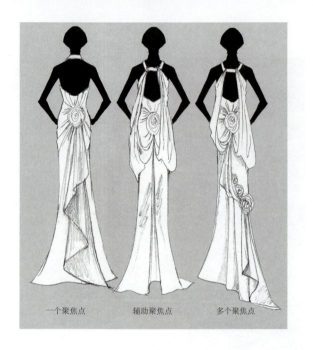

一个聚焦点　　辅助聚焦点　　多个聚焦点

## 聚焦点

　　聚焦点指某件服装的兴趣中心。它会占据主导地位并把观者的注意力吸引过去。决定把观者的注意力引往何处，这在设计过程中对你会大有帮助。在服装组合中，让聚焦点到处移动非常重要，这样不仅可以创造更加有趣的组合，也有助于实现良好的商品企划。即便是同一年龄段的客户也希望把重点放在身体的不同区域。

　　注意：在一件服装上拥有一个以上聚焦点会分散注意力，不过你可以用辅助性的细节内容把注意力指向聚焦点。这会创造"流动感"，这是出色的设计作品希望达到的效果。

## 把身体想象成巨大的画布

你把注意力引向身体的哪个部位？

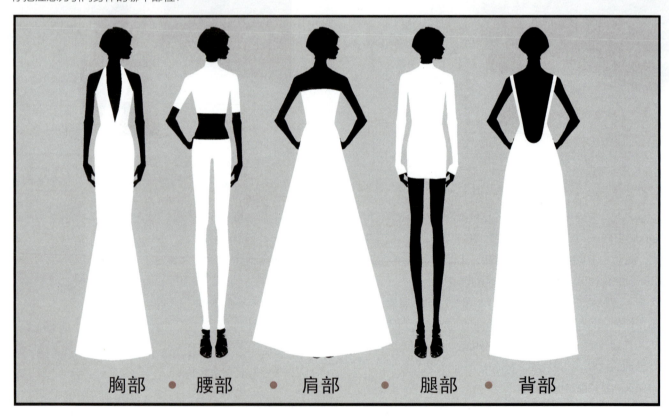

胸部　●　腰部　●　肩部　●　腿部　●　背部

　　不同年代的服装突出表现身体的不同部位。20世纪20年代和70年代的服装强调腿部，30年代强调背部，40年代和80年代强调肩部，50年代强调腰部，60年代聚焦点在身体各个不同部位，90年代的服装强调腹部，现在，抹胸婚纱裙正在流行。

## 聚焦点和对比效果

　　这个惊艳的现代服装组合可以在白天和晚上之间转换，设计师齐娜 · 阿兹米尼亚使用精致的蕾丝、珠饰和垂坠效果处理手法创造了明确的聚焦点。她让每件服装显得如此独一无二，这样客户可能会希望拥有所有的服装，因此，商品企划也非常成功。

　　如下图中的椭圆形所示，这些聚焦点大多数都位于上身的位置。而那张后视图是唯一的例外。齐娜为何要把大多数注意力都引向上身的位置呢？当一位女士出门参加晚宴和/或参加舞会的时候，人们常常主要是看她的腰部以上位置，因此创造服装的优美上身是从事此领域工作的设计师的必备技巧。突出表现上身也将观者的注意力向上指向面部位置，因此齐娜绘制的富于魅力的面部也为整个组合的风貌增色不少。

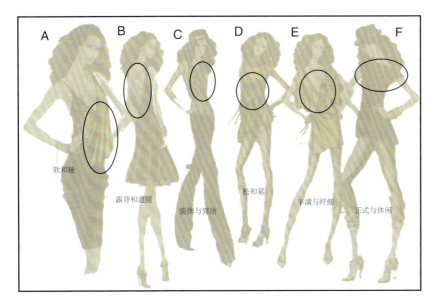

　　由于齐娜的缪斯女神相当看重体形，她用非常微妙的方式使用对比效果。图中人物下方的文字详细注明了各套服装所表现的对比效果。例如，人物A用非常柔软地展现垂坠效果的上衣与更有结构感的短裙形成对比。短裙虽然也使用了垂坠效果，但是看起来有点儿"硬"。想象一下，如果人物C的裤子和上衣一样使用很多装饰的效果会如何。首先，观者不知道从何看起，而且上衣和裤子也会相互竞争。而在此，精工制作的小马甲完美地突出了精致的充满女人味的蕾丝细节。

## 设计元素：造型和比例

不考虑造型和比例，谁也无法设计服装。我们所了解的时装开始于12世纪，当时男人们剪裁布料并将其打褶，把原来的袍服改成合体服装。这些男人成为文艺复兴时期的裁缝大师，用不断变化的多种廓型服装装扮有钱人。时至今日，形状或者廓型继续界定服装风貌。想象一下，20世纪50年代的系腰带的长裙和20世纪80年代的宽大肩部有多大差异。但也正是这些造型组合呈对比效果的比例创造了新的风格（如你在这几页中看到的图例）。理想的比例大约为35/65，意思是上身约占衣服1/3，而下身约占衣服的2/3。要避免过于接近50/50的比例，因为这样在视觉上会乏味无趣。

注意：几何造型有角度和直线，有一种工业化的感觉。有机造型呈曲线形，比较随意自由，倾向于反映大自然里的物体。以下这个微型组合属于几何学还是有机体？

如果想要表现清新活泼的造型，你需要相应的硬挺面料，或者毛料或棉布质地的面料。设计以下组合时，面料设计为欧根纱、Jasco棉布和羊毛织物。

在设计组合中添加一些历史研究的内容总是大有益处。

客户：城市里年轻的职业女性。

内外服装可以混搭。

### 面料

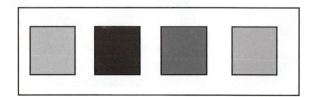

# 女装设计师：珍娜·罗德里格斯

　　珍娜·罗德里格斯的作品集里的服装组合激动人心，颇具戏剧性，组合中的每一件服装都独一无二。尽管如此，还是可以在组合中看到概念和想法的明确一致性。结果是一个关于造型、比例和构造廓型的有力宣言。注意每件服装是如何推进比例变化的。例如，宽松长外衣的长度和立体感与稍稍露出一部分的细长裤子形成良好对比。最右边两个人物身上有结构感的紧身背心与展示垂坠效果的柔软短裙形成美妙的对比。

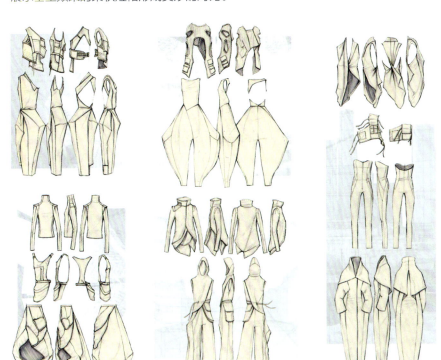

　　珍娜的精彩平面图甚至比效果图更为清楚地展示了有力的廓型。草图的绘制旨在表现三维立体效果，创造了一种立体感，完全表达了组合的情绪。珍娜将平面图整理成成套服装，并使用含蓄的背景色调将各套服装联系为一个整体，这样也解决了布局问题。

## 创造并改变造型的方法

　　创造新廓型最为有趣的一个方式就是利用在设计中影响和塑造造型的处理手法。你可以使用多种多样的现有的处理方法，或者通过实验和研究开发新的处理方式。如果找到了运用某种处理方式的有趣方法，可以使用不同方式和不同面料将其用于服装系列。例如，看看右页图上卡丽娜·比尔兹（Carina Bilz）可爱组合中的绗缝上衣。设计的初衷是用如欧根纱一样的轻型梭织面料制作。这些上衣有立体感，创作了与众不同的蓬松形状。想象一下用软皮或者牛仔布进行同样的绗缝。服装风貌一定非常不同，但与组合依然紧密相关。

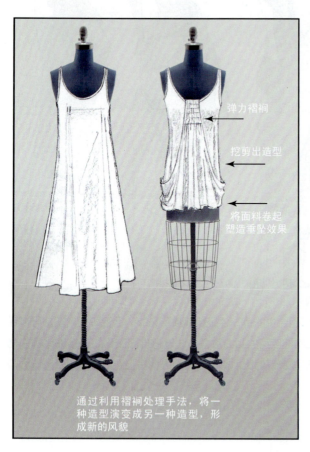

弹力褶裥

挖剪出造型

将面料卷起
塑造垂坠效果

通过利用褶裥处理手法，将一种造型演变成另一种造型，形成新的风貌

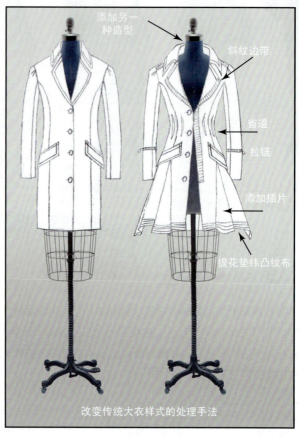

添加另一种造型

斜纹边带

省道

拉链

添加插片

提花垫纬凸纹布

改变传统大衣样式的处理手法

PARACHUTE SKIRT

平面纸样　　　　拉绳放下　　　　拉绳抽起

## 需要考虑的内容

　　1.这些范例展示了重复利用现有服装的几种杰出方法。将一条裙子制成一件有垂坠效果的上衣，这种方法让我们可以重新使用一件过时的东西。同一条裙子你还会想到哪些处理手法？

　　2.衣褶和三角形布的添加完全改变了上面第二个范例中上衣的廓型。

　　3.左边第三个范例中的拉绳能让几乎所有服装具有更多功能性和趣味性。

设计师：卡丽娜·比尔兹

## 2010春季系列

情绪板

平面图

　　设计师卡丽娜·比尔兹（为导师伊莎贝尔·托莱多制作）的出色组合，使用多种处理方法创造了具有戏剧性的造型和强烈的对比效果。注意短裙和背心上的功能性口袋。

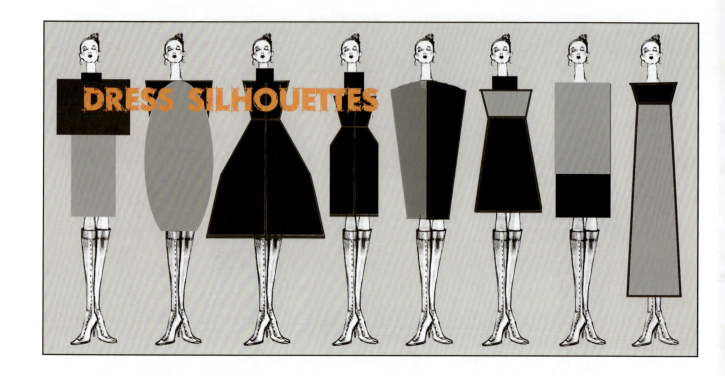

所有有机物和无机物的普遍定律是形式总是服从于功能，这就是准则。

——路易斯·沙利文（Louis Sullivan），建筑师，1896年

## 形式服从功能

上面的简单廓型和建筑学形式之间的关系显而易见。在时装界，设计师所绘制的平面图与建筑师的蓝图有很大的相通之处。我们会观察美丽的建筑物并为自己的设计获取灵感。如今，你应该已经谙熟"形式服从功能"的概念，但是更为细致地回顾这个概念很有益处。

美国建筑师路易斯·沙利文受委托为芝加哥设计第一座摩天大楼。他意识到古希腊和古罗马的巴洛克风格的形式并不适用于现代设计，他用全新的方式思考造型和空间，即大楼所计划实现的功能性决定其形式。如今，这个看似不言自明，但是在当时，这种理念彻底改变了建筑实践以及其他设计方面的原则。

### "形式服从功能"如何应用于时装？

1.服装总是需要穿戴的，因此它必然具有功能性，但是功能性的水平各不相同。

2.精心制作的服装至少必须让穿着者行动便利，感觉舒适，而且还希望它正好合身。

3.对类似巴塔哥尼亚公司的有些公司，功能性是必须严格遵守的准则。设计能承受暴风雪的夹克与在鸡尾酒会上看上去潇洒时髦的夹克大相径庭。两者都具有特定的功能性。

4.了解客户生活方式的背景和所设计服装的特定用途，能让我们决定工作内容的主次。

5.对功能性进行非常明确的思考能让你发现创造设计作品的新方法。

6.如果在服装上添加细节，需要考虑这些细节是增加还是减少其功能性。没有实用性的过多细节如钮扣有时候会被视为拙劣的设计。

要简化一条裙子，我尽量使用最少的接缝。我总是会
站在一边观看这条裙子，自问能减掉什么而不是能添
加什么。

——华伦天奴

## 装饰是一种罪

"装饰是一种罪"在当代也同样具有相当
的影响力。实际上，这个概念形成了20世纪现
代主义运动的基础，并促成了著名建筑师如
勒·柯布西耶（Le Corbusier）、沃尔特·格罗
皮乌斯（Walter Gropius）和密斯·凡·德·罗
（Mies van der Rohe）的成功。他们认为没有
装饰的简单工业化造型为美，并具有功能性，并
宣称这一原则与"形式服从功能"的理念是设计
独立性的精神基础。

## 当前思潮

尽管在推行之初这些原则并驾齐驱，近代
的思维令两者相互冲突。毕竟，装饰也可以具
有功能性。例如，一家零售商场建筑物上的装
布如果能鼓励路人走进店铺，这装饰就已经满
足了实用性的目的，遵守了"形式服从功能"
的准则。所以，把装饰减少到最低限度实际上
是一种美学的偏爱。举例来说，卡尔文·克莱恩
为钟爱超简洁设计的客户创作简约主义雕塑服
装，并因此赚得盆满钵满。很有可能，他认为这
件引人注目的婚纱裙上的珠子装饰完全多余，甚
至过于浮华刺眼（见右图）。

可是，并非所有人都喜欢简约主义。那么
何谓中间地带？我们完全可以倡议说，只要看
上去好看而且能以某种方式满足功能性，装饰
性的设计元素可能就是较好的设计。例如，融
入设计中的蝴蝶结实际上起到缝合的作用，那
么它就比只是"黏贴"到一件裙子上的蝴蝶结
看上去更合理。即使只是简单地以有趣的方式
改变服装的样式，这个细节就有其目的性。在
考虑和做出设计决定的时候，这为我们提供了
另一个原则。

你对装饰有何看法？你是更倾向于简约主
义（少就是多），还是更喜欢设计中的复杂性？

过去，在服装中添加细节的时候，你是否
考虑过功能性？你是否认为自己的设计会得益于
对这些原则的更深认识？

鲍里斯·帕夫林（Boris Pavlin），婚纱，2010年
© Gordana Sermek/Shutterstock.com

## 男装设计师：马库斯·勒布朗

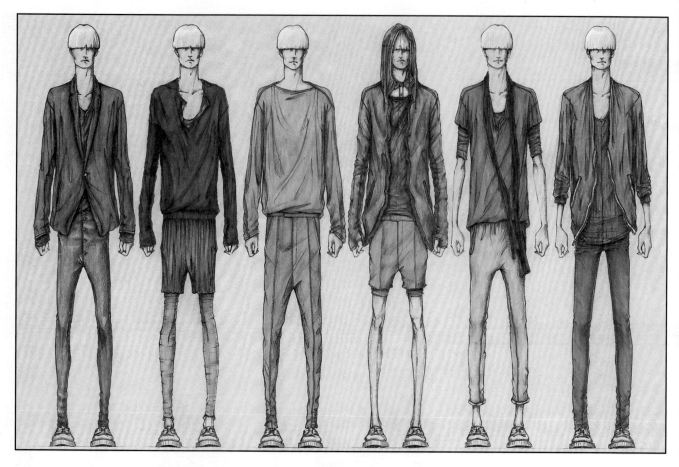

## 为约翰·瓦维托斯（JOHN VARVATOS）品牌创作的设计组合

### 马库斯·勒布朗的个人宣言

我1984年6月14日出生于加利福尼亚州的奥克兰市。一直以来，我都知道自己希望在视觉上具有创造性。还是个小孩子的时候，我就总是努力画出最好看的人物。直到高中，我才决定当个时装设计师。我把作品集的样本递交给约翰·瓦维托斯，还附上了一封信，告诉他我非常钦佩他的作品并希望能为他工作。一个星期以后，瓦维托斯先生给我来了电话，邀请我去纽约与他共事。于是，我迁居纽约，为约翰·瓦维托斯品牌从事了四年的设计工作。这经历棒极了。

然后，我感到自己需要不同的视角，也为了获得不一样的经历，我向Theory品牌申请了男装设计的职位并获得该职位，但是那是在为该公司执行总裁制作两个效果图项目之后的事情了。第一个效果图有点"太具有约翰·瓦维托斯的风格"（我想自己需要获得不一样经历的选择是正确的）。往作品集里添加一个效果图组合的时候，我感觉自己最富有创造力（就像在正餐之前先吃甜点一样，我有时候会跳过平面图的绘制，直接绘制草图）。虽然在学校学习的时候曾受过不可如此行事的警告，可我还是深深喜爱效果图的绘制工作。我把很多心思花在这些小人儿身上，而同时情不自禁地想象他们会将我引往何方！

### 情绪板和面料

注意图中非常有条理而且非常整洁的面料展示：直截了当、阳刚十足。

男装设计师：马库斯·勒布朗

## "形式服从功能"和"装饰是一种罪"

　　在男装设计师马库斯·勒布朗的简约主义设计组合中，很容易看出这些重要设计原则的运用。这两张页面上所示两个范例中的每一件服装都具有功能性并以经典廓型为基础。没有装饰，没有图案，而且所有的细节从根本上都具有功能性。然而，就比例和廓型而言，它们仍拥有令人愉悦的多样性。浅、中、暗色调提供对比效果。很容易想象一位年轻的建筑师穿着这些服装的效果，因为它们可以完美地满足他们的审美观点。

　　注意一下马库斯为设计添加功能性的所有方式，这很有意义：

　　·颈部、腰部和袖口处的带子可以进行松紧调节。

　　·肩部添加的层次可防止其被包袋或者背包的带子磨损。

　　·口袋的增加提供更多的物品存放功能。

　　·裤子膝部的开口让穿着者活动自如。

　　·裤管处的拉绳可以调节裤子的长度。

　　·夹克衫所添加的用拉链分拆的部分可以调节夹克的长度。

　　·高领、风帽和超长的袖子提供更多的保暖功能。

　　·可以调整颈部的拉链来适应温度变化。

## 迪特·拉姆斯（Dieter Rams）的优秀设计十项原则

迪特·拉姆斯是德国工业设计师，与德国家电制造商博朗公司和功能主义设计学派有非常密切的关系。他为产品开发提出了十项原则，但附加说明"它们（这些原则）不可铁板钉钉，一成不变，因为技术和文化在不断发展，因此优秀设计的理念想法亦不断更新"。

1.优秀的设计具有创新性。技术开发是达到真正创新的一个主要途径，服装设计亦是如此。多种带有迷人特色的创新纤维已经问世，在服装内部放置新奇的电子装置能出其不意地满足穿戴者的需求。

2.优秀的设计具有实用性。服装本质上具有实用性，但如果设计不当，很有可能被遗忘在衣橱的一角，无人问津。添加不具有功能性的细节会增加成本，而且通常会减损其性能。

3.优秀的设计具有美学价值。因为服装是我们的生活和个性不可或缺的一部分，服装美学价值的重要性因此倍增。如果我们不喜欢某件服装的外在样貌，很有可能就不会穿它。迪特·拉姆斯认为："只有精心设计的物件才是美的。"

4.优秀的设计易于理解。一件精心设计的服装不会令人困惑或者难于穿着。

5.优秀的设计内敛低调。如果服装在视觉上让穿着者难于承受，那么其设计品质就存有疑问。但是装饰细节和配饰是个人化的选择。有些人就是热爱"金光闪闪"。

6.优秀的设计诚实可靠。如果一件服装的价格反映了其真实品质和生产成本，那么该服装价格合理。一件诚实的产品不会"试图用无法遵守的承诺欺骗消费者"。

7.优秀的设计坚固耐用。有些人喜爱狂野离奇的"快时尚"，但永恒持久的设计更难创作。我们把这种服装的购置称之为"投资性着装"。

8.优秀的设计钜细靡遗。精心设计的服装并非随意而成。在优秀的设计中，对客户的尊重显而易见。

9.优秀的设计保护环境。具有可持续性的设计是市场上的关键问题，其重要性日益突出。让可持续性设计的意识成为自己设计实践工作的一部分，这是非常明智的作法。在产品的整个生命周期内要尝试保护资源并将污染降低到最小。

10.优秀的设计具有简洁性。少就是多。本页上的夹克由巴塔哥尼亚公司出品，看上去非常简单。该公司的确认真对待所有这些理念。仔细阅读这件夹克衫的功能特点，你会大为惊叹！

### 巴塔哥尼亚男士纳米防风夹克

**产品信息**

在挪威的冰路上，在寒冷的东北风和纽芬兰的暴风雪中滑雪。此时，寒冷和潮湿并存，我们的纳米防风夹克（Nano Storm）与你同行。它使用H2No®防水/透气面料搭配一流的PrimaLoft®One隔离层，结合尼龙防破裂外层，在最为潮湿酷寒的气候条件下满足双重用途：防水保暖。风帽可调节，可戴头盔，带有压膜的帽舌，提高在暴风雨中的能见度。夹克的袖口用大身面料制成的钩环封紧，下摆可用双调节拉绳系紧来保持热度。口袋：两个暖手袋，左胸口袋，一个内袋（所有口袋都带拉链）和一个插袋。可通过"Common Threads Recycling Program"计划循环再用。

细节

·2.5层100％尼龙防破裂面料，H2No防水/透气面料和Deluge®DWR耐久拒水处理。

·超轻60g PrimaLoft® One聚酯隔离层提供出色的保暖性和可压缩性。

·独特的绗缝织纹紧固着隔离层，提高耐用性和使用寿命。

·风帽可调节，可戴头盔，带有压膜的帽舌，在恶劣的环境下增强能见度。

·经过Deluge®DWR耐久拒水处理，正中拉链带涂层防渗漏。

·口袋：两个暖手袋，一个左胸口袋，一个带拉链的内袋和一个插袋。

·夹克的袖口用大身面料制成的钩环封紧，防止雨雪渗漏，保持干燥；可用双调节拉绳系紧下摆来保暖防风。

·外层：2.5层，2.6盎司50旦尼尔100％ 防破裂尼龙，使用H2No®防水/透气面料。隔离层60g PrimaLoft® One 聚酯。衬里：1.4盎司 22旦尼尔100％再生聚酯。外壳和衬里经过Deluge®DWR耐久拒水处理。可通过"Common Threads Recycling Program"计划循环再用。

·683g（24.1盎司）

·越南制造。巴塔哥尼亚公司所有。

此处使用已获得许可

# 产品设计

Julie Hollinger提供的照片

设计师：切里斯·石开

## 优秀设计的启示

　　虽然切里斯·石开非常具有功能性、有光泽的潜水服设计并非受到这些好看的铬合金物品的灵感启发，但是两者之间的相关性显而易见。例如，黑色和银色氯丁橡胶的对比效果，弧线形缝合线条反映了手柄的曲线，线形的带子与铬合金物品的所有线条表现相关性，如此等等。

　　可能所有优秀的设计师看看这些20世纪30年代的简约主义功能性物品，他们都能从这些物品所表达的设计原则中获得灵感。例如，想象一下，乔治·阿玛尼（Giorgio Armani）如何使用这些物品作为西服套装系列的灵感，或者王薇薇会如何将它们运用于漂亮的晚装。

　　优秀的设计作品能赋予所有人灵感！

设计师：基斯·谢

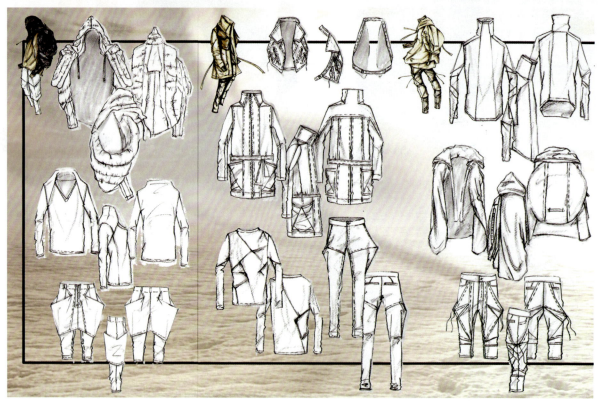

这些夸张的设计作品的功能性显而易见。内置的背包、隐藏的带子、拉链和拉伸闭合件都有助于表达服装的风貌以及这些具有美感的服装的内在实用性。基斯绘制了具有动感的"幽灵图"，增添了服装系列的情绪。

# 第四步 回顾视觉艺术家的创作原则

伊丽莎白·比森（Elizabeth Beeson）于2009年在www.suite101.com发表了题为"视觉艺术之原则"的文章，指出了她应用于艺术构图的七项视觉原则。我们可以运用这七项原则来分析受罗达特姐妹（Rodarte sisters）所启发而设计的裙装。

1.视觉和谐。通过使用相似的造型、线条或者色彩达到视觉上的和谐。例如，如果某个设计拥有很多弧线形接缝，那么方形的图案就可能会显得不合时宜。色彩通常呈暖色或者冷色，不会既是暖色又是冷色。此处的范例始终呈不对称状，使用大量斜线、面料的包裹和仿旧的边缘。色彩主要是冷色，但是用暖色作为强调把目光引向人物的上身位置（见多样性和强调原则）。

该设计是否体现了视觉和谐？你会如何进行改变？

2.多样性。造型、色彩或者细节的**多样性**可以用来创造设计作品的聚焦点。将不同的装饰和比例结合起来能实现视觉趣味性。这件裙子重点表现了多样性：四种图案；多种肌理效果；串珠、包裹和仿旧处理；暖色和冷色并用。

该设计是否表现得过于丰富？你会如何进行简化？

3.平衡性。平衡性指的是设计中视觉重量的分配。注意，即使这条裙子呈不对称形状，其视觉重量仍均匀分布，上身和袖子比裙摆更合体更轻盈。平衡性并非必须呈对称状。

这条裙子视觉重量的平衡性是否吸引人？如果裙子长及膝盖，效果如何？

4.动感。指观者的目光以环状绕着服装转动时的舒适度。

这条裙子的线条是否引导我们的目光移动？是否存在视觉上让目光停驻的地方？

5.强调。指的是创造聚焦点的必要性。你甚至可以使用不一致的元素把注意力引向作为设计师的你希望强调的东西。

这个效果图中何种元素创造强调效果？为何如此？

6.比例。指服装中不同元素就大小而言所表现的方式。上身和下身的比例为关键因素，因为50/50的比例索然乏味。通常来说，比例的对比效果是目标所在。

如果这条裙子的上身更大一点，它看上去是更加有趣还是更加笨重呢？

7.韵律。指服装上视觉重复的运用。这一重复可以形成图案、肌理以及视觉活力。

这条裙子的重复因素是否让它在视觉上更有趣味性呢？

受罗达特姐妹的灵感启发

# 女装设计师：明妮·叶

## 艺术创作原则

设计师明妮·叶为著名的时尚品牌"碧碧"（Bebe）设计过很多项目。她曾在该公司进行全职工作和自由职业工作，所以非常了解公司的客户。正如你所见，明妮设计这个引人注目的组合时想着的正是碧碧的灵感缪斯，她充满自信，热爱展示自己的骄人身材，无惧于穿着鲜艳色彩，喜欢短裙和性感的细节。

让我们分析一下明妮如何运用了本书前页所描述的视觉艺术家的原则。

1.视觉和谐：这反映在大多数服装上线形图案和处理方法的运用。有些图案显而易见，有些比较微妙，还有的根本没有使用图案。这一平衡效果避免服装在视觉上相互竞争。

2.多样性：这个组合特别明显地运用了多种领口的开合方式。领口也常常是此类客户渴望的聚焦点。在服装下摆的长度和肌理方面也存在很大多样性。

3.平衡性：明妮使用图案、垂坠效果、肌理效果以及挖剪镂空突出表现上身。也以毛皮大衣、夹克衫和增大的袖身强调了上身的视觉效果。

4.动感：明妮使用彩色和黑色的完美平衡让我们的视线在页面上移动。想象一下裤子和裙子全用黑色的效果。那样服装组合会减少很多动感。

5.强调：明妮通过添加高腰线把注意力引向裙子的上身。挖剪镂空与柔软的白色上衣和夹克形状都吸引了观者注意力。黑色套装是组合中一个出其不意的元素，增添了视觉上的戏剧性。

6.比例：短裙与明妮绘制的性感人物修长纤细的美腿形成有趣的对比。

7.韵律：与视觉和谐一样，线形图案的重复创造了动感和视觉活力。每件服装本身都非常有趣，而且放置在一起时效果依然很好。

## 设计师：戴维·杨

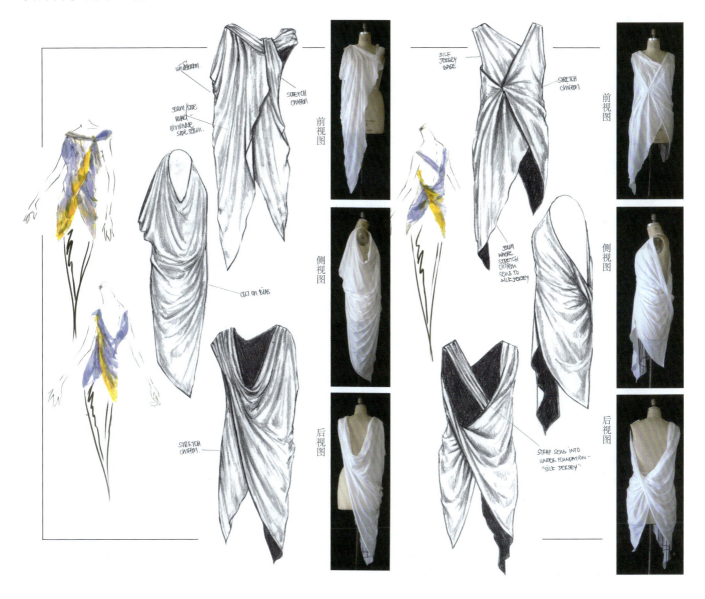

设计师戴维·杨在这些体现垂坠效果的立体服装中重复了可爱的漩涡图案和柔和的垂坠效果，表现了出色的视觉和谐、动感和韵律感。大四时，在导师的指导性，戴维与珂亦·苏万娜盖特（Koi Suwannagate）合作完成了这个项目。

立体剪裁是激发原创设计的一个工具，因为拿一块布料在人台上展示裙装垂坠效果能达到很多目的。可以创造自己喜欢的垂坠效果，然后根据那些大体的形状进行多种多样的设计。

2012年毕业后，戴维在奥斯卡·德拉伦塔品牌实习，他后来因优美的泳装Bleu系列获得了罗德·比蒂品牌的设计职位。尽管戴维非常享受在纽约的工作经历，他还是非常愉快地回到了阳光灿烂的洛杉矶。

## 设计师：科伊·苏万娜盖特

科伊·苏万娜盖特本人是一位年轻设计师。她来自泰国，主攻艺术。她视自己为以面料作为媒介的艺术家。她忠告年轻设计师们要从事自己最为擅长的工作，"执着于自己的核心，做自己了解的工作，这样你绝不会误入歧途。特别是在当今时代。这就是我所学到的一切。"

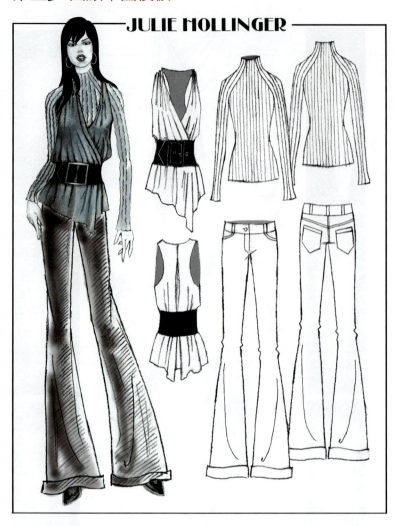

JULIE HOLLINGER

## 草图模板包括：

1.单人物或者多人物草图。可以展示穿在身上的夹克和没有穿在身上的夹克设计，但不可在一个页面上展示一套以上的服装。

2.将正面和背面平面图有顺序地排放。如需帮助理解设计，可以包括平面图侧视图。平面图彼此之间以及平面图与人物身上的服装必须成恰当比例。不过，通常可以夸大人物的比例。如果人物在视觉上展示相同比例就可以。

3.在平面图上交代色彩或者图案。这些不必呈现特别的细节，但是必须交代图案或者印花的位置和方向。

4.面料样片和辅料。

5.面料处理样品。如果在草图中使用面料处理方法，需准备供展示的样品。

## 手绘草图

草图（Croquis）在法语中是"速写"的意思，这意味着绘制草图的过程应该相当快速以便将设计理念在纸上表现出来。如果组合包括五套服装，很有可能你要绘制至少15～20幅草图，然后将其编辑、删减，留下最好的五幅。理想的情况是寻找一位导师帮助你选择需要进一步开发的理念。

为了加速这个过程，为人物进行比较宽松的绘图和用马克笔快速绘制色彩和图案是通常的作法。你在抓取风貌的"感觉"。然而，你绘制的平面图必须经过深思熟虑，非常细致。

### 草图拓展步骤

1.开发多样化的上衣和下装，能为买方/客户提供出色企划的组合。

2.决定在组合中能以多种方式重复的关键设计细节。

3.记住有些服装可以展现显而易见的设计元素，而有些需要微妙的细节。目标是达成组合中的平衡。

4.继续在平面图上做实验，直到获得自己真正为之兴奋的解决方案为止。不可满足于"刚刚好"。

### 草图清单

·设计是否跟得上潮流，是否有趣味性？

·服装是否展示现代款式，是否适合穿着？

·是否能看出想法的拓展以及进行设计工作的条理性？

·平面图和人物彼此之间的比例是否正确？

·设计作品是否从各个角度而不是单单从正面展现设计内容？

·色彩和图案的交代是否易于理解？

草图版式：

可带封面，也可不带：210CMX 279CM

## 多人物构图版式

设计师芭芭拉·阿劳约和莫兰尼·阿圭勒绘制的这些美妙人物比通常"速写"的草图要精致得多，虽然如此，这些示例能让你充分了解多人物构图的多种可能性。把草图交给老师或者设计导师的时候，展示自己最喜欢的设计的多个角度，会让人印象深刻。

在草图上稍稍多花点时间，让它们显得更加精致，这样的努力是值得的。如前所述，有些雇主对设计过程和完成的效果图一样感兴趣。因此，要保持草图的整洁，把它们收集在笔记本里，参加面试的时候把它们也带上。

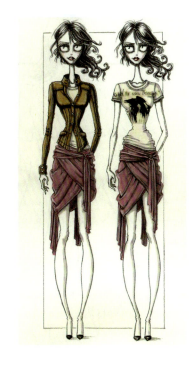

芭芭拉·阿劳约

## 草图版式：正面和背面人物

## 小报大小纸张 （279CM x 430CM）

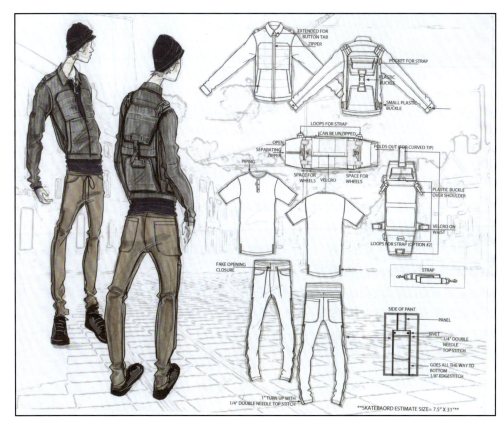

因为本章讨论功能性，要特别注意莫兰尼在夹克和裤子上植入的美妙功能细节，以及她在仔细绘制的平面图中交代这些重要方面的精确方法。

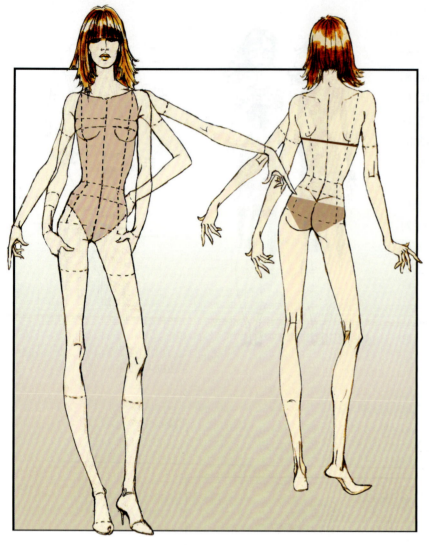

草图人物应该具备以下要素：

1.比例匀称，适合所设计的服装。

2.提供多种臂部姿势。

3.正面和背面在比例上一致。

4.姿势不会过于极端。

5.如果设计裤子，让人物两腿之间留有空间。

6.分割成结构性线条，方便为人物正确"着装"。

人物
侧视图

## 需牢记的内容

1.很容易习惯于仅仅设计人物前视图，但是这无助于围绕身体进行思考。如果能进行三维立体思考，你的设计会更加流畅、自然，廓型也会更有趣味性。

2.尽管作为一种人物姿势，让一只手臂向外伸展看上去会显得有点过时，但这对展示袖窿很有帮助，经常会再次流行。

3.一条向外伸出的腿非常适合内接缝细节的展现或者长裙和宽腿裤。

4.学会在草图人物上快速准确地作画，通常能让你成为更好的艺术家，并便于你将很多想法记录在纸上。对设计师而言，基本的工作职责就是开发很多好的想法，因此在设计过程中保持高效率是一个重要目标。

5.如果可以，草图和最终效果图使用同样的人物，这会节省很多时间，也让你免去很多头疼的事情。通常，在将设计转化到不同人物身上的时候，比例会发生改变或者不成比例。

# 男装设计师：
## 切里斯·石开

切里斯·石开为肖恩·让品牌（Sean Jean）的设计项目创作了这些时髦的男装设计作品，展示了一个可用于草图和最终效果图的充满活力的人物。绘制效果图的时候可能想创作一个新人物，但是要知道，多次使用同一人物来创作作品集的效果图也是可以接受的。如果服装的创作和绘制都很不错，也会在视觉上展示强有力的风格。切里斯的出色设计作品让她获得了马萨诸塞州锐步公司的一个好职位。

注意切里斯如何使用特定的色彩和军事图像创作情绪板。这个情绪板让观者了解组合的理念和着色。如果你的情绪板表达自相矛盾的主题，观者从一开始就会失去兴趣。

## 情绪板

# 第六步 考虑可持续性

对于行业内有前瞻性的人士来说，伦理道德就是新的优雅，而且正确行事比快速行事更为重要。有时间和金钱去考虑服装的来源是21世纪奢侈品的一个关键特色。

———苏熙·曼奇斯（Suzy Menkes），"可持续性回归时尚业"，《纽约时报》，2009年3月29日

影响设计想法的另一个重要领域是可持续性时尚，也称为生态时尚。这个理念是设计哲学和可持续性趋势的一个部分，影响力与日俱增，因为地球的命运关乎平衡和谐，而在诸如时装的庞大的全球性产业内，思想的改变足以对环境问题产生巨大影响。可持续性时尚也是可持续性设计趋势的一部分，产品的创造需考虑产品整个生命周期内可能对环境和社会的所产生的影响力，包括其"碳足迹"。替代对新奢侈品渴望的欲望就是对耐用品质的追求，同时了解面料的来源以及关注服装的制作过程。即使是巴尼斯（Barneys）这样的高端品牌公司也在下功夫制作环保服装。该公司专注于有机织物、生态友好型棉花、从种植直接到缝制的牛仔布甚至回收利用的金首饰。

虽然环境保护论起初在时装界的表现是经济捐助，有可持续性发展思想的时装设计师变得更加积极主动。通过使用环保材料和对社会负责任的生产方式，他们从源头上利用有环保意识的方法。这些可持续性技术对能源和有限的资源消耗更少，不会耗尽自然资源，不会直接或者间接地污染环境，可以在使用周期的最后阶段进行重复使用或者循环利用。设计师们也在创造革新方法提高产品价值或者利用过去的废料制作新产品。例如，有人尝试使用工业废料制作各种配饰。这些努力会影响客户行为，可产生长期的积极效应。人们如今意识到服装可以重新使用，而不仅仅是往垃圾场一丢了事。也应设置库房，让人们能够租借特殊场合的服装或者纤维，这样就不必经常性地清洗服装。

作为初入此行的年轻设计师，你也许希望研究这一重要主题并决定这是否会影响你对未来雇主的选择。你的观点会影响你在工作面试、简历、求职信等等中的自我展现方式。非常明智的人们深信时装业的未来完全以这种思想为基础，因此了解这一点对你大有裨益。**如果某位雇主问及你对可持续性问题的看法，你应该能够充满自信地给予有洞见的回答。**

## 绿色面料和纤维

环保时尚和传统时尚的区别何在？

1.不使用血汗工厂的劳动力。

2.高效节能的生产过程以及新能源和绿色环保染料在生产过程中的应用。

3.环保面料的生产使用的有毒化合物更少，占用的土地更少，消耗的水更少，释放的温室气体更少。

找到符合以上三个标准制作的面料并不容易。天丝是一种很有前景的合成纤维。通过提取桉树纤维素，用无毒循环利用的洗涤剂溶解后制成。生产在密闭循环系统内进行，意味着对环境的影响最小，而且天丝是一种可爱的柔软丝滑面料。

绿色时尚最简单最有效的形式涉及重新使用现有服装。将服装拆开后重组或者以新颖有趣的方式跟其他服装结合。这些循环利用的物件成为独一无二的服装，为卓有见识的追逐时尚的人士提供独特的风貌。这可以称为"recyCouture"（再生高级定制服装），因为它们通常是定制服装，常常涉及手工制作和有趣的处理方法。"重塑"是减少浪费和延长美丽服装生命周期的直接方式。

如今，时装学习者有更多的机会学习可持续性以及如何将其运用于时装领域。例如，伦敦时尚学院提供名为"时装和环境"的硕士学位课程。该校的网站介绍，该课程"介绍研究生阶段的可持续性理念和可持续性时装设计和拓展"。该课程安排探索设计过程，同时调查设计实践对环境以及对社会和文化的影响力。要求学习者探索如何将可持续性解决方案与现实的商业模式结合起来。

越来越多的公司开始进行可持续性实践，因此，有理由相信，毕业生可能会因为这方面的专业知识而被录用。

在网上关于可持续性问题有一些有趣的博客和其他信息：

1.zerofabricwastefashion.blogspot.com: Timo Rissanen就自己涉及绿色时尚实践的博士论文写有个人博客。

2.http://www.ecofashionworld.com：生态时尚界的指南列有可持续性设计师品牌及网上生态时尚商店。

3.http://uncsustainsfashion.wordpress.com/2010/02/10/why-a-sustainable-fashion-show-you-ask/ 阅读有关北卡罗来纳大学可持续性时装秀的相关内容。

4.http://www.theuniformproject.com/ 阅读一个年轻女孩的故事，她一年365天天天穿同一件小黑裙子，用配饰和在组合中添加其他服装的方式创造不同的服装风貌。也可以下载一个纸样制作自己的小黑裙。

5.http://technorati.com/lifestyle/green/article/marci-zaroff-is-poised-for-the/ 阅读关于生态时尚历史的一个访谈录。

# DESIGNER: Alejandra Carillo-Munoz

*The theme of this lovely group is meant to reflect natural fabrics and sustainable design.*

亚历山德拉·卡里略-穆尼奥斯所创作的这个飘逸优雅又可爱的组合背后的理念是天然面料的运用和具有可持续性的设计。亚历山德拉一贯钟情于成为具有环保意识的专业人士！

## 第七步 为各个组合绘制详细的平面图

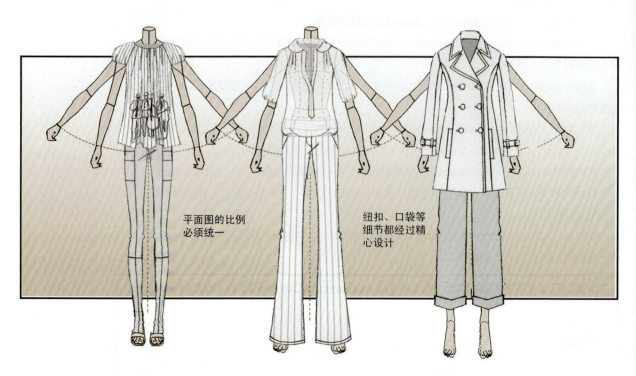

平面图的比例
必须统一

纽扣、口袋等
细节都经过精
心设计

### 使用人物模板手绘的经典平面图

平面图的排放顺
序应该是先上装
再下装

ALL
THAT
JAZZ

FALL 2011

注意：平面图的创作请参见第八章内容

## 女装设计师：芭芭拉·阿劳约

### 设计开发和平面图

    分析一下设计师芭芭拉·阿劳约所绘制的这些漂亮的设计草图。很容易看出在绘制这些漂亮平面图和这些精致的效果图人物时，她既用心又充满自豪感。这个组合的平面图是为导师Behnaz Sarafpour创作的，称得上微型艺术品，充分表达了设计之美。可以看出设计开发的一致性，因为芭芭拉用打褶的处理方法创造廓型和垂坠效果。图案的巧妙运用为这些精致服装带来一种部落感，也为组合提供了凝聚力。注意她如何在有些服装上大量使用图案，而在有些服装上，仅在有限区域使用图案。与非常紧身的裤子搭配的上衣的比例对比和造型效果尤其引人注目。

## 第八步 在草图人物上进行设计

如前所述，绘制草图的过程是一个机会，让你得以在人物上以平面图的形式拿自己的想法进行实验。如果有人帮你进行编辑工作，在选定最终的服装效果图之前，你可以来来回回绘制很多不同的草图。这是一个非常有价值的过程，它会引领你创作出更加有表现力的组合，因此好好安排自己的时间，确保自己能在草图人物上进行大量探索工作。发现自己需要不同的造型或者款式的时候，该工作将让你创作更多的平面图。

因为我们将在本书第七章专门讨论在人物上绘制服装，在此暂不予讨论。这是你的草图，不是已经完成的效果图，所以当然可以粗略随意地绘制和表现。不过，此时你的工作越是精确，准备最后的完工作品可能也会简单得多。

### 需牢记的内容

1.尝试把草图挂在墙上，跟它们一起生活几天。在最终定夺之前，你就会明白应该进行哪些改动。

2.从你信任的几个人那里获取反馈意见。此刻，你无需听取太多意见。意见太多，反而容易被弄糊涂，失去动力和信心。

3.花时间在草图上设计服装的款式。开襟夹克衫，把手插在口袋里。添加帽子、围巾、手套和鞋子——任何你希望表现的风貌都可以。不要指望以后再想办法让衣服显得潇洒时髦。

4.绘制服装的时候务必要拥有视觉参照物。

5.做好画图和重新画图的准备，直到获得自己喜欢的风貌为止。

### 分步骤拓展设计

1.用描图纸和带橡皮的优质铅笔进行工作。

2.以平面图开始，想要看看单件服装放在一起的效果时，转向草图人物的绘制工作。

3.开发自己的理念。如果拥有一个好主意，好好"汲取"它。换句话说，用多种不同方式发挥自己的想法。从创造性方面来说，我们一开始都倾向于考虑更为显而易见的东西。只有坚持不懈的努力才会带来独具匠心的创造。

4.考虑每个设计所计划使用的面料类型及其特色。这会给予你指引，知道什么可行，什么是完全不可能的。例如，不可能用雪纺绸表现宽大的廓型。厚重的毛料无法表现精致的细节。

5.对于单件服装的组合，需首先考虑设计上衣，特别是当上衣是组合中最精致复杂的部分时。要确保自己拥有多种选择（不太紧身的、比较紧身的、较长的、较短的等等）。如果上衣是比较基本的款式（如T恤衫），打算精心制作下装（短裙和裤子）的话，那么就先设计下装。

6.运用配套的夹克、背心、更加精细的运动衫等等对那些单件服装款式进行开发拓展。

7.记住，如果你对某个细节或者某种面料足够信任，用过一次后就应该在其他服装中对其再利用。

8.和用纸给娃娃贴衣服一样，将设计在彼此之上分层"穿着"。这让你可以查看它们彼此之间是否成比例。夹克衫配这件短裙是否合适？夹克外面穿外套可以吗？裤子与上衣搭配吗？越是了解这些潜在缺点，你的组合就会获得更加出色的商品企划。

9.要特别注意聚焦点。如果服装拥有过多视觉上的显著细节，它们之间会相互竞争冲突。例如，谁愿意穿一件正面有打结的上衣搭配下摆全是蝴蝶结的裙子呢？一套服装应仅有一个主要的聚焦点。

# 女装设计师: 查梅因·德·梅洛

## 设计开发

设计师查梅因·德·梅洛创作的这个当代女装组合，时髦别致，其设计拓展显而易见。查梅因以多种不同的方式利用建筑元素如锐利的角度和硬朗的褶皱，所创作的服装组合既利于商品企划又具有高度的功能性（注意所有宽大的口袋）。款式的丰富变化很容易组合搭配，不同的比例尺寸适合多种体形，足以刺激有鉴别能力的客户买上好几件。虽然我们无从得知梅因画了多少草图才开始绘制组合的效果图，但是我们可以肯定的是在这些出色的设计作品之后她绘制有很多粗略草图。所以，绘图的时候，不要担心会浪费太多纸张，要对草图进行加工处理，一直到自己满意为止。

朱莉·霍林格的平面设计款式图展示了如何以多种不同的方式利用一个出色的细节。这种多样化的细节利用方式不仅充分利用了有趣的细节，也为组合增加了统一感。设计师应该不停地收集精彩的细节并考虑如何用多种方式对其进行利用。这种方法有助于创造更加有趣的更有市场的设计作品。

## 让细节四处移动

## 第九步 对草图进行必要的调整

　　有必要确定平面图和草图人物在比例上的一致，这是一个重要步骤。也可能在课堂上最为常见的错误是在此方面缺乏一致性。雇主会希望看到你非常关注比例问题，因为即便是最小的错误也会意味着巨大的经济损失。当然，同样重要的是，平面图彼此之间也应比例一致。使用下面的或者第八章中的模板来确保自己不至于偏离正确的轨道。

### 平面图人物模板

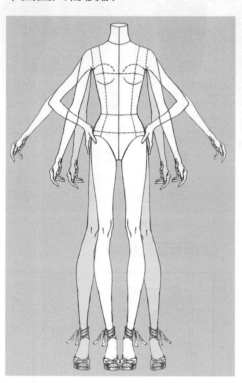

平面图人物模板可以用来创作服装模板并检查人物身上服装的比例。

薄的纸张或者描图纸
夹克平面图模板

　　创作一套平面图模板后，描出它们，绘制类似的服装。这种方法更快捷准确。不可使用人物来创作每一个最初的平面图。

### 平面图模板

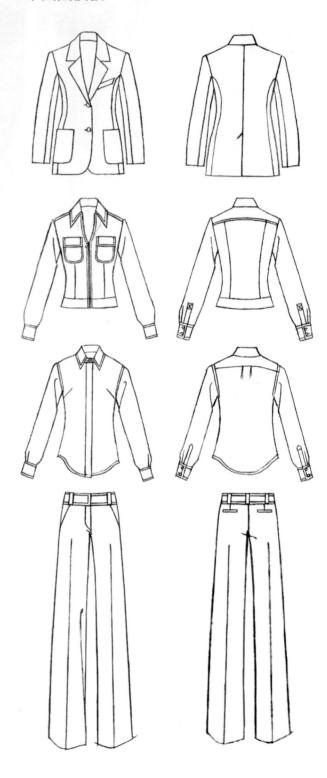

## 第十步 检查最终设计作品的平衡感

在此阶段，在将组合进行最后表现之前，你应该培养特别的评判能力。如果是手绘草图，也许进行评判的最简单的方法就是复制那些草图并将人物剪下来。按照安排组合的方法整理这些人物，然后进行商品企划分析。

1.服装廓型是否具有良好的平衡感？服装的长度和形体是否具有多样性？

2.是否拥有带图案的服装和单色服装？

3.是否拥有有肌理的面料和平纹面料？

4.所有服装看上去是否是客户/灵感缪斯愿意穿着的样子？

5.是否多次使用细节和面料？

6.配饰是否合适，是否喧宾夺主？

7.服装是否可以混搭？

8.重复性元素是否增强了服装的统一感？

9.色彩或者色调的运用效果是否良好？

## 设计师：珍娜·罗德里格斯

珍娜·罗德里格斯创作的这个组合顽皮又时髦，是具有平衡感组合的优秀例证。服装款式变化丰富，色彩的配置达到了良好的对比效果，有肌理面料和平纹单色面料的结合吸引观者的注意力。

## 章节小结

天才比食盐还要便宜。唯有大量艰苦的工作才能将有才华的人和成功者区分开来。

——斯蒂芬·金

如果你已经如实地按本章内容行事，手头应该已经拥有自己的设计作品了。实践设计过程并拓展自己的理念，有助于你在业内发挥自己的才干。同时，你应记住，自己在背景、兴趣和激情、专长领域等方面所展示的一切将让你的作品更加个性化，从而更加不同寻常。当然，了解自己的客户会让你不至于偏离主旨，让自己的作品适于销售并针对选定客户。

我们也希望设计的不同思维方式能激发你对自己的设计过程以及如何以多种方式深化这一过程进行新的思考。调研是所有设计项目的关键要素。调研不仅仅意味着接受审视其他设计师的作品，也意味着在时尚之"盒"外进行探索。从其他领域的著名设计师身上获取灵感能够唤醒你的视角，并带来更加新颖的作品。

本章内容已经清楚地展示：的确存在一个明确的过程来进行设计拓展，它可以助你成功。如若设计工作没有计划性，最后的结果要么是低劣的作品，要么是彻底的混乱。好想法不可能唾手可得，所以通过设计拓展工作学习如何充分利用好想法是成功的关键所在，一个或者两个出色的细节或者处理方法在某个组合中以多种方式进行重复使用能为组合带来统一感和视觉上的愉悦感，如果服装看上去互不关联，组合的构思会显得十分糟糕。

## 伟大的服装革新者

我们未曾细致讨论的一个方面是不论在世还是已经作古的时装设计师们，我们认为他们是伟大的革新者。通常年轻的设计师们会物色对自己有影响力的人并为之深深着迷，这是很不错的作法。但是，有些学生会忽视或者刻意地避免对其他设计师的了解，也可能就是因为设计师的数量之巨让他们望而却步。所以，我们特意挑出几位显要人物，他们是出色的研究对象，也引发让人在服装秀场之外产生共鸣的想法。

这幅名模佩姬·莫菲特（Peggy Moffitt）身着泳装的效果图是设计师鲁迪·吉恩里希（Rudi Gernreich）的作品。在20世纪70年代他设计了无上装泳衣，在当时这可是广受非议的事情。但吉恩里希拥有太多迷人的想法，虽然在那个时代可谓开山之作，而且现在依然意义重大。值得关注的还有一位与他同时代的法国设计师库雷热（Courreges），也应该去了解艺术大师安迪·沃霍尔（Andy Warhol）的时装作品。

当然，英国设计师薇薇安·韦斯特伍德（Vivienne Westwood）用她的朋克风格的主题点亮了20世纪80年代，她的时装秀几乎总是使用某种颠覆性的宣言作为潜台词。必须研究另一位设计师亚历山大·麦昆（Alexander McQueen）作品之反常又迷人的主题。首位打入西方时装界的日本设计师三宅一生（Issey Miyake）创造了一些出色的工业化的打褶处理手法。"像个男孩"品牌（Commes de Garcons）的创作者，先锋派设计师川久保玲（Rei kawakub）是他的追随者。

马丁·马吉拉（Martin Margiela）和维果罗夫都毕业于大名鼎鼎的安特卫普皇家艺术学院。马吉拉将解构主义运用于时装的想法特别有意思。

## 解构主义

经典款 解构款

　　解构主义是需要探索的另一有趣设计原则。这个概念最初起源于文学界，因此，了解不同设计师对此词语之后各种思想的阐释非常有意思。马丁·马吉拉和川久保玲是最早对此进行探索的两位革新者。自此之后，大多数设计师在自己的服装系列中以不同方式利用了这个概念。做些研究，看看你自己能开发哪些有趣的方法。

## 任务清单

　　1.列出在前四个步骤中所学的三个最为重要的原则并描述在作品中将利用那些理念的多种方式。

　　2.绘图草图模板是否需要进行完善。

　　3.如果设计看上去没有达到自己期望的效果，对草图人物进行调整。检查一下，看看人物的比例和动态是否增强设计效果。

　　4.回顾所有的平面图，确定服装廓型看上去如自己所设想的一样迷人，细节的摆放位置准确，而且就平面图的"风格"来说各个组合采用了完全不同的手法。

　　5.回顾设计图，记住此时你应当花时间确定设计稿准确无误。万万不可期待表现工作能够遮挡或者消除错误或者糟糕的起稿工作。要乐于根据需要进行返工。

　　6.回顾所列设计原则，并进行比照，看看在开始表现工作之前自己的作品是否有需要改进之处。

　　7.确保设计作品的比例和细节与平面图的比例相符。

　　8.对可持续性进行研究，并就职业而言决定自己的底线。

　　9.研究解构主义，并看看自己是否能寻找新方法在设计组合中更进一步运用此概念。

　　10. 按照以下因素检查所有组合的平衡性：

　　a.季节（如果使用传统季节处理方式的话）；

　　b.不同的面料选择；

　　c.有趣的灵感缪斯和不同的种族；

　　d.配饰；

　　e.潇洒的构图；

　　f.采用不同方法绘制平面图；

　　11. 为后两章的工作准备起稿和表现工具！

# 第六章

# 开发服装人体动态

风格是独特个性和个人魅力之表达。

有了风格才有时尚。

　　　　　——约翰·弗莱查尔德

## 概述

　　我们终于准备就绪，可以开始开发令人激动的服装人体了。它们将为你的设计作品如虎添翼。如同T台上的模特，人体动态的美丽风貌、潇洒的态度以及时尚的饰品（头发、妆容、配饰等所有的细节）将为你的服装增姿添色。当然，可以通过分步骤的方法来绘制人体动态，而且不同的动态有不同的利用方法，它足以让你终身受益。熟能生巧，因此准备一沓纸，开始绘画吧。

### 不同的服装人体动态有何共同之处？

　　1.它们最主要的目的在于展示服装。这意味着模特不会躺着或者趴着。相反，他们表现的姿势不会把服装遮挡起来。

　　2.这意味着表现的都是站姿，胳膊和腿的姿势不会遮挡任何关键细节。

　　3.他们表现明确的神情。一个没有神情的动态（不论是目中无人的愤怒、消极被动的笨拙，还是性感迷人的娇滴滴）可能都会单调无聊。

　　4.人物动态的神情衬托人物身上的服装。

　　5.通常，动态不可太过极端，因为这样会扭曲服装的形状。

　　6.理想化地呈现比例使其迎合各种品位。

　　7.人物的风貌反应目标客户的品位。

　　8.让相对简单的动态表现某种动感效果，有承重腿的动态为常用动态。

　　通常使用一个以上的人物从不同角度表现服装、展示一个组合或者聚焦于一些细节内容。

　　有些动态可能是辅助性的，是为了表现某种氛围；而有的动态才是为了清晰地表现实际的服装。

---

### 绘制出色的服装人体动态的十个步骤

1.回顾人体结构和解剖学

2.为灵感缪斯制作一个人体比例参照表

3.回顾小型构图和草图

4.为服装组合的动态确定情绪

5.绘制服装人体头部

6.绘制具有结构感的动态

7.为人物添加具有时尚感的头部

8.改善手、脚部位的细节

9.调整年轻人体的比例

10.敲定最终的比例和细节

## 第一步 回顾人体结构和解剖学

### 胸腔—骨盆呈反向角度

嘿，没人说画人体很简单！但是有什么比精心绘制的美丽人物更引人注目呢？服装人体更加引人注目，那是因为夸大了的比例和动感增添了人物的冲击力。

某些构造原则有助于创作让人印象深刻的人物。在创作作品集中的人物姿势时留心这些原则大有裨益。

#### 需牢记的几点

1.服装人体动态的主要特点之一，是身体重量主要放在一条腿上。

2.重量放在腿部的姿势用途多多，因为那条不承受重量的"做样子"的腿能摆出多种不同姿势，但人体躯干部分可以保持不变。

3.单腿承重的姿势让胸腔与骨盆成一定角度。

4.这也意味着一个肩膀高于另一个肩膀，相对的髋部也略高于另一边。

5.腰部呈现伸缩性，一边呈受压状，而另一边呈伸展状。

6.很多学生没有花时间去了解并利用这一重要细节，因而他们的人体动态看上去很不自然或者僵硬呆板。

WEIGHT-
LEG
POSES
ARE
VERSATILE.

有承重腿的姿势用途非常多

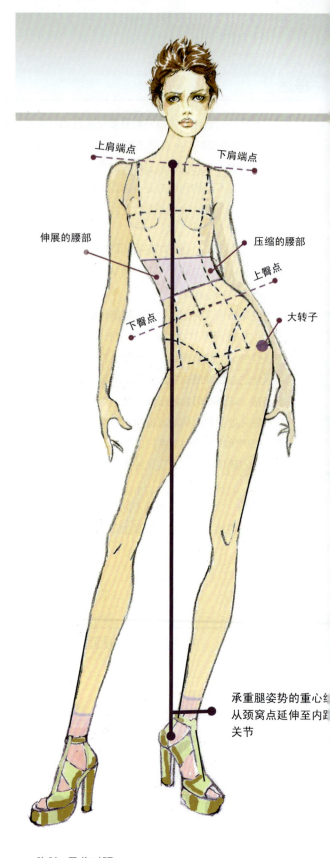

上肩端点　　　　下肩端点

伸展的腰部　　　　压缩的腰部

上臀点

下臀点　　　　大转子

承重腿姿势的重心线从颈窝点延伸至内踝关节

胸腔-骨盆对照

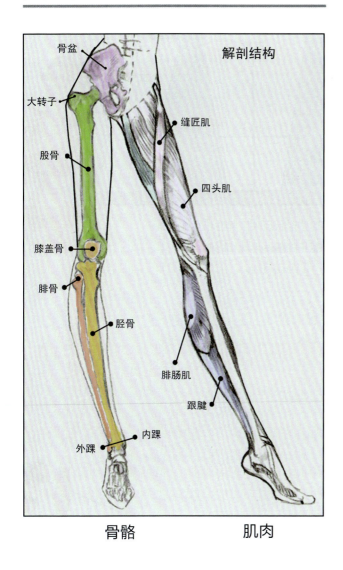

解剖结构

骨盆
大转子
股骨
膝盖骨
腓骨
胫骨
外踝 内踝

缝匠肌
四头肌
腓肠肌
跟腱

骨骼　　　　　肌肉

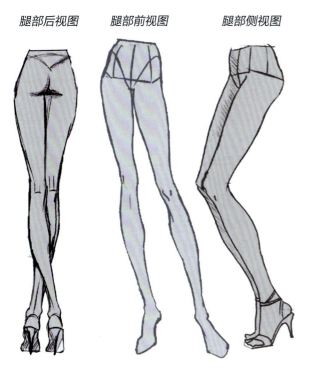

*腿部后视图*　　*腿部前视图*　　*腿部侧视图*

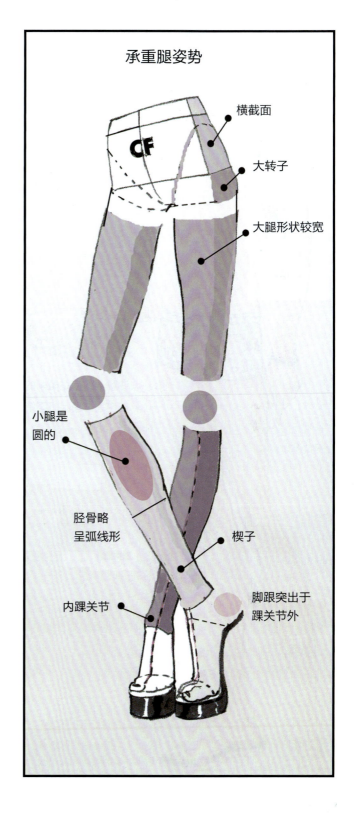

承重腿姿势

横截面
大转子
大腿形状较宽
小腿是圆的
胫骨略呈弧线形
内踝关节
楔子
脚跟突出于踝关节外

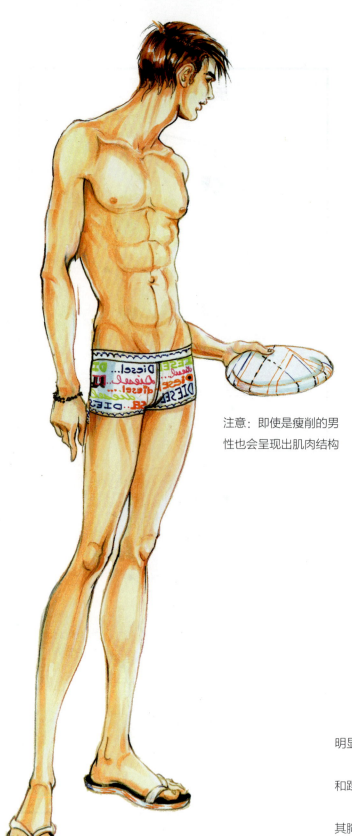

注意：即使是瘦削的男
性也会呈现出肌肉结构

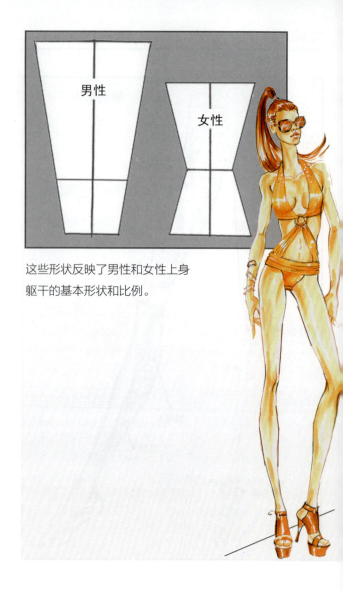

这些形状反映了男性和女性上身
躯干的基本形状和比例。

## 需牢记的内容

1.男性肩宽臀窄，腰身并不清晰。

2.男性颈部和女性颈部长度一样，但男性颈部更为粗大并表现
明显的斜方肌。

3.界定男性胳膊和腿部的肌肉是明智之举，但应让腕部、膝部
和踝部较细。

4.男性站立的时候身体重量常常由双腿较为平均地分摊，因此
其胸腔—骨盆的反向角度更小。

5.男性的头部、手部和脚部与身体成比例，都大于女性的这些
部位。

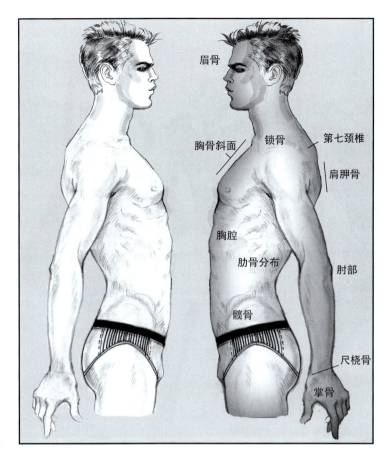

眉骨

胸骨斜面
锁骨
第七颈椎
肩胛骨

胸腔
肋骨分布
肘部

髋骨

尺桡骨

掌骨

## 前视图、侧视图和后视图

## 男性解剖图

男性和女性的外形存在很多微妙的区别。例如，注意男性胸部的侧视图。胸肌位置必须绘制成带有角度的样式，这样看上去就不像女性的乳房。也应注意男性的脖子、肩膀、手臂和更细更瘦削的髋部。我们会在本章的后续部分讨论男女面部结构的差异。

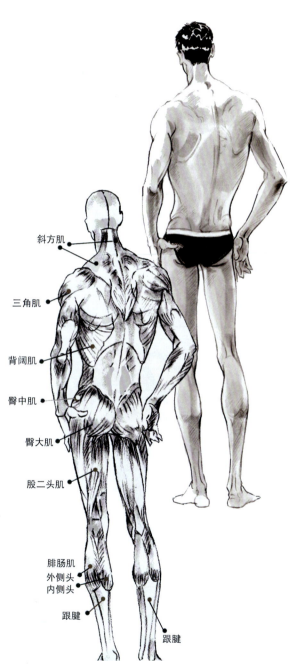

斜方肌

三角肌

背阔肌

臀中肌

臀大肌

股二头肌

腓肠肌
外侧头
内侧头
跟腱

跟腱

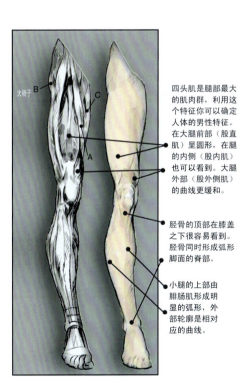

大转子 B

C

A

四头肌是腿部最大的肌肉群，利用这个特征你可以确定人体的男性特征。在大腿前部（股直肌）呈圆形，在腿的内侧（股内肌）也可以看到。大腿外部（股外侧肌）的曲线更缓和。

胫骨的顶部在膝盖之下很容易看到。胫骨同时形成弧形脚面的脊部。

小腿的上部由腓肠肌形成明显的弧形，外部轮廓是相对应的曲线。

在这两个运动装组合中可以看出对人体解剖图充分理解的重要性。

设计师：齐娜·阿兹米尼亚

## 第二步 为灵感缪斯制作一个人体比例参照表

服装千变万化，因而诸如动态风貌和人物比例之类的内容也随之变化。在过去的数年内，我们曾使用过截然不同的比例，如下图所示，该比例以头长为衡量单位。最矮小的成年人体高度约为九个头高；而最高挑的人体常用于晚礼服，有十五个头之高。现实中的人体很少会超过七或者八头高。

尽管过去的人体身高曾非常过分夸张，但最近的流行趋势是更贴近真实的人体，特别是运动服装或者表现较为年轻风貌的服装。与往常一样，所有问题并没有唯一正确的答案，所以不要生硬地照搬这些人体比例表的规定。要开发自己的人物风貌，可以把它们当做一个起点。先复制可用于自己服装组合的比例表，然后将其放大到不同尺寸，在设计起稿的时候可以将其用作参考，你会发现这样做非常有用。

### 需牢记的内容

1.比例是出色设计的关键元素，人体的比例亦可决定一件服装的成败。

2.很有可能你打算在整个作品集中使用大致相似的比例，但这并非硬性规定。有些服装组合表现固定风格，还有些组合更加写实。或者你希望用晚装组合作为作品集的终曲，从而决定使用更修长更优美的人物。如果这样做可以，那么就这样做好了。

3.只要作品集在视觉上流畅自然，你就可以打破各种各样的规则限制。

4.但必须遵循的一个规则是在各个组合内保持人体比例的一致性。不可让一个高挑的女孩站在矮小的朋友身边。

5.如果你在空间上将一些人物在空间后移，当然这样你可以获得尺寸大小上的变化，但是必须保持比例的一致性。

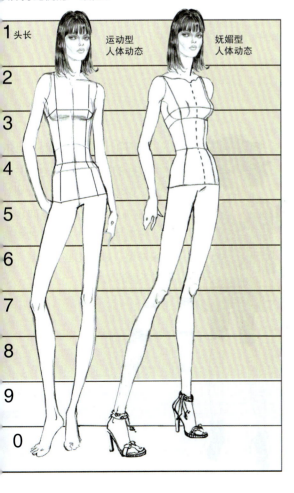

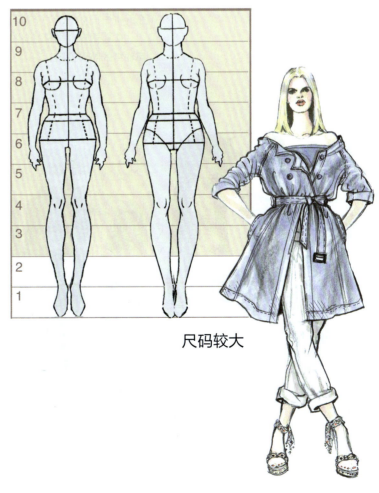

尺码较大

## 第三步 回顾小型构图和草图

现在需要做一些具体决定。当然，做决定的时候，你必须牢记所有的信息和准备工作。让我们以回答一些关键问题作为开始。

1.微型布局图的情绪是否反映自己的概念？用语言描述概念图像。是安静的抑或是响亮的，积极进取的抑或是微妙小心的，优美的抑或是耍酷的？选定适合的词汇后，要将它们用于其他的选择项中以确保对所选情绪的支持。

2.何种姿势能最佳地展示自己的服装？

a.如果服装流畅又浪漫，那么用步行的姿势展示动感。也可以用步行姿势展示具有调皮态度的运动装单件或者是非常有动感的男装。

b.如果设计非常优美，带有很多微妙的细节和/或装饰，可能应该使用简单的姿势，让面部风貌展示主要的人物态度。

c.复杂的内外搭配服装也需要简单巧妙的姿势。

d.幽默感总是取悦很多人，如果设计有趣可爱的童装，那么当然应该使用带有某种态度和幽默感的姿势。

e.即使是青年男装也可以非常幽默滑稽，表现时髦的"书呆子形象"，没有人会比目中无人的十几岁女孩更加有趣好笑而且毫无装腔作势的意味。我们曾有一位学生在卡通人物马吉·辛普森身上绘制了晚礼服，而且效果非常不错。

3.草图决定了何种姿势要求？

a.如果设计的是宽大的裤子，那么人物姿势应为双腿分开、双手插在口袋里。

b.如果设计的是铅笔裙，那么应包括一些双腿并拢的人物姿势。

c.如果设计泳装，应多花点时间在解剖学的书上，要确保人物的姿势结构良好而且看上去悠闲自在。注意搭接在一起的人物动态能为服装组合增添趣味性。

d.如果设计男女青少年的服装，确保有那个年龄段的人物可供参考。十几岁的青少年拥有独特的肢体语言。

**亚历山德拉·德·里尔**

这些动态完美地切合客户的形象，该客户朝气蓬勃，非常时尚。亚历山德拉仅使用两种动态，但是通过镜像动态，改变胳膊和发型，她让这些人物展示了非常不同的风貌。

## 第四步  为服装组合的动态确定情绪

此时，你应该已经准备就绪，可以为首个服装组合的动态做出最终决定了。当然，你的决定会受到过去已经绘制的人体的影响。利用现成的人体能为你节省很多时间和工作，也有很多方式让之前的动态展现新的活力。

如果你的组合要求体现新颖大胆的元素，我们希望你能够抽出时间来尝试一些新方法并利用效果图灵感为自己的组合创作完美的灵感缪斯。

这并不一定意味着大量时间的投入。例如，此处休闲运动型（A）可以用来表现紧身裙和长裤，所以是多用途的。如果时间紧迫，只需改变胳膊的位置就能获得丰富的变化。示例（B）虽然活泼有趣，也可以用于半正式场合考究的单件服装或者更为休闲的服装。但是必须记住不论选择何种动态，它务必足以展示服装最佳的方面。换句话说，如果使用侧视图，就必须有从侧面看去有趣的元素。学生设计出了非常漂亮的东西却未能使用真实展示出色细节之处的某个动态，这是非常令人沮丧的事情。

军事方面的影响一向非常之大，如果你的组合希望表现这一点，那么所选择的动态就必须足以表现这一点。只需设计一个干脆利落的人物然后重复使用，你的组合看起来就如同位于军事队列中（C）。当然，为了表现有趣的视觉惊喜感，总是可以包括一个后视图。记住，一两个新动态能够真正表现系列的新鲜感。那么，我们开动吧！

A.休闲运动型

B.活泼讲究型

C.军事队列型

## 有趣的孩童

即便没有表现脸部，这个孩童也呈现出了很多种态度。

酷酷的书呆子

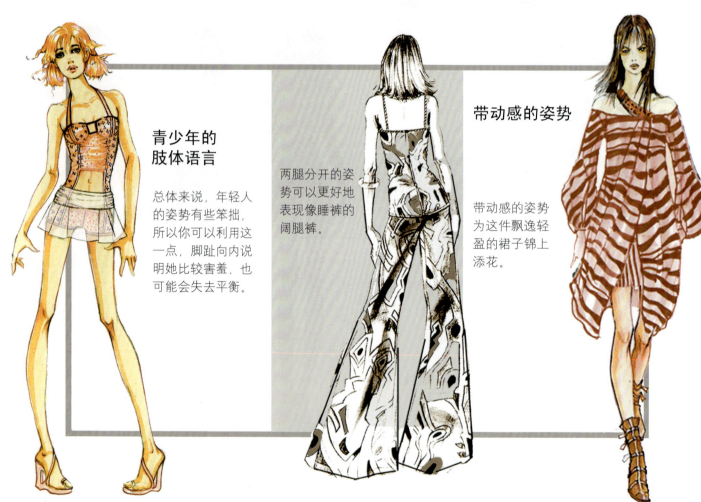

### 青少年的肢体语言

总体来说，年轻人的姿势有些笨拙，所以你可以利用这一点，脚趾向内说明她比较害羞，也可能会失去平衡。

两腿分开的姿势可以更好地表现像睡裤的阔腿裤。

### 带动感的姿势

带动感的姿势为这件飘逸轻盈的裙子锦上添花。

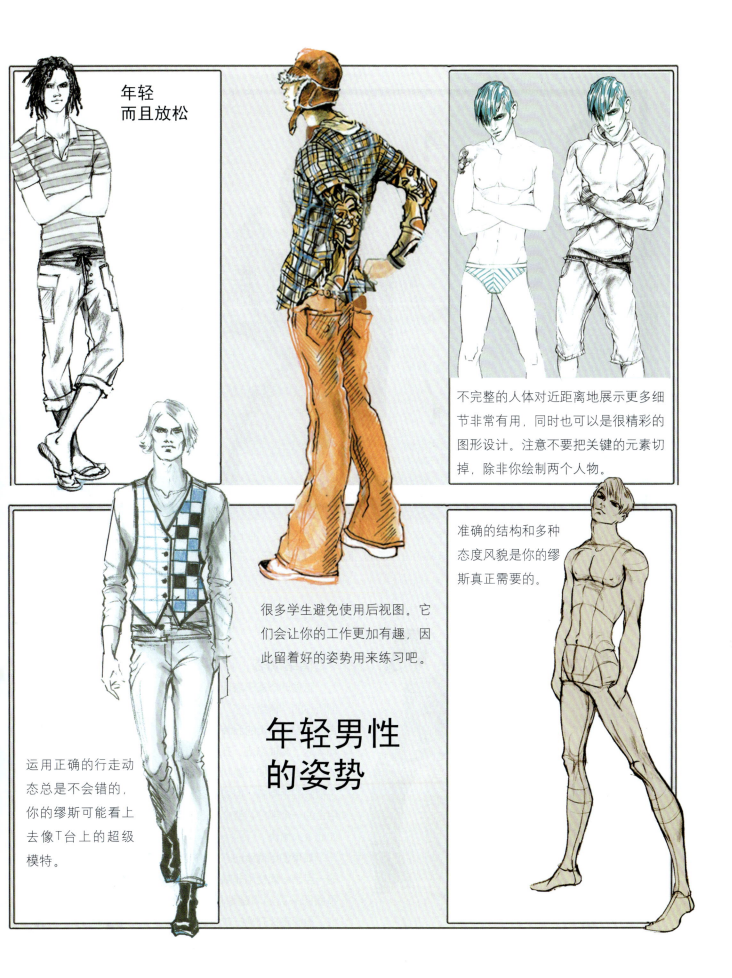

年轻
而且放松

不完整的人体对近距离地展示更多细节非常有用，同时也可以是很精彩的图形设计。注意不要把关键的元素切掉，除非你绘制两个人物。

准确的结构和多种态度风貌是你的缪斯真正需要的。

很多学生避免使用后视图。它们会让你的工作更加有趣，因此留着好的姿势用来练习吧。

# 年轻男性的姿势

运用正确的行走动态总是不会错的，你的缪斯可能看上去像T台上的超级模特。

设计师: 齐娜·阿兹米尼亚

　　齐娜·阿兹米尼亚为自己的作品集创作了这个名为"紫色"的出色组合。她出色的手绘功底赋予这些人物以个性和趣味性，然而依然清晰一致地表达了其精致服装的设计理念，即混搭并适合旅行（注意行李箱和高速路）。她让一切看起来驾轻就熟，浑然天成。

## 情绪动态

　　这些动态富于表现力，即为我们所称的"情绪动态"。这意味着它们在展示特定的服装时尤为成功地表达了某种态度。齐娜的组合中的其他动态更加干脆利落，这创造了很好的平衡感，但如果这些不是组合的一个部分，整个构图就不会如此令人愉快。

　　如果使用情绪动态，非常重要的一点是必须使用非常清楚明了的平面图来更加清楚地展示细节内容。投影是提升视觉效果的另一种有趣方式。

## 第五步 绘制服装人体的头部

灵感缪斯的风貌是服装组合成功之关键所在。发型、妆容、面部和态度要么为风貌增姿添彩要么对其丑化。与分散注意力的面部相比，简约形象的面部对你更为有利。如果你不擅长绘制面部，不要放弃，只需了解对此问题有多种解决方案，所以对自己的能力技术要保持务实的态度。

很有可能你已拥有绘画头部的自我风格，但尝试一些新方法能让你创造有趣且新颖的作品。

### 需牢记的内容

1.我们并非绘制肖像画。平实直白的头部，或者表现过多的头部，都会分散对设计本身的注意力。

2.拥有种族特点的平衡令作品集看上去更为新潮，更具有全球视野，并能展现你个人观点的广泛包容性。

3.照片中的头部可以修改作为效果图中的内容，而且效果相当不错。这个技术可以节省时间免去烦心压力。但是必须对照片进行风格化和渲染处理，这样它们才不会显得过于突兀，并能与效果图的其他部分融合在一起。

4.服装画中的人物头部的糟糕结构无可原谅，因为可以通过描画灵感缪斯的图像来获得面部特色的准确定位效果。

5.创作较大的服装画人物头部时，对其进行扫描、打印并进行表现，然后将其缩小到与人物相符的大小，这样做非常有帮助。提升的细节效果让你的额外步骤非常值得。

6.通常来说，你希望强调服装画头部的眼睛和嘴部。鼻子没有那么重要，而且可能会分散注意力，所以对其进行最简化处理。

7.有时候，最简单的面部最为引人注目。如果它们可以增添情绪的效果，你就已经取得了成功。

8.即使拥有了满意的头部，你可能还是要多画上几个，或者对其风格做些实验。最初的解决方案常常并非是最有趣味性的一个。

9.尝试绘制灵感缪斯的不同视图，这样就不会局限于单一角度。

10. 确保你的参照人物比较流行。你的设计作品可能非常棒，但如果灵感缪斯看上去已经落后过时的话，可能你已经亲手毁掉了自己的服装组合。

### 根据时装照片进行绘制

这三个头像根据同一模特的图像绘制而成。该方法让你可以从不同角度绘制同一个美丽人物并用于作品组合中，这样你拥有多种视图但同时保持了灵感缪斯的一致性。

## 第六步  绘制具有结构感的姿势

现在，你已经准备就绪，可以开始拓展首个组合的最终姿势了。这是激动人心的时刻，因为很快你就可以亲眼目睹在已经完工的组合中人物身上的服装设计效果，而且你的作品集也即将成形。

创作人体时，特别是根据照片绘制人体时，很容易把主要的注意力放在外形轮廓、头部和比例上。当然这些也是重要的元素，但如果没有同时考虑结构信息，人物动态很有可能无法达到期望的效果。若未掌握胸腔—骨盆的反向角度，不论你认为自己的动态有多么巧妙，要想表现某个动态的整体效果都是难上加难。

正如本书描述其他过程的方法一样，我们也建议采取分步骤的方法创作人物姿势。而学生们常常仓促地完成这一重要任务。

你将发现，将结构线条放在人物之上的另一大好处是精确绘制设计图要变得简单得多！

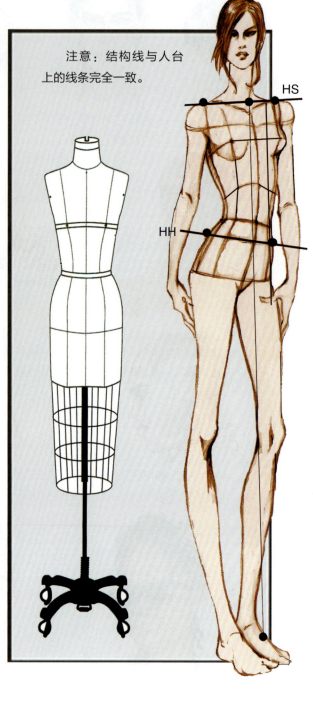

注意：结构线与人台上的线条完全一致。

HS

HH

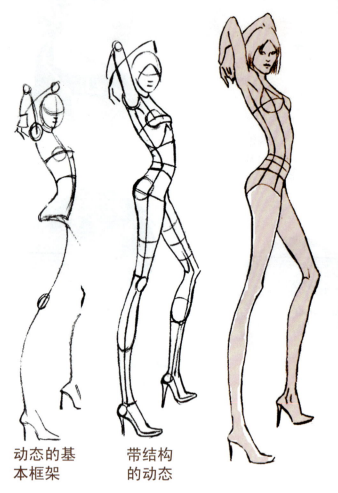

动态的基本框架

带结构的动态

## 分步骤创作人物动态

1.用能够表现自己比较钟爱的情绪的随意动态开始草图工作。这是一个漂亮的步行动态图，人物双腿紧靠在一起，因此适合裙装，但同时能表现动感。

2.在姿势上添加半身效果、立体感和结构线条。确保自己心中清楚哪一条腿为承重腿。在此姿势中，右臀部稍高，所以身体重量主要放在右腿上。

3.开始添加诸如鞋子和头部的细节。绘制一件服装样式来看看动态效果如何。有时候由于比例不当，精心绘制的动态图未必能够为设计增色。因此，在最后敲定某个动态之前，总是要"实验"其效果。注意，此处裙子和头发都较高臀部的方向摆动。

4.为人物和服装添加阴影来看看比例是否均衡。如果你对所完成的风貌感觉满意，那么就完成所有细节。

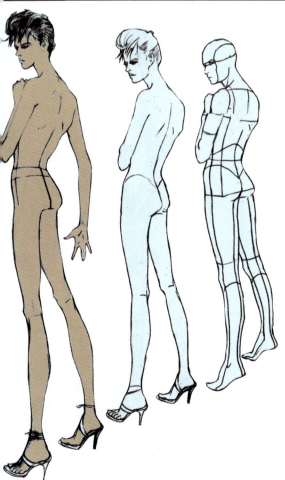

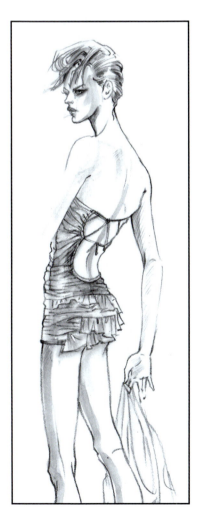

## 分步骤创作后视图动态

1.以一个模特后视图的照片开始工作。首先描画照片，在人物身上添加结构线条。这样可以在极短的时间内获得精准的动态。

2.延伸具有结构感的动态，开始添加细节来看看它是否能够表现正确的情绪。

3.最终动态图中的人物较为高挑，面貌特征也较为细致。

4.在右边可以看到我们对此动态的"实验"。这个动态成功地表现了背部的美丽细节。

## 第七步 为人物添加时尚的头部

### 寻找完美的灵感缪斯

哪位缪斯为设计作品增姿添彩？

#### 需考虑的内容

1.不同的面容和发型创造多种截然不同的情绪。

2.绘制几个不同的头部并在人物上绘制设计图，这样能让你在做出最终决定之前尝试截然不同的人物风貌。

3.可以拷贝头部设计稿，并进行表现，但如果像我们在这里展示的一样，将所有元素扫描进Photoshop，那么尝试不同人物风貌就尤为简单。下面给这个两个头部采用了简单的处理方法，能够让观者把注意力放在设计作品本身。

设计师：萨默·史宾顿

情绪板

萨默·史宾顿利用基于照片的头部与精细绘制的设计作品形成对照，并与之相得益彰，可谓是一件出色的作品。萨默在学生时代为她自己的男装作品集制作了这个"酷酷的书呆子"组合。

## 第八步 完善手、脚部位的细节

### 男性的手

1.男性的手棱角分明，通常比女性的手稍大。

2.男性的指甲和指尖常呈方形，而女性的手指更加细长，有"尖头"。

3.男性的腕关节更宽，棱角更分明。

4.男性常把手放在髋部而非腰部。

5.一个自然的行走动态常常表现为：一手向前，一手向后摆动。

6.男性把双手插在口袋里的动态看上去非常不错，因此这样做能省去不少时间。但是人物动态不能千篇一律，否则看起来会比较怪异。

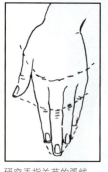

研究手指关节的弧线，指尖也呈相应的弧线。大拇指的比例和准确弯曲的手指是成功绘制手部的关键

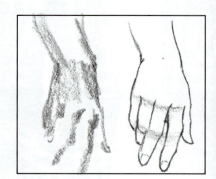

手部姿势与完稿

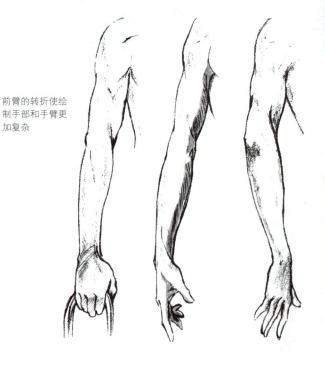

前臂的转折使绘制手部和手臂更加复杂

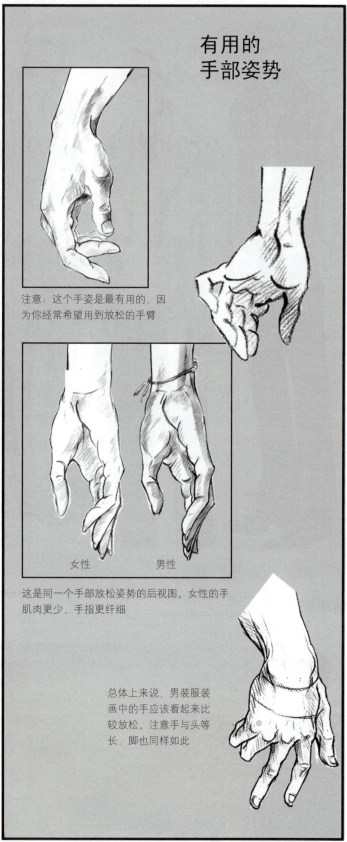

有用的手部姿势

注意：这个手姿是最有用的，因为你经常希望用到放松的手臂

女性　　　　　男性

这是同一个手部放松姿势的后视图。女性的手肌肉更少，手指更纤细

总体上来说，男装服装画中的手应该看起来比较放松。注意手与头等长，脚也同样如此

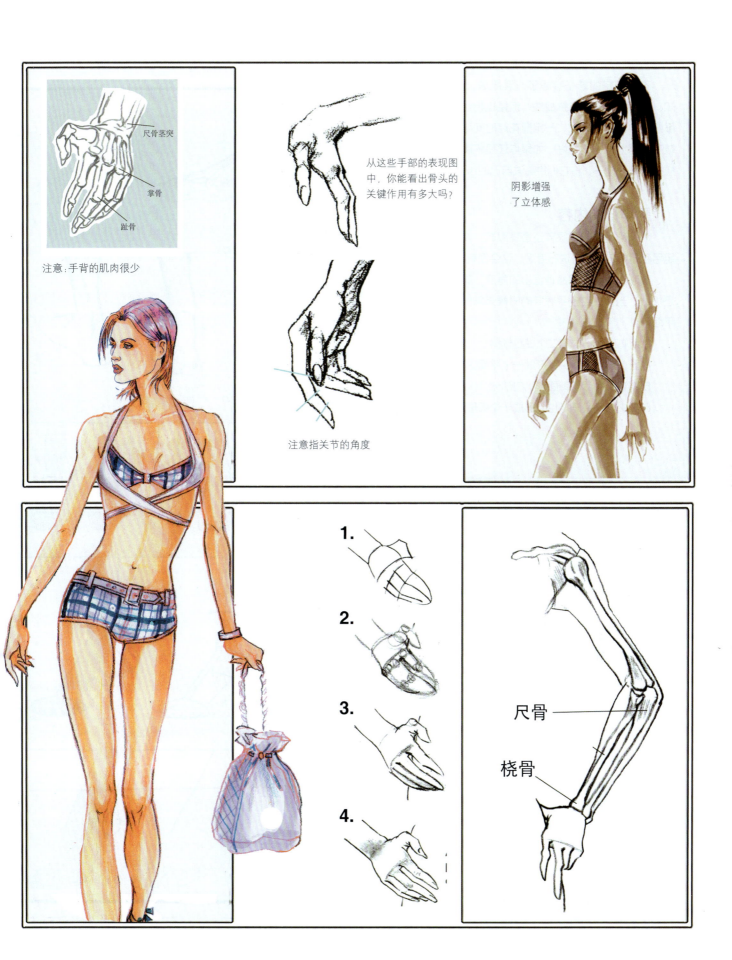

尺骨茎突

掌骨

趾骨

注意:手背的肌肉很少

从这些手部的表现图
中,你能看出骨头的
关键作用有多大吗?

注意指关节的角度

阴影增强
了立体感

1.

2.

3.

4.

尺骨

桡骨

## 脚部和鞋子

不相配搭的鞋子会毁了一套服装，这一点众所周知。脚部和鞋子很有挑战性，但是也相当关键。为表现服装画中人物的风貌，一定要花点时间寻找刚好合适的鞋子并努力把它们画好。如果你还是不满意的话，那么应扫描一些鞋子，将它们拼贴进自己的作品中。

### 需牢记的内容

1.不论是绘制平跟鞋还是高跟鞋，要把脚按足跟、足弓和足尖三个部分进行考虑，这会很有帮助。

2.越是按照透视原理缩小的角度，脚的轮廓显得越是极端。当然，绘制平跟鞋的时候无需处理脚掌以下的平面。

3.所有脚趾都向第二个脚趾倾斜。

4.五个脚趾的指尖会形成一个平面。

5.注意脚尖后部脚面的肌肉部分。

6.脚尖与指尖一样也会形成一个弧形。

如果你选择了令你兴奋激动的鞋子，把它画出来会很有意思

## 脚部结构

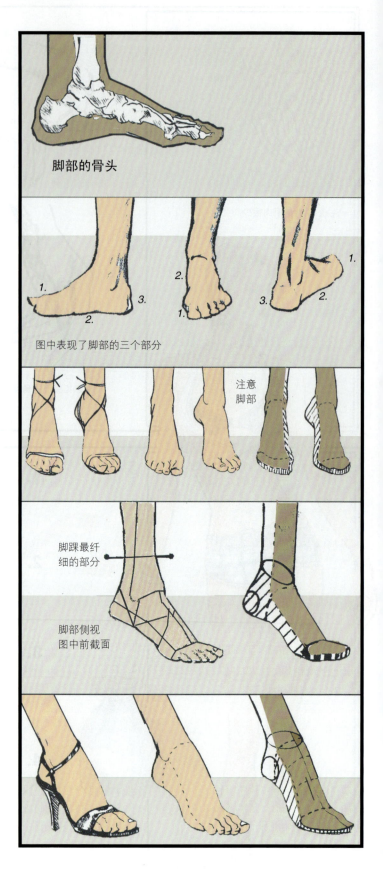

脚部的骨头

图中表现了脚部的三个部分

注意脚部

脚踝最纤细的部分

脚部侧视图中前截面

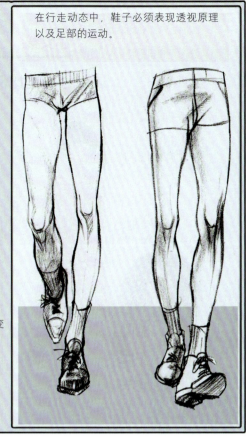

在行走动态中，鞋子必须表现透视原理以及足部的运动。

## 后视图

1. 足跟的上部（脚下）总是向上。
2. 由于透视原理，鞋子的后跟比鞋尖长。
3. 与服装一样，鞋跟的风格也随着季节变化不定。应注意观察并利用潮流变化。

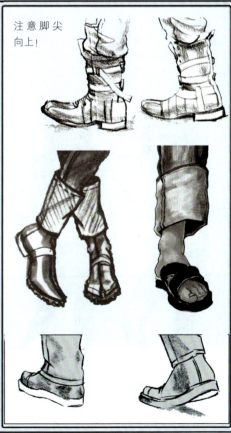

注意脚尖向上！

**黑色漆皮靴子**

好看又奇特的鞋子种类五花八门，在作品中应对这一点进行充分利用。但是要确保自己的设计作品占主导地位，而不可允许鞋子或者任何其他配件喧宾夺主。

## 第九步 调整年轻人体的比例

### 小女孩

#### 小孩的比例图

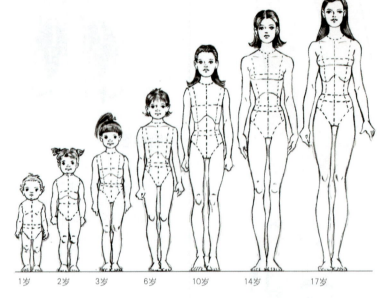

1岁　2岁　3岁　6岁　10岁　14岁　17岁

注意：这些比例略有夸大，以使他们比实际身高更高

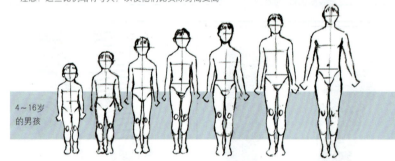

4~16岁的男孩

### 需考虑的内容

1.即使是大一点的孩子也有平衡性的问题，所以他们常常得用双腿承担身体的重量或者表现运动状态。

2.与其头部的比例相比，小孩子的头大、脖子细、眼睛比较大、脚大、上身笔直（没有腰身），还有点婴儿肥，这让他们的身形显得柔软稚嫩。

3.小孩子的头发通常较柔软，还有点儿凌乱。

4.女孩子尤其显得十分矫情敏感。她们常常手牵着手或者表现某种身体接触。

5.小孩子们非常好玩，绘制他们也十分有趣。

翻阅卡通漫画技法书籍也可以获得一些不错的想法。

注意，此处的格子图案是用Pho-
toshop中的线条工具绘制而成的

秋装：
帽子
围巾
手套
夹克
衬衫
毛衣
裤子
靴子

自然随意的男孩们

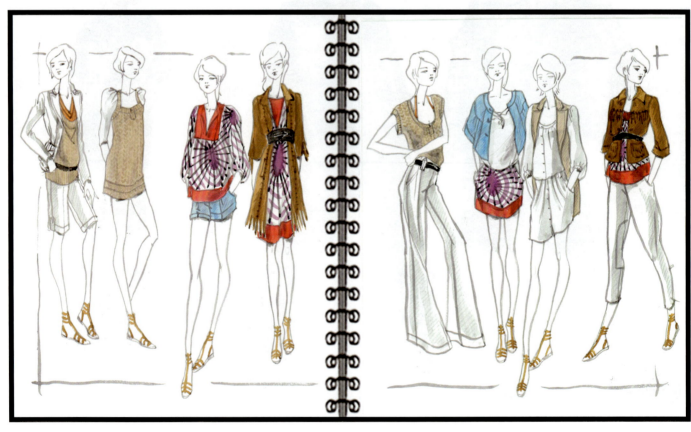

注意：给人物"穿"衣服时，结构线条提供出色的参照

## 复杂的构图

这个复杂构图的特别不同寻常之处，在于后视图人物（5）占作品的主导地位。这是因为该人物较大，表现强势动态，而且头部转向观者。人物（2）是第二重要的人物，而人物（1）是唯一的倚靠站立人物。中间两个人物面向正前方，这样尽管她们的个头稍小，也不会显得在向后退。人物（3）的七分裤和裤子上的图形也把观者的注意力引向自己。

部分重叠的姿势创造了一种动感和连接性，与动态一样，作为配饰的手袋也有助于在视觉上将人物统一起来。阴影也将人物联系在一起并创造了景深感。一缕缕飘舞的头发也呼应了作者用Photoshop绘制的背景——沙滩。

按构图中的重要性为人物编号

在构图的视觉"等级次序"中，人物通常各就其位。根据其大小、色彩饱和度、细节、服装夸张效果、配饰和面部表情等一些元素，在构图中占主导地位。

## 构图分析

1.主要人物：前景中裁切并放大的人物将在构图中占主导地位。图案印花、浓重热烈的色彩和夸大的细节也将注意力引向人物，这非常适合于展示时尚耍酷的细节。

2.次要人物：这个人物用作主要人物也不错，因为他面向前方，表现一个自信坚定的站姿。直视观者也显得非常有力量。他身上T恤衫的色彩也引人注目。T恤上要是有个图形会加强其冲击力。

3.虽然这个人物位于空间靠后的位置，以侧面对着观者，看上去没那么显眼，但他占据第三重要的位置，因为他的目光正对着观者。红色条纹也是强有力的图案效果。

4.这个人物的动态非常有力，但是他背向观者。衬衫上的图案的确引人注目。

5.这个人物位于在空间上更加靠后的位置，因此他的重要性最低。用较冷的色调对其进行表现，这也让他在视觉上显得位于空间靠后的位置。

## 形成自己的风格

你可以使用在网上找到的动态或者我们所提供的为组合绘制效果图。当然，在这个过程中，你可以添加自己的想法，形成自己独有的动态风格。无论何时开始努力夯实自己的绘画技巧都不为迟，它在服装业内迟早会派上用场。例如，如果正在开会，老板让你快速勾画某个想法的时候，你会希望自己充满自信，知道自己能够画出相当不错的图稿。将来，也许你会更换工作，能够手绘并为目标公司设计"精彩的"特别组合，这已经帮助你迈出了成功的第一步。

然而，如果此时绘制出色动态于你而言仍是艰难的挑战，那么，我们会鼓励你用我们提供的人物作为姿势的基础。然后你可以根据自己的品味进行修改，让它展现自己的风格。尽管善于手绘一定会带来额外的收入，可毕竟，你的目标是为了当设计师而不是插画师。

一定要花时间处理自己的图稿，直到你自己满意为止。把它们放在身边，几天后再看看自己对其是否依然满意。你会惊奇地发现才过去没多久，你能看到的东西却多了很多。

## 任务清单

回顾本章讲述的内容，确定自己是否已经实现所有的目标。

1.重新温习人体结构。很多时候随着时间的推移，我们会养成坏习惯，经常使用的动态会被弄得扭曲变形或者显得粗制滥造。要花时间去创造新的东西来展现自己经过深思熟虑的观念。如果你的作品只是马马虎虎，那么要想点办法让它令人满意。咨询自己的老师们。毕竟，这是你的作品集，应该让它展示自己最大的努力！

2.说到设计，比例是最重要的东西。要去征求反馈意见来看看别人对你的比例效果印象如何。对于自己作品的缺点，我们的确会视而不见。要试试新的比例来看看所设计的服装看上去的效果是否更佳。从伟大的插画家那里获取灵感，使自己的作品独具风格。

3.有时候，最佳想法就栖身于即兴绘制的小草图里。不可小看快速制作之物的价值，因为它们反而常常能够最为精确地展示自己的看法。不过，要让它们适合你的作品集，你尚须花苦工。

4.情绪是创作成功作品集服装组合的关键。如果作品组合看起来普普通通，无法展示自己对设计的激情，那么对观者而言，它也不过是"打个盹"而已。

5.为灵感缪斯所用的单个头部或者全部的头部可以决定整个组合的成败。所以要花时间把头部处理得恰到好处。如果这样做比较困难，就用一张照片开始工作。可以拷贝照片再进行绘制表现，用多色调分色印，使用Photoshop滤镜等等，这样就能展现你的个人特色。

6.记住：一些最佳动态常常是最为简单的动态。他们无须通过身体语言和表情来表现个性态度。结构线条能让你的人物"真是可靠"，有助于为其穿戴正确的服装。

7.确保服装画中的头像在人物身上看上去非常舒服。"斜颈"的样子不可能招人喜爱。

8.让人物的手和脚、鞋子起作用。它们也是整体风貌的重要方面。如果你不善于绘制手部，可以从这本书上临摹一些。不要总是把手脚藏着掖着。也不要绘制没有特色的鞋子。那会显得非常无趣并缺乏想象力。

9.设计师必须高度重视细节！一定要关注细小的内容。

10.拿构图进行把玩尝试。务必要花时间尝试不同的构图效果。

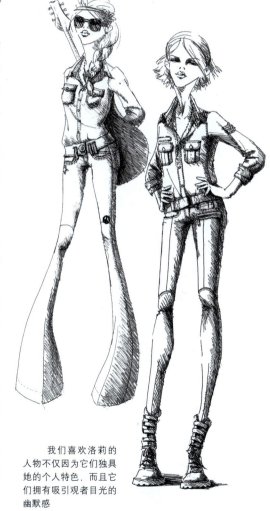

我们喜欢洛莉的人物不仅因为它们独具她的个人特色，而且它们拥有吸引观者目光的幽默感

洛莉·钟

# 第七章
# 效果图表现技法

人靠衣装。对于社会，赤身露体的人只
有很少影响力或者根本毫无影响力可言。

——马克·吐温

现在，你已经规划好了构图并创作了优美的服装人体动态，已经准备就绪，现在可以在人物身上定设计稿并用所选面料对其进行表现了。即使你的技术水平相当之高，这个工作还是有点吓人的，对于首个服装组合来说更是如此。不过，本章介绍的关键步骤有助于减轻这种压力并获得良好效果。我们尽量提供丰富的参考图例，这样你可以准确地表达设计细节，而且涉及的服装类型非常丰富，帮助设计工作的开展。效果图中面料效果的绘制要求你选用正确的材料，如果有不同寻常的色彩难于配搭，此刻可不是节省马克笔的时候。

和平时一样，准备工作也是这个分步骤过程的一个重要方面。直到获得所需效果，一切才算大功告成，所以愿意返工重新起稿与表现是关键。但从另一方面来说，也应避免事事都要求不切实际的完美效果。如果使用Photoshop和Illustrator，作出改动很容易（见第九章）。要记住，规定的最后期限最为重要，可以留待毕业之后进行其他的修改。

## 需牢记的内容

1.可以将各种各样的面料和廓型进行归类，用各种词组进行描述，如有弹性的、带装饰的、挺括的等。当你选择某种面料进行表现时，要考虑诸如"又挺括又轻的"、"有织纹的又厚重的"和"发光而且精致的"等描述性语言。处理服装的时候也同样如此。使用诸如"贴身性感的"或者"宽松随意的"的词语。这些词语能让你不至于偏离主题。

2.考虑何种线条能最佳展现所选特征。精致的面料自然需要更为柔和的线条。

3.即使在绘制服装效果图方面很有经验，使用优秀的参考示例有助于提升你的画面。要花时间为项目绘制合适的样张。而且，观察实际的服装写生也非常有帮助，因此一定要充分利用本书和其他书籍中的示例。

4.学会编辑参考图片中的视觉信息也是关键所在。你没有必要花上几个小时的时间去捕捉所有的细微差别。即使你有很多光源，但是一个就已足矣。要让参考图片适应自己的风格，而不是让自己的风格去适应参考图片。

5.直到对自己的设计初稿十分满意，方可开始效果图表现工作。未得到解决的小问题有时候会造成令人生厌的耽搁，有时候甚至会损失惨重。

6.合理分步骤地进行效果图表现。在最终设计稿定稿之前要多做练习。

7.如果你有点笨手笨脚，绘制时不要用"Prisma"牌铅笔，而应用Verithin铅笔。也可以使用Photoshop把画面处理干净。

8.如果你容易把东西弄得脏兮兮的，工作时在手下面放一张纸巾。

9.要是对作品感觉无聊厌倦，那么作品就有地方不对劲。不论做什么，都应找到兴奋点。这样，你的观众也会感觉一样兴奋。

10.每一种面料都有自身的设计和效果图表现方面的问题。要尝试不同的没那么显而易见的解决方案，这样你的作品就会呈现不同的肌理和风格。不可陷入陋习。

---

### 优秀效果图表现技法十个步骤

1.回顾在人体上绘制服装的基本原则

2.在人体上轻松随意地绘制服装

3.在人体上施加大体的色彩和图案，并检查平衡感

4.对设计初稿进行调整，根据需要添加或者编辑各种元素，如有必要，改变人体动态

5.调整每个款式，对线条、廓型和细节进行修饰

6.将最终定稿扫描进电脑，单独或者作为组合打印出来，准备对其进行表现

7.回顾优秀效果图表现的原则

8.绘制整个服装组合

9.完成与服装成正确比例的平面图

10.把作品张贴起来，与之"相处"几天

---

德赖斯·范·诺顿

## 第一步　回顾在人体上绘制服装的基本原则

虽然很有可能你已经涉足时装领域或者是即将毕业的高年级学生，回顾基本原则有百利而无一害。需要重新制作某个组合来获得下一个好职位的时候，它们也迟早派得上用场。当你经受时间压力的时候，常常很容易把基本元素抛之脑后。所以，让我们来分析一些出色的示例，看看从中能学到些什么。

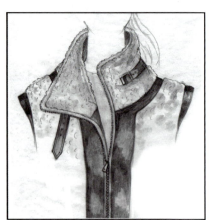

1.

2.

3.

下摆向
下卷起

下摆向
上卷起

原则一：若非绘制身着由斯潘德克斯弹性纤维制成服装的超人，否则不可让服装过于贴身。当然，这一原则并不适用于泳装和运动服。

1.这是一条贴身的针织裙，但有褶痕表现身体及其动作。向后的腿部呈现特定的褶痕。良好的视觉参照非常有助于绘制此类细节。小的褶痕也有助于观者明白，腰带是单独的，贴身随意地系在腰上。

注意：有一个阴影确定胸部截面，但这已经足够了，因为我们不是为电子游戏绘图。

2.这条裙子也紧贴身体，但是她有足够空间轻松迈步行走，肘部的褶痕表明胳膊微妙的弯度。有阴影表现了向前迈动的那条腿。

3.这是法国服装名牌朗万的一件别致的晚礼服，美妙的垂坠感和褶痕令其显得更加优雅。这样的细节突出展现了一般紧身服装无法体现的奢华面料优点。

注意：服装的轮廓充分彰显了人物的身材。

原则二：按你自己的穿着方式绘制服装，并对其进行风格化处理。如果一切过于干净、平整，钮扣全部紧扣，你的设计作品看上去会显得生硬不自然。

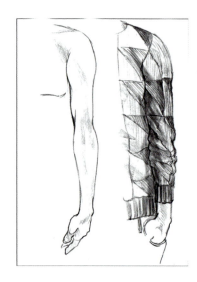

这里领口敞开，带有垂下的带子，看上去更加随意有趣。如果把拉链全部拉上，看上去会非常拘谨不自在。

注意此处敞开的衣领和卷起的袖子。

原则三：要无所畏惧地创作蓬松立体感。很多设计作品缺乏戏剧性效果就是因为绘画方式过于保守。

原则四：不论细节多么微妙，魔力都表现于细节之中。

创造肌理效果

注意诸如钮扣之类的细节
并精确绘制蕾丝花边

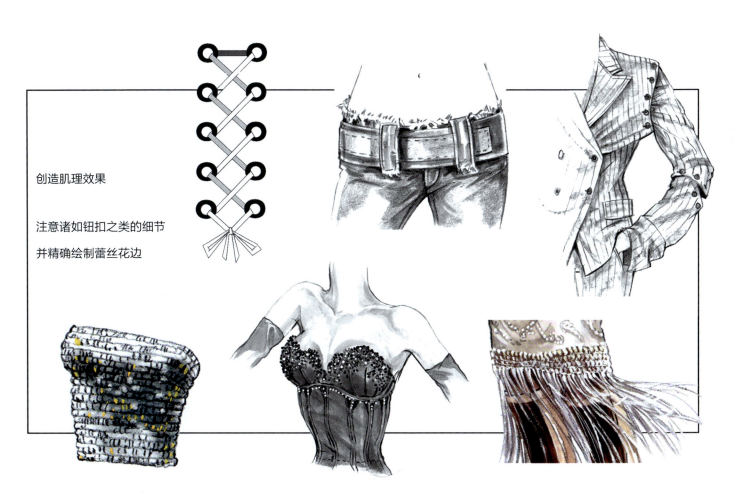

## 第二步 在人体上轻松随意地绘制服装

海德·艾克曼的设计作品

## 第三步 在人体上施加大体的色彩和图案，并检查平衡感

### 需牢记的内容

1.确定没有任何单个人物完全占据主导地位。

2.注意图案如何让你的双眼绕着三个人物移动。不可让所有图案仅仅出现在上装或者下装上。

3.你的人物看上去是否像是一个整体？例如，你是否认为中间的人物与其他两个相比是否体现了过多的运动气质？裙装与内外套装是否不相配搭？

4.配饰的配搭效果是否良好？也许中间人物的鞋子应该更加个性化一些。

5.即便是这样的小型组合，你也需要体现服装的平衡感。这个组合是否适合混搭？

注意：这些人物效果图是在Photoshop中表现完成的。这是进行效果图绘制练习的快速方式。

### 需牢记的内容

1.在人体上使用轮廓线来确保服装围绕着身体。直线会让一切显得平坦无趣。

2.用拷贝纸在人体上绘图。要做好心理准备，需要多次重新绘图方可获得比例正确的人物风貌。

3.确保服装看上去自然随意，并体现自己所希冀的着装风格。

平衡色彩

　　服装组合中的色彩平衡非常重要，因为这让你的设计作品在视觉上引人注目。色彩配置工具的使用有助于展示动感和活力。这个组合结合了暖色和冷色。

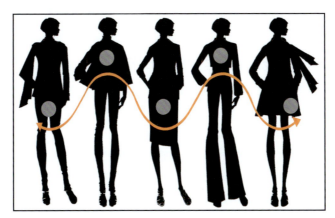

　　这个示例的下装使用同一种色彩，说明了这种色彩配置方法非常呆板，在视觉上毫无趣味性可言。

## 第四步　对设计初稿进行调整，根据需要添加或者编辑各种元素，如有必要，改变人体动态

### 需牢记的内容

1.在开始深入细致地绘制效果图之前，这是进行调整变化的时刻。人们普遍的倾向是逃避变化，并希望一切问题能迎刃而解。不过，当你浪费相当多的时间后却发现不得不从头再来，那时候的感觉只会更加令人沮丧。

2.记住要把作品张贴在墙上，跟它"相处"几小时，当然最好是几天啦。

3.如果添加一件服装，不论是多么简单的服装，你都必须为组合添加一个平面图。

添加服装衣纹

更换鞋子样式

设计改造

## 第五步　调整每个款式，对线条、廓型和细节进行修饰

考虑单独绘制每件服装，这样你可以对其进行扫描。这种手法以后可能会为你节省时间。

### 最终定稿的检查清单

1.钮扣的大小合适，相隔距离均匀。要确保你的服装表现实际的钮扣数量。

2.已经根据需要添加了具体的明缝线。不要等到表现工作结束后才开始计划。

3.已经考虑了口袋的风格并在设计稿和平面图上添加了口袋。大多数高品质的服装都有某种类型的口袋。

4.根据面料的种类，线条质量各不相同。雪纺看上去跟羊毛织品不可能一样，就算是在设计稿中也是如此。

5.所有关键的内外装清楚可见。是否有必要添加一个不穿夹克衫的人物？

对设计稿中的所有元素都感到满意，包括面部、头发和配饰等。

## 第六步　将最终定稿扫描进电脑，单独或者作为组合打印出来，准备对其进行表现

### 需考虑的内容

1.可以在原图上进行绘制，但是如果"搞得乱七八糟"，你就不得不重新起稿，而那会浪费宝贵的时间。所以，高效率的作法是扫描初稿，在Photoshop中进行排列，然后打印一些出来，以防万一。

2.如果有必要，你的绘制工作仍然得用"手工完成"。或者你可以表现单个人物，然后扫描那些人物。该方法让你可以在人物效果图完毕后再进行最终的构图，这会让添加背景、文字等的工作较为简单。

3.如果你处理较大型的组合，可能需要去专业人士那里用大开纸打印，也许学校就有类似设备。

# 第七步 回顾优秀效果图表现的原则

## 通用想法

1.如果你在完成初稿上花了足够的时间，效果图表现工作的进展就会相当快捷顺利。

2.如果你在一个人物上花了太多时间（连续数个小时），很有可能把那个人物画过头了。休息片刻，理理思路。

3.提前进行复杂效果图表现的练习，等进行"实际表现"的时候，你会免去很多挫败灰心的感觉。也要确保色彩效果准确。如果需要特别的工具，务必把它们买到手。

4.有条理地保留自己的工具。在顶着压力工作时，这会为你节省时间，也会省去恼火不安的感觉。

5.如果在一件服装上犯了一个错误，而且你希望仅用手绘表现，不打算使用Photoshop，那么你需要重新绘制，随后用牢固的胶水将那件服装拼贴进去。

## 服装人体头部的表现

1.如果头部的初稿或者表现效果令人不甚满意，美丽的服装也不会分散观者对其的注意力。如果你画不出好看的头部（我们当中有人就是画不好服装人体的头部），那么尝试使用剪影人物或者对某张照片进行改造。这样会非常有用，而且看起来十分时尚。要是拥有同一头部的不同角度视图就更加理想。

2.最后才进行头部的表现并无道理，因为如果你把头部弄得乱七八糟，可能整个工作就得重新来过。我们建议从头部的绘制开始工作。

3.为表现服装人体头部的美丽细节，绘制一个较大的人体头部，然后用Photoshop将其缩小并运用到人物身上。

4.注意化妆方面的变化，特别是T台秀场上的变化。使用当时流行的技巧能让你的人物看上去更加时髦。

5.如果有必要，可以用手持雕刻刀把初稿或者效果图中差强人意的人体头部挖去，然后在页面后边粘贴一个新的头部。

6.头发的色彩可以大胆处理，因为在理发店里就是如此。但是灵感缪斯不能展现过多的色彩而让设计本身相形见绌。要选择与服装相辅相成的色彩。

## 面料、色彩搭配和细节的表现

1.如果表现效果看上去乏味无趣，回顾你的面料。可能需要添加强调性色彩，或者在织纹或图案上需要更多的对比效果。

2.取决于生产方式和所用纤维，所有面料都具有自身特征。拥有所表现面料的一点样品会对你很有帮助，根据小面料样片进行工作的效果更佳。你也可以看看面料的垂坠效果，看看捕获、反射或者吸收光线的效果。

3.记住使用一些词语描述自己的面料，在绘制过程中常常回顾这些词语。如果某种面料非常柔软，表现良好的垂坠效果，可表现效果看上去比较僵硬或者厚重，那么你得停下来重新考虑自己的工作方法。

4.可以将中性马克笔与较亮色的"Prisma"牌铅笔搭配使用，来表现很多微妙的面料色彩。例如，本页人物外套的绘制使用马克笔的暖灰色作为基底，在其上添加了铅笔的色彩。这种马克笔和铅笔综合使用的方法有助于融合多种深浅不同的色彩。

5.使用"Prisma"牌铅笔添加织纹效果非常方便（用笔尖的侧面即可），如若表现粗花呢的厚重肌理效果，使用水粉和钢笔。

6.注意外套上柔滑发光的皮革，它将色彩融合在一起。白色水粉添加了皮革的光泽效果。

7.若要表现极为明亮浓烈的色彩，可能需要与该色彩十分接近的特定马克笔。过多色彩的层叠效果不一定好，最后还可能显得混乱不清。

8.不要用灰色为活泼明亮的色彩添加阴影，使用同样色彩的深色即可。也可以使用"Prisma"牌铅笔来调和色彩。

9.在效果图作品上添加我们称之为古色的色彩作为最终润饰能为其增姿添色。这指的是较暖的中性色，如青铜色、赤土色、棕褐色等。

10. 我们表现微妙细节时最钟爱的工具是用来添加高光效果（使用#00 画笔）的白色水粉或者防渗漏白色，以及用来添加诸如钮扣和拉链之类的微小细节的黑色极细笔。要是重要细节尚未得到清楚展现，万万不可自我感觉良好。

1　　2　　3

带灰色阴影的白色上衣

因为我希望米黄色的上衣保持中性的色调，所以我选择使用灰色阴影而不是较深的米黄色。赤土色"Prisma"牌铅笔添加了一些暖色效果，有助于冷色和暖色的协调融合。

## 分步骤基本表现技法

基本表现技法通常遵循同样的三个或者四个步骤。

1.为服装施加基本色。基本色通常是你不完全闭合双语观看面料时所见的色彩。因为已经有了一些阴影，马克笔是半透明的，我们可以看出下方的阴影。

2.第二个步骤通常是处理阴影的色调。也有一些艺术家先处理阴影，这样做也可以。因为光线来自右边，所以上衣左边约1/3的位置附有阴影。右边还有袖子的投影。

3.阴影表现完毕，对效果感到满意后，第三步为润饰工作。对设计稿进行润饰来强调设计细节或者添加织纹、仿旧效果、高光效果等等。白色水粉能增强金属扣和搭扣的效果，而"Prisma"牌铅笔适合添加一些织纹效果和对比效果。

注意：左边的示例展示了底色在photoshop中处理后带有色彩重叠效果和图案重叠效果的样貌。在图像下拉菜单"调整"下能找到这两个工具。在设计稿上添加重叠效果后，可以调整其透明度来有效展示设计细节。

用马克笔添加阴影　　　图案重叠效果

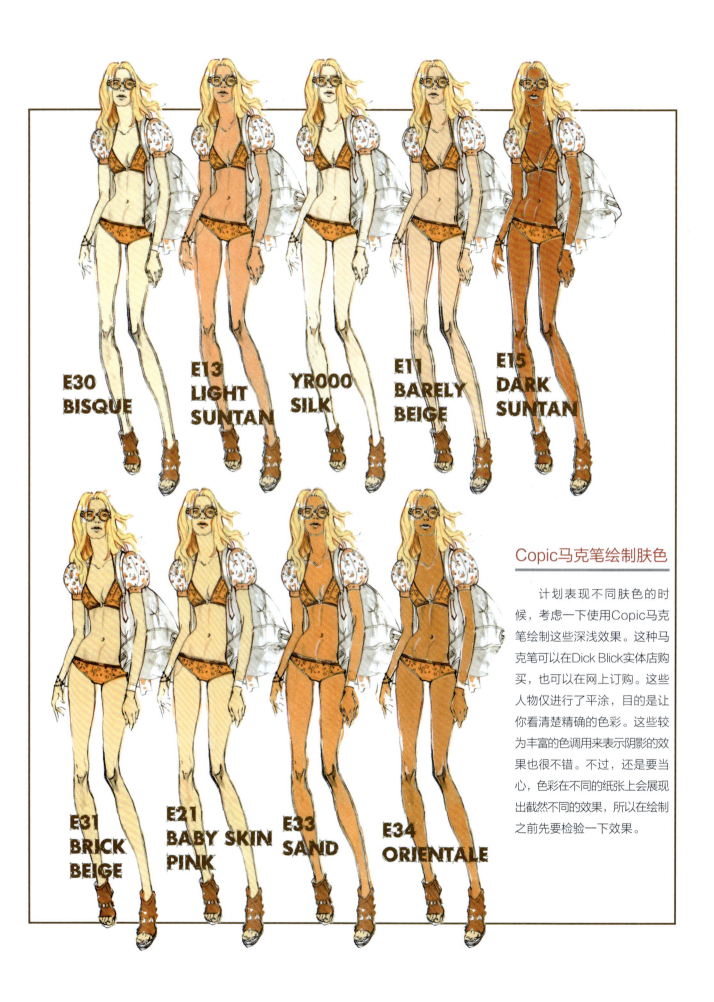

**E30 BISQUE**

**E13 LIGHT SUNTAN**

**YR000 SILK**

**E11 BARELY BEIGE**

**E15 DARK SUNTAN**

**E31 BRICK BEIGE**

**E21 BABY SKIN PINK**

**E33 SAND**

**E34 ORIENTALE**

### Copic马克笔绘制肤色

计划表现不同肤色的时候，考虑一下使用Copic马克笔绘制这些深浅效果。这种马克笔可以在Dick Blick实体店购买，也可以在网上订购。这些人物仅进行了平涂，目的是让你看清楚精确的色彩。这些较为丰富的色调用来表示阴影的效果也很不错。不过，还是要当心，色彩在不同的纸张上会展现出截然不同的效果，所以在绘制之前先要检验一下效果。

## 表现皮肤色调

1.需井然有序。

2.了解光源方向。

3.以施加底色开始工作。

4.选择和谐的色阶（或者为了表现非常微妙的对比效果使用同样的色阶）并在人物大约1/3的区域添加柔和的阴影效果。

5.使用颜色较深的和谐色阶（或者融合"Prisma"牌铅笔色阶），在选定区域添加颜色最深的阴影效果。

6.在皮肤色调和轮廓线条之间留下些许亮光，至少在某些区域留下亮光。这让你的线条本身凸显出来。

7.应大胆选择皮肤色调。使用同一色调意味着缺乏想象力或全球视野。在这些页面上你应该已经看到了多种多样的选择。

8.如果组合呈暖色调，不要使用冷色调表示肤色，反之亦然。

9.表现透明度的最佳方式是让皮肤色调从下面透出来。

10.不可过度表现皮肤色调，否则会弄得浑浊像皮革一样。可以使用棉花棒快速施加肤色调。无论如何，要购买经常使用色彩的替换装，这样做对你有好处。

原则：将服装及风格处理成你想象的穿着效果。

敞开领口，卷起袖子，内外搭配穿着，添加时髦的配饰并创造休闲随意的姿势。你不会希望自己的设计看上去拘谨不自然或者紧张不安。

注意，此处印花和格纹的绘制非常放松随意，这样，人物看上去就不会显得拘谨不自然。

表现图案印花或者格子的时候，先画上阴影。如有必要，在绘制完毕后还可以增强阴影的效果。

宽纹灯芯绒

面料材质

1.绗缝缎子
2.猴子毛
3.毛圈花呢
4.仿鹿皮
5.仿貂皮和鳄鱼皮
6.梅尔顿羊毛
7.手套皮
8.人字纹羊毛

全棉牛仔布和蕾丝

面料表现
经过处理的棉布
衬衫棉布
手工编织的毛衣
仿旧处理的牛仔布

为每个人物尝试不
同的色彩故事，看看哪
种效果最佳。这样做很
有好处。

仿皮
尼龙绗缝
棉质凸条纹
皮革

## 需牢记的内容

1.每种面料都是一个独立的问题，但每个问题都有多种
不同的解决方案。

2.总是事先做个表现测试，甚至应该尝试多种不同的方
法做测试。你的初次尝试可能效果不错，但是第三次尝试的
效果可能更加妙不可言。

3.一定要注意如何缩小印花或者图案来适应自己的设
计。服装上有多少重复单元，比例必须合理。

4.要注意面料是否光亮，或者是否无光泽。不可在无光
泽的面料上添加高光效果。

5.面料需极为精确。它们就是你的主角，而你必须清楚
自己在做什么。

凸花纹织物或者
家纺面料
印花线衫
牛仔布

## 晚礼服的表现

1.与处理其他种类的服装一样，一定要花时间确定设计初稿。不要用抽象概念表达任何细节内容。要了解垂坠效果的来源，以及所选面料悬垂的样貌。理想的情况是买上半码左右的面料并亲自瞧瞧其垂坠效果。

2.强烈的光亮和暗色的使用创造立体感。了解光线的来源（取决于稳定的光源）以及阴影位置有助于制作逼真的垂坠效果和褶痕效果。

3.三件有金属感的裙装（例1）由普通马克笔绘制而成。金属色马克笔仅适用于表现小细节。

4.注意发光的区域紧随公主线。我在一边使用了主要的光源，而在另一边使用的是次要的更为含蓄的光泽。

## 回顾优秀效果图表现的原则

查看已经绘制好的人物，并分析表现效果出色或者不甚满意的原因，这样做大有裨益。

要善于观察，如果喜欢什么东西，要去弄明白喜欢它的原因。

羽毛可以呈不同的方向，还有可能交叉

花呢的肌理丰富，可以略微夸张，吸引观者的注意

皮草是一种毛发，呈同一个方向

注意袜子上的阴影如何塑造了服装的立体感

休闲的鞋子和彩色袜裤打破了服装的严肃感，显得更加年轻

夸张有趣的细节，如珠子，使其不被忽视

裙子上的蕾丝图案绘制随意，但是花型确精确地位于在斜线上

留出高光，将鞋底鞋面区别开来

统一整个作品的色彩，注意服装的色彩如何反映在头发上

注意暖色和冷色的平衡以及肌理与平面色调的对比

如果你设计的是非常精致成熟的服装，使用中性色调而不是过于艳丽的皮肤色调。

裤子的面料是轻型羊毛织物，因为面料比较平坦，仅有细微的拉毛，因此光线和阴影不是很强。运用"Prisma"牌铅笔在一边添加柔和的肌理效果

运用阴影塑造裤子里面腿部的转折

## 创造立体感

从这些示例中可以看出，用白色"Prisma"牌铅笔和水粉颜料添加亮光区，用马克笔和铅笔表现阴影的作法能够创造非常逼真的立体感。在绘制秋装较为厚重的面料和织物时，这个尤为重要。

## 第八步 绘制整个服装组合

如前所述，这个步骤为你提供了多种选择。

1.劳动密集型工作：可以将所有人物拷贝到一张纸上进行绘制。如果你非常有自信，这是很不错的处理方式，而且你将完全使用手绘的方式完成整个组合。

2.保留底稿：可以将已完成的构图扫描进Photoshop并用大尺寸打印机在所选纸张上打印出几张。这让你可以进行绘制练习，因为知道如果有必要从头来过，你至少还有底稿，这样会感觉更有信心。如果愿意的话，你也可以在Photoshop里排列人物。

3.保留底稿2：可以将人物一一打印出来并进行绘制。直到对其效果感觉满意后再复印，这样会比较方便。然后扫描人物，在Photoshop里进行排列，然后再打印出来。随后还可以进行手工润饰。

4.完全使用Photoshop：有些人的Photoshop技术非常好，仅用电脑就足以进行最终的润饰。打印设计组合之后，可以对其进行手工完善，这可以增强立体感并有助于突出不太明显的细节内容。

海德·艾克曼2011秋装的设计作品

这套服装根据海德·艾克曼2011秋装具有启发性的设计作品绘制而成。

1.**描述性词语**：戏剧性的、成熟的、令人感伤的、庄重的、前卫的。

2.**灵感缪斯**：现代服装。灵感缪斯不可过于女性化或者太年少。

3.**姿势**：服装十分复杂，因而动态需较为简单。行走动态通常可以陪衬较为戏剧性的情绪。

4.竖起领子增添戏剧性。

5.这个组合突出表现微妙的肌理对比效果。每一层服装都有自己的特色。

6.袖子的皮革闪闪发光，因为亮色和深色的对比较为强烈。

7.服装上身为哑光。首先用"Prisma"牌铅笔添加白色，然后添加少许白色水粉。

8.裤子使用平纹丝绒，因此表现了肌理效果和光泽。在马克笔的印迹上方使用"Prisma"牌铅笔的侧边添加柔和的肌理效果。注意，使用多种微妙但协调的色彩能为效果图添加斑斓效果。

9.小心使用浓烈的色彩。许多成熟稳重的服装都呈现浓灰色底色。

步骤一：
回顾优秀服装设计初稿的绘制原则

步骤二：
在所选的人物上大体绘制服装

步骤三：
轻松随意地表现服装，显示色彩、肌理和图案

步骤四：
分析服装组合在色彩、构图方面的平衡感

步骤五：
对任何需要的地方进行修正，完善服装效果图

步骤六：
扫描设计稿，打印出来再绘制

步骤七：
回顾优秀服装效果图的绘制原则

步骤八：
绘制整套服装，确保细节不会被遗漏

高级定制: 海德·艾克曼

## 需牢记的内容

1.仔细核对平面图和人物的比例来确保其一致性。雇主们会注意你是否关注精准细节。

2.同样重要的是你的平面图相互之间保持比例一致。

3.你的平面图与效果图一样需要真实表现服装，甚至更应如此。如果它们无法表现组合的情绪，必须重新考虑自己的处理方式。

4.如果你的组合非常绿色环保或经过仿旧处理，那么手工处理的风格比较适合。从另一方面来说，如果组合更加时髦或者高科技，使用Illustrator制作平面图可能是更佳选择。

5.记住，按此处所示排列你的平面图，从上装到下装或者裤子。

6.如果服装有内置褶皱或者褶痕（如此图中的袖子），那么在平面图中应将其表现出来。

7.记住平面图中外轮廓的线条要比内部轮廓线条更有力。

8.通常来说，平面图的大小不可大于人物上的服装。这条规则的例外情况是女用内衣或者泳装、婴幼儿服装和儿童服装。

设计师：

海德·艾克曼

第十步  把作品张贴起来，与之"相处"几天

## 章节小结

如果你一丝不苟地按照本章的各个步骤来做，此刻，因为已经细致而精确地绘制，你的设计作品应该已是美丽动人、熠熠生辉了。每个组合给人的第一印象应该清楚明白、易于理解，并与所有辅助材料出色配搭。在完工后，把作品张贴几天后，给自己这个批评家一个机会去发现其中的不足之处或者令人困惑的元素。但是修改工作不应过度，如果以后有时间，依然可以进行重新绘制，但如果可能，要等到最后，以免打乱自己的时间安排。

### 效果图的绘制总结

1.在起稿阶段予以明确并解决所有问题，而不是等到效果图表现阶段。

2.拥有稳定光源。

3. 如果绘制出现问题，有些可以用Photoshop解决，或者用切割刀切下不合适的元素后再重新绘制，并将新的服装拼贴上去。也可以在作品的后面附上一张干净的纸，切除不合适的元素时这张纸就会露出来，你可以接着在干净的纸张上进行绘制。

4.绘制更为复杂的运动服装时，尝试较为随意地表现其中的一些，而非常精准地表现另一些。如果这种比例失衡，服装看上去都会显得拘谨僵硬或者杂乱无章。

5.用水粉或者签字笔为钮扣、领口边缘、针脚细节、皮带扣、褶痕、法式线缝、口袋顶端等添加高光效果。这也适用于闪闪发光的服装。也可以使用白色"Prisma"牌铅笔表现更加微妙的高光效果。

## 任务清单

1.回顾绘制服装的基本原则。不可允许自己继续保持过去养成的坏习惯。以全新的视角重新开始。

2.以服装的随意速写开始，这样可以快速完工并转入效果图表现练习。如果比较自然随意地开始工作，可能会获得更佳的风貌。

3.按自己的意愿自然随意地绘制服装。这样处理整个组合是上策，否则，深入绘制后却发现不得不从头再来。要确定在色彩、面料使用、细节、配饰等方面获得的平衡感。

4.对面料的定位感到满意后，回过头来检查细节内容，确定个人的想法与面料的选择达成了一致。

5.对底稿进行完善，直到完全满意于风貌、线条质量、合体性和比例的效果。这个阶段要求你展示真正的耐心来尽善尽美地表现所有一切。如果此时未能达到这样的效果，随后可能会花费更多的宝贵时间。

6.此刻，我们建议你扫描底稿。即使你希望以纯手绘完成某个组合，还是应当把底稿扫描后打印出来进行绘制练习。这样做会为你节省很多时间。更好的作法是，将人物也扫描出来，在Photoshop里在人物身上放置服装。你还可以在服装上添加细小的印花、复杂的格子等内容。

7.回顾效果图表现原则。开工之前，在YouTube上观看一些（凯斯琳·哈根或者其他人的）效果图表现视频。有那么多的资源能赋予你灵感并为你提供教益！要特别注意皮肤色调的选择。不可使用同样色调表示一切。

8.现在开始表现吧!慢慢来，但是切记凡事不可过度。

9.完成并改善平面图。记住，关于平面图和服装人体我们有整个章节（见第八章）可以参考。

10.我们希望你现在已经养成了一个习惯，会把作品张贴起来并允许自己看上几天。当你们之间拥有"距离"的时候，你会惊奇地发现自己的作品看起来如此不同。

# 第八章

# 服装平面图与工艺图

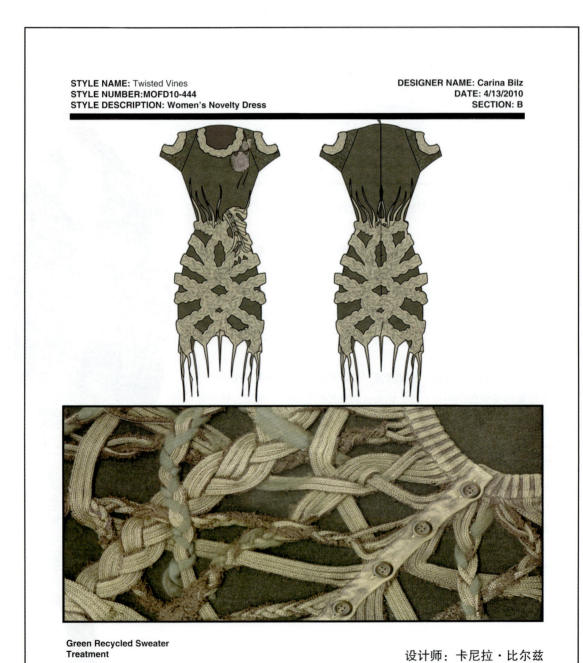

STYLE NAME: Twisted Vines
STYLE NUMBER:MOFD10-444
STYLE DESCRIPTION: Women's Novelty Dress

DESIGNER NAME: Carina Bilz
DATE: 4/13/2010
SECTION: B

Green Recycled Sweater
Treatment

设计师：卡尼拉·比尔兹

# 简介

　　我们已经讨论了对于设计师以及其所服务的公司而言平面图的重要性。本章有助于你了解创作平面图的多种方法以及理解平面图在服装业内的多种用途。通过平面图描述自己设计作品的内容（以及其他设计师的想法）也许是你将学习的第二个最重要的技术（第一个最重要的是良好的设计过程）。作为入门级的设计师，几乎可以肯定的是，你将要使用Illustrator绘制平面图，而且在有必要的时候你也需要手绘。因此，如果你对自己绘制的平面图尚显信心不足的话，此刻就是你解决这一问题的大好时机。

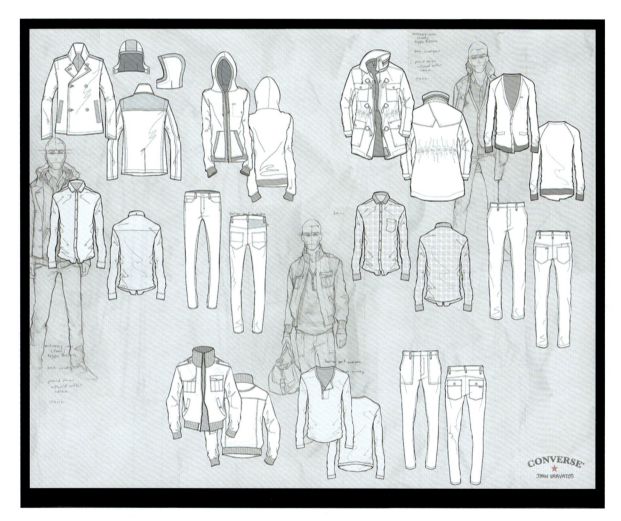

## 绘制出色的服装平面图和工艺图的十个步骤

1.收集与服装组合成比例的人体模板

2.收集服装组合廓型的模板

3.练习手绘平面图

4.为手绘的平面图添加立体效果

5.练习用Illustrator绘制基本平面图的方法

6.用Illustrator绘制的平面图创作一个服装组合

7.比较人物和平面图的比例

8.考虑平面图的不同布局安排

9.为作品集绘制工艺图

10.查看专业人士的产品结构计划表和画册

　　设计师努力特·叶舒伦手绘了这些漂亮的平面图，当时她在纽约担任约翰·瓦维托斯品牌（John Varvatos）的男装设计师。注意这些平面图在工艺上的精准性以及其所表现的艺术性。注意努力特如何使用漂亮的人物来提高展示效果的。可以看出，她深谙如何充分利用自己作为出色的艺术家和能干的设计师的才华。

# 第一步 收集与服装组合成比例的人体模板

下面，我们提供了一套出色的基础平面图比例模板。当然，"良好的比例效果"因人而异，不同的学生、设计师和公司对此的看法各不相同。如果你需要不同的比例效果，可以在Photoshop中拉长或者缩短这些基本平面图模板。尽管我们认为在实际的服装模板上直接绘图能够节省时间并提供更大的精准度，有的人仅仅使用这些人物图就可以绘制出色的平面图。此处图解展示的可能是对这些人物的最佳利用方式：将完成的平面图放在人物上来查看它们在一起的比例效果是否得当。

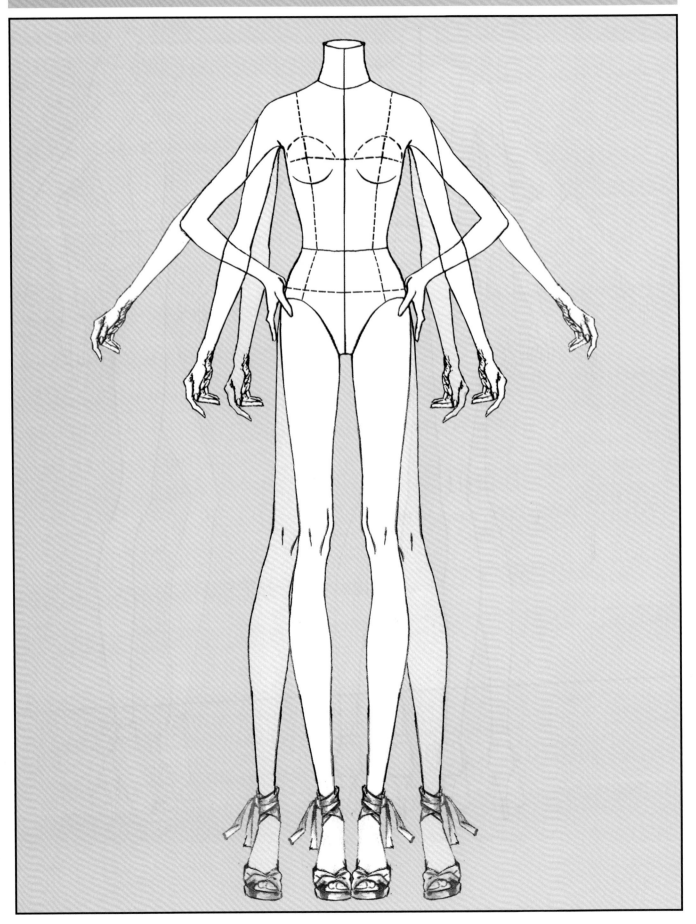

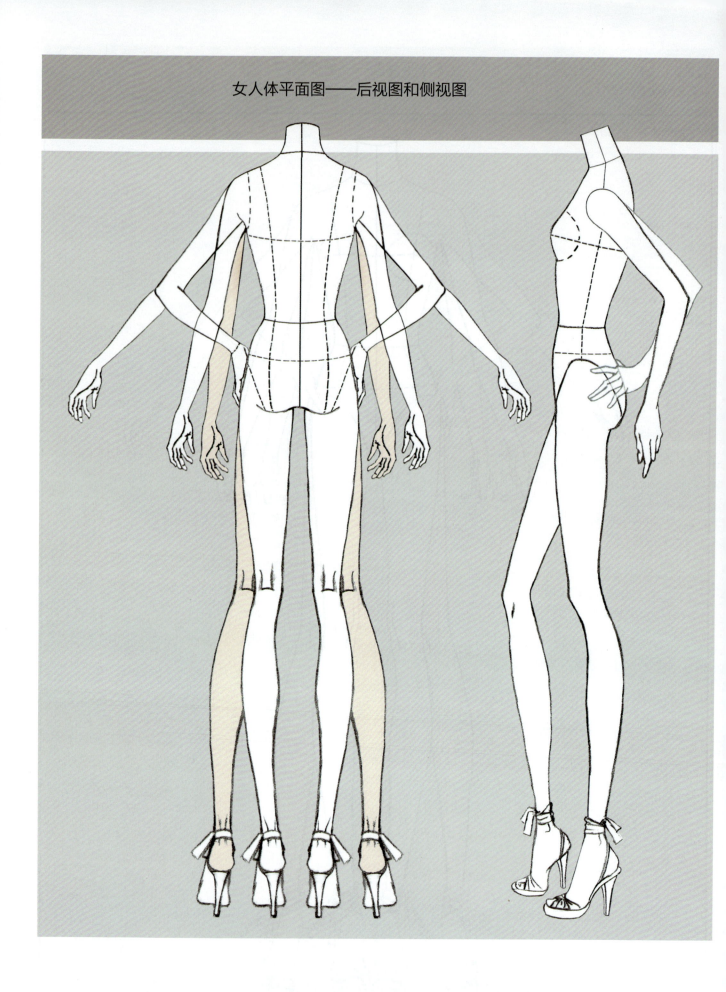

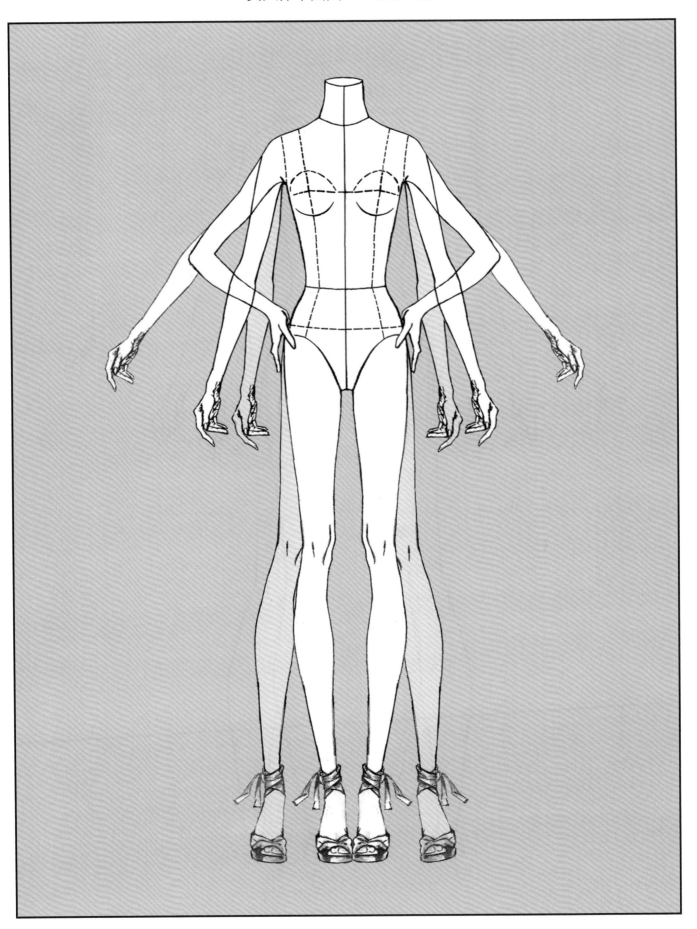

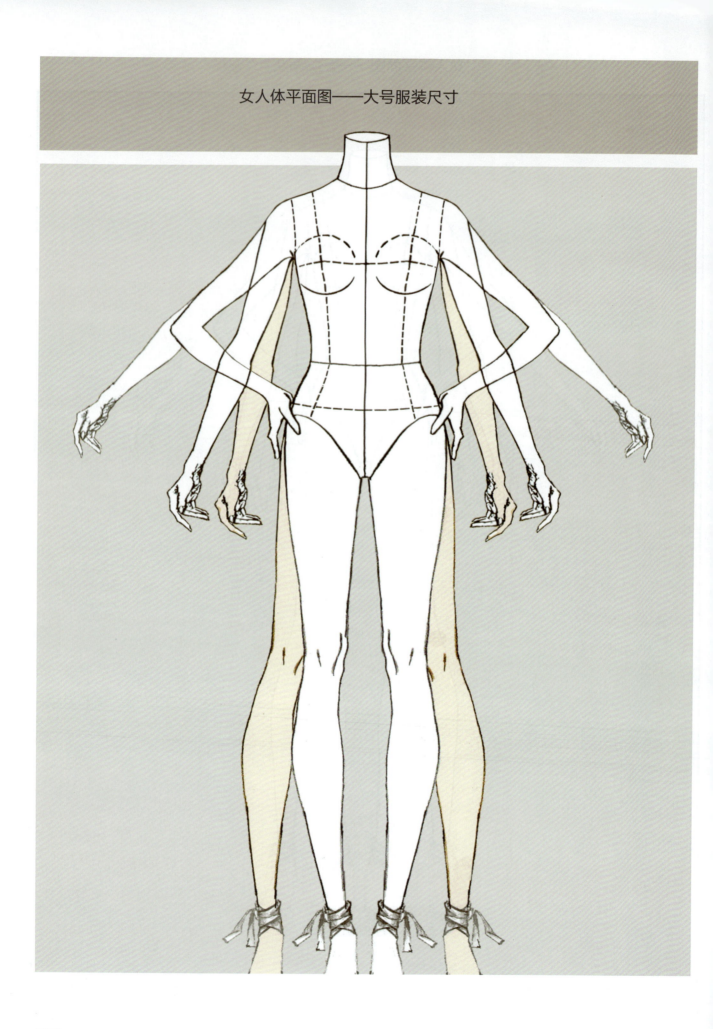

晚装模板

## 女式泳装平面图模板

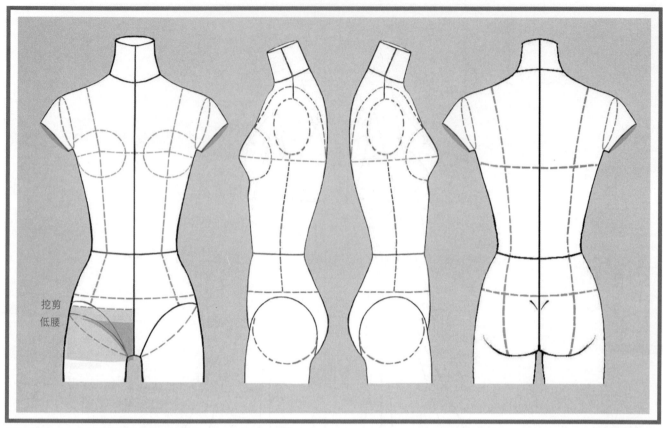

挖剪
低腰

设计泳装时，应绘制大量裤脚口的细节，包括低腰、系带、男孩短装、挖剪短裤等。

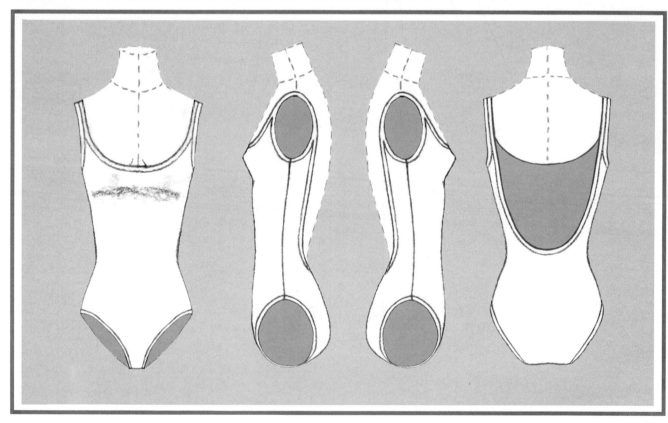

设计泳装时，这些模板帮助你"围绕着身体"进行思考。

# 女式内衣平面图模板

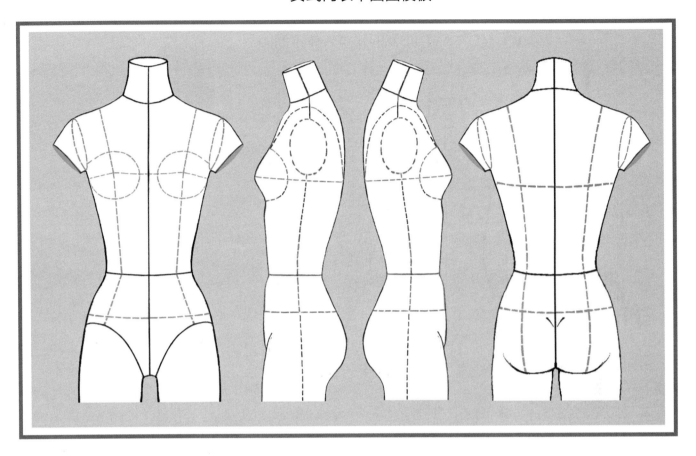

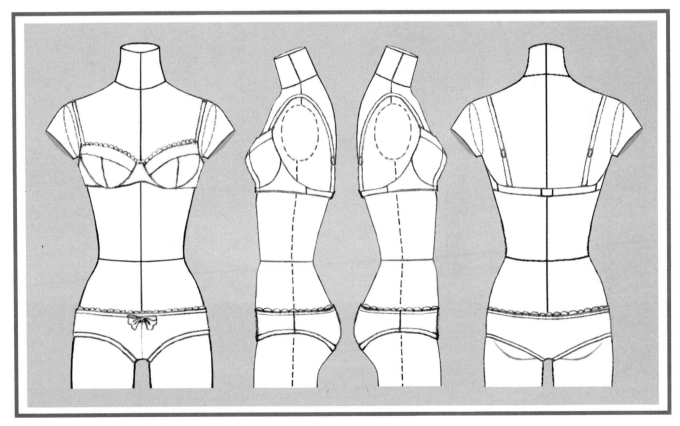

设计女式贴身内衣时，这些模板帮助你"围绕着身体"进行思考。

## 童装人体平面图

### 4~6岁的儿童人体平面图

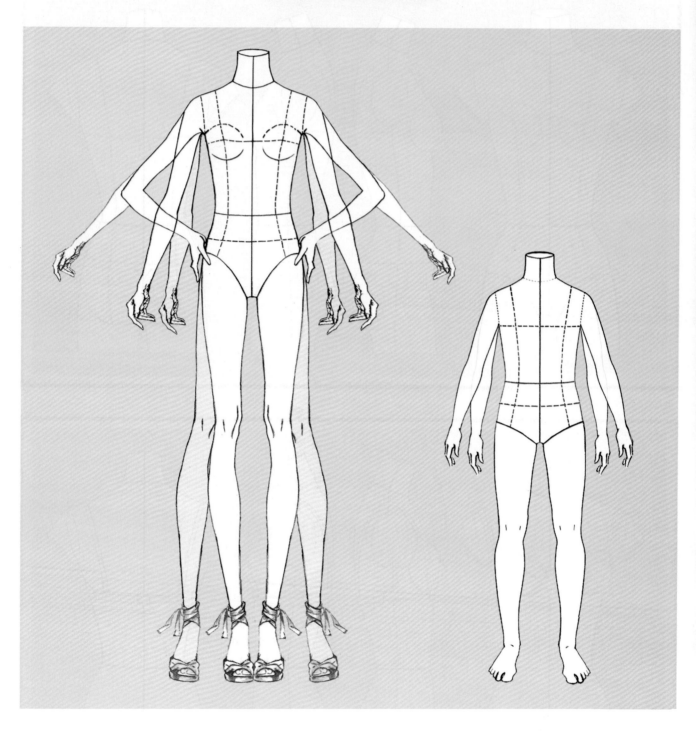

正面

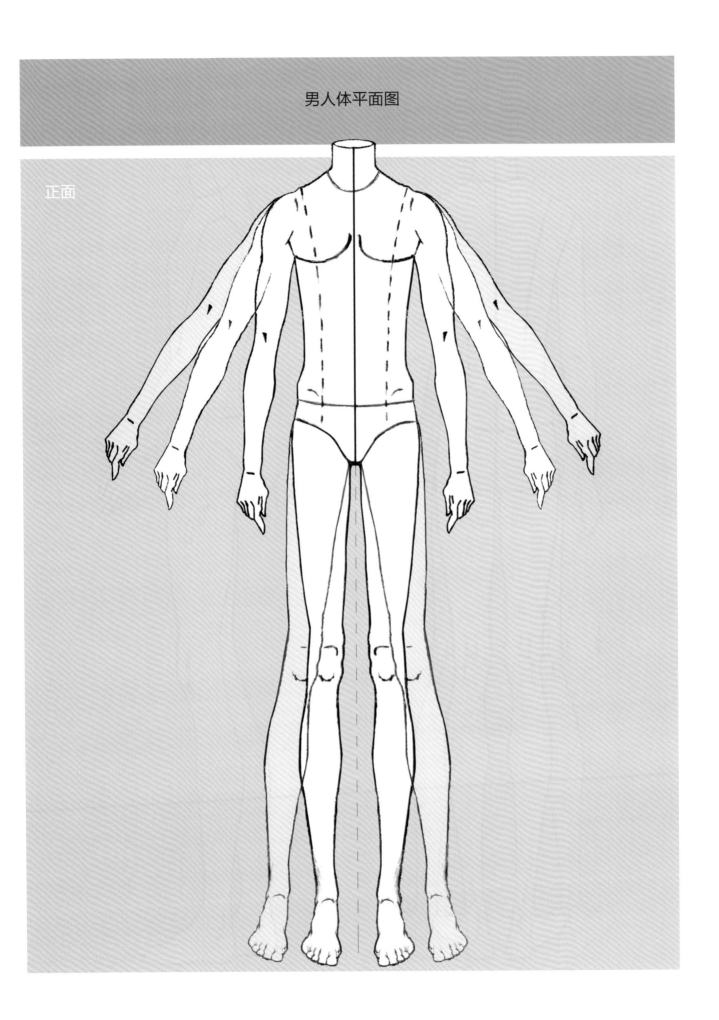

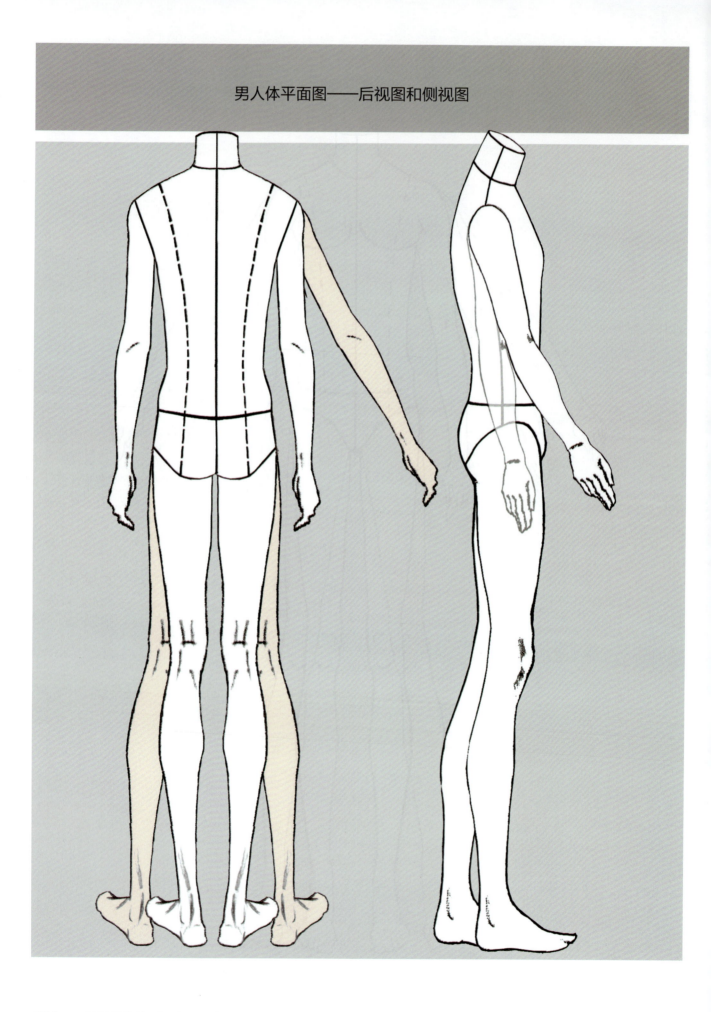

## 写实男人体平面图模板

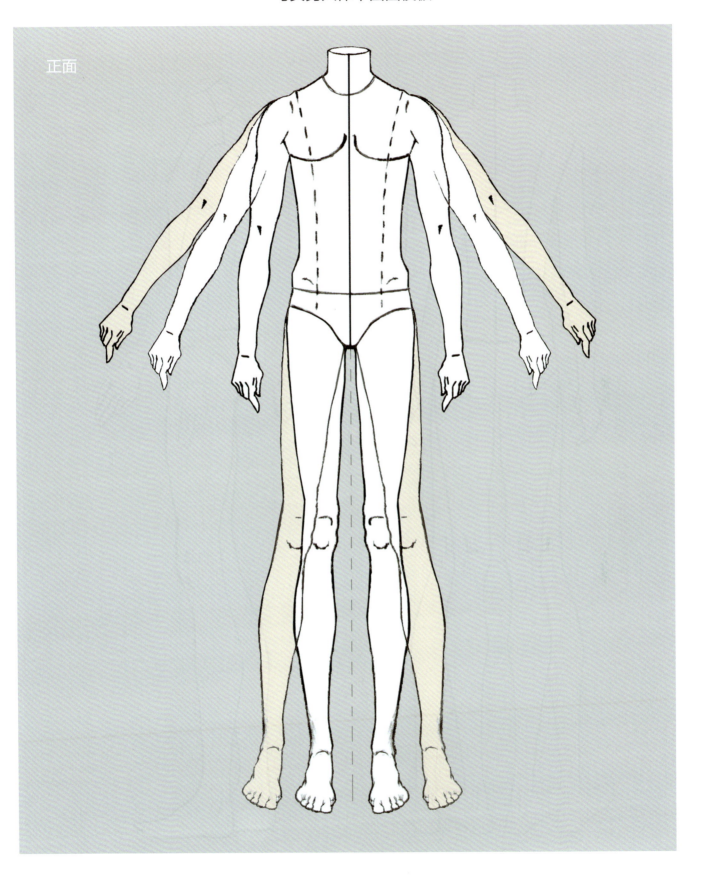

# 写实男人体平面图模板——后视图和侧视图

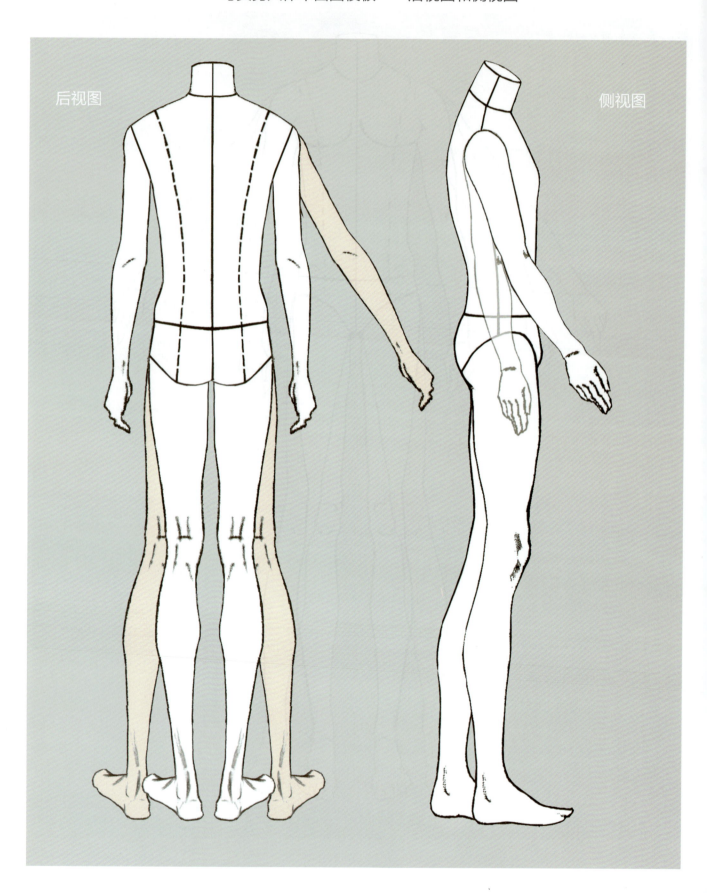

后视图

侧视图

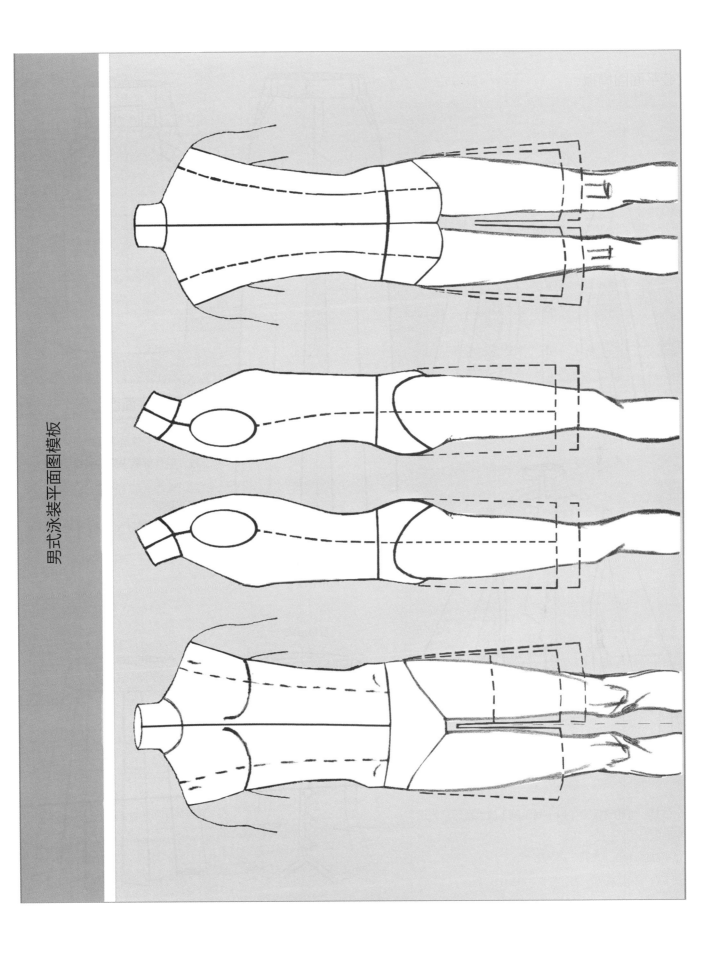

## 女装平面图模板

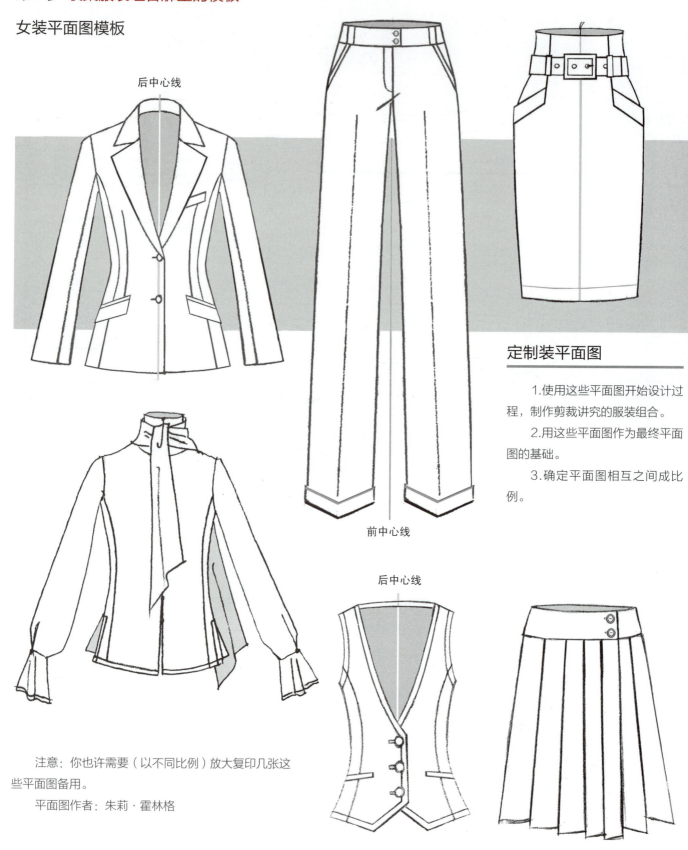

后中心线

前中心线

后中心线

### 定制装平面图

1.使用这些平面图开始设计过程，制作剪裁讲究的服装组合。

2.用这些平面图作为最终平面图的基础。

3.确定平面图相互之间成比例。

注意：你也许需要（以不同比例）放大复印几张这些平面图备用。

平面图作者：朱莉·霍林格

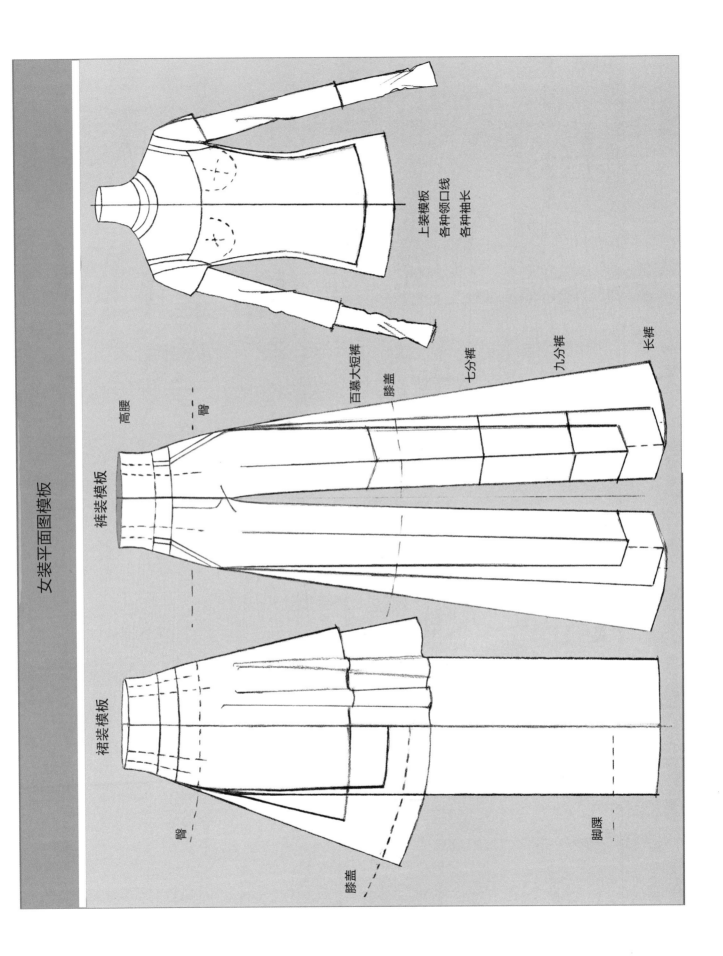

女装平面图模板

上装模板
各种领口线
各种袖长

裤装模板

高腰

臀

百慕大短裤
膝盖
七分裤
九分裤
长裤

裙装模板

臀

膝盖

脚踝

# 女夹克平面图模板

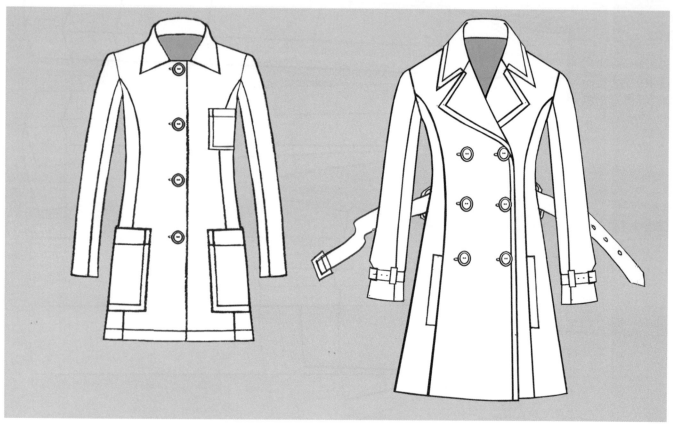

# 男装平面图模板

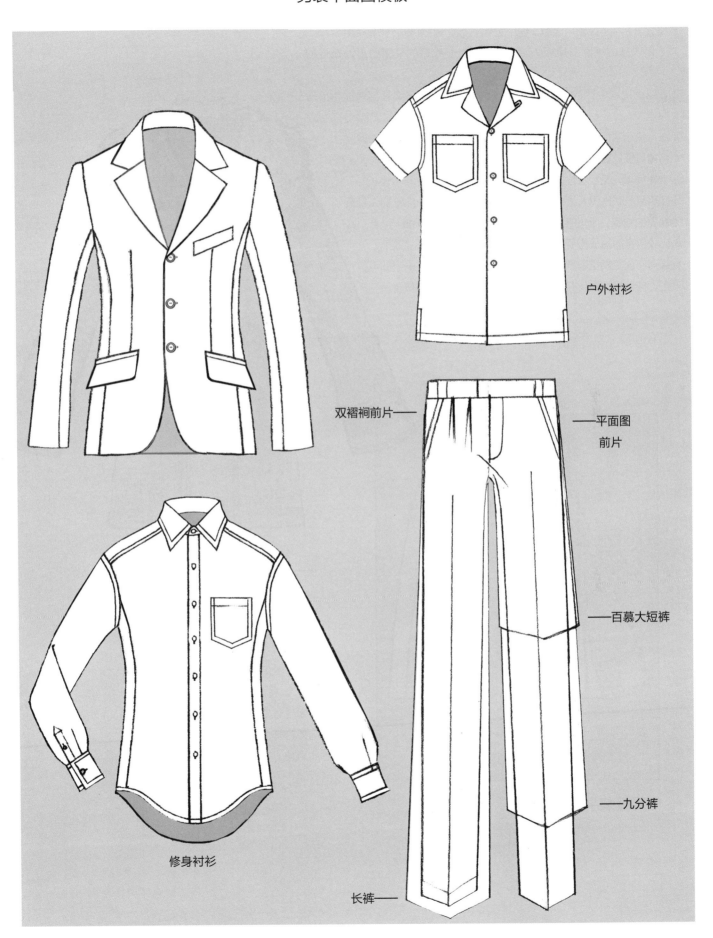

户外衬衫

双褶裥前片——

——平面图
前片

——百慕大短裤

——九分裤

修身衬衫

长裤——

## 第三步 练习手绘平面图

要是你习惯徒手绘制平面图，使用服装平面图模板会既方便又实用。

1.从所收集的平面图模板中选择与自己计划绘制的平面图最为接近的模板。

2.在绘图过程中尽量"放平"服装。确保摆放方式不会让服装显得扭曲失真。

3.进行快速的视觉分析，了解模板与所绘服装的平面图有何差异。

4.将拷贝纸放在模板上，然后大致绘制服装款型的半个部分。如果服装非常简单，又或者你的经验非常丰富，可以略过这一步骤。

5.使用另一张拷贝纸绘制较为精确的平面图，确保外部轮廓线是最为有力的线条。所有的内部线条必须颜色更淡、更纤细。

6.比较所有的袖子与下摆以及袖口与下摆等内容的尺寸效果。

如果对平面图感觉满意的话，将拷贝纸对折，描画另一半即可。然后，完善平面图，并添加肌理或者色彩来获取所需效果。

平面图完稿

使用服装平面图模板

注意上衣的所有钮扣恰好位于前中心线上。重叠的部分延伸到另一边。也要注意袖子可以比平面图模板更加向外打开。这是因为该上衣表现的是插肩袖，它给予胳膊更大的活动范围。

## 水洗服装平面图

　　学习创作看上去像经过水洗或者仿旧处理的服装平面图，这是个很实用的技巧，可以让作品集更有个性，并让它看上去更加时尚。要学习这种技巧，最佳的练习就是根据拥有这种特色的服装绘制平面图。这样，你可以清楚地看到实现这种效果的所有细微之处。如果打算制作一个只有平面图的服装组合，精心绘制的平面图效果会特别好。这让平面图本身就成了小型艺术品，而且使用马克笔、"Prisma"牌铅笔和白色水粉也会十分便捷。

米歇尔·卢卡斯绘制
的原创风衣平面图

**细致表现的平面图**

## 第四步　为手绘的平面图添加立体效果

　　可以用多种不同方式为平面图添加立体效果。在第一个例子中，为了表现诸如绗缝这样的细节，立体效果对于了解服装的风貌而言至关重要。当然，并非所有平面图都必须进行如此表现处理，但是在适合自己的服装组合时，有能力添加这样的修饰处理是必要的。如下所示的男士运动装立体平面图，实际上满足了两种功能，既是平面图又能展示服装穿在人身上的外观效果。可以为所有组合创作这样的模板，用这种"三维"模式展示所有服装。

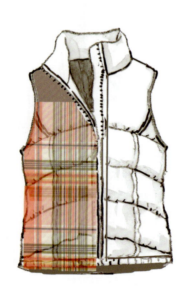

### 用Photoshop添加图案效果

　　在绗缝的背心上添加格纹并降低透明度，让下方的设计稿显露出来。马克笔也可以达到同样的效果，因为它们也是半透明的。

　　分区域添加格纹图案，并使用"编辑/调整"下拉菜单下的"变形工具"，可以让格纹图案与绗缝的形状表现相似的弧度。而使用"编辑"下拉菜单下的"复制与粘贴工具"复制格子图案区域易如反掌。当然，如果擅长绘制格纹图案，也可以用手绘创造同样的效果。

## 第五步 练习用Illustrator绘制基本平面图的方法

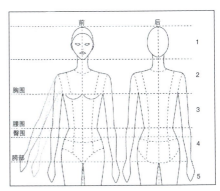

在Illustrator里完成平面图后，可以把它保留在电脑桌面上，接着在Photoshop里打开这个文件。然后在"编辑"菜单下的"填色"选择"自定义"选项。可以使用程序自带的图案库，也可以添加自己扫描进来的图案。

以类似这件T恤一样的极简练习开始工作。电脑辅助设计的最佳特色之一就是让我们能够在平面图上精准添加如图所示的几行明线。人物模板取自桑德拉·伯克（Sandra Burke）的*Fashion Computering*一书。

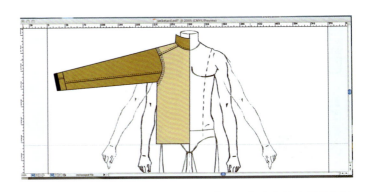

我们扫描了自己的男人体平面图模板用作这个外衣平面图的基础。

如果以前未使用Illustrator制作过平面图，那么为了助你起步，应该去上上相关的课，或者至少要阅读与这个主题相关的一本好书。桑德拉·伯克著的*Fashion Computering*（由伯克出版社出版）一书，我们认为非常有用，它提供了很多项目的分步骤练习方法，循序渐进，由简入难，让你在这个学习过程中得以提高自己的技巧。本书也包含了人物模板，可以扫描下来，在进行设计工作的时候用作比例上的指导。还有名为*Adobe Illustrator for the Fashion Industry*的一本电子书，价格合理，可以自行下载阅读。

也可至http://www.designersnexus.com/free-fashion-flats/flat-fashion-sketch免费下载Illustrator平面图。可以用这些平面图建立自己的模板集，不过这件夹克衫的廓型看上去有点儿奇怪。它们还提供很多有益的细节。www.youtube.com/watch?v=hcVJ5ylipYs和FashionHustler.com提供了创作Illustrator平面图的多种教程。你也可以在我们的网站www.pearsoned.com/hagen上找到相关教程。在网络上只须点击一下鼠标就能找到许许多多的资源。一定要去看看。学习使用Illustrator之后，你将获得无穷乐趣，而最后的结果是真正增强个人作品集的效果，而且让你看上去具有专业人士的风范。

## 第六步 用Illustrator绘制的平面图创作一个服装组合

设计师琳恩·权为我们展示了如何创作一个用Illustrator绘制的平面图组成的迷人男装系列，这个系列凸显了她的设计与技术技巧。如图所示，她将自己的图案扫描进电脑，然后以正确比例将它们放在服装上。所有服装的比例一致。用一些中性色表现色彩的平衡感，使服装符合市场需求。

**设计师：琳恩·权**

琳恩的才华和技术知识为她获得了俄勒冈州波特兰市耐克公司的一个好职位。

## 第七步 比较人物和平面图的比例

很多学生都擅于表现平面图相互之间的比例，但是把平面图放在效果图人物旁边时，比例搭配的问题就显露出来了。要记住，作品集中的平面图不必是"工艺图"；这些完全写实的平面图放在经过夸张处理的人物旁边看上去会比较怪异。要尝试创作对于人物来说在视觉上具有可信度的比例，不过也要更加接近事实。当然，为公司工作时，它们的标准可能会非常不同，所以要保持灵活性。

正确

错误

虽然这些平面图看上去彼此之间比例一致，但是上衣过短，与人物所穿上衣的比例不配。

## 第八步 考虑平面图的不同布局安排

如果正在绘制设计师考特妮·蒋一样的裙装组合，你的工作会相当简单。多数观者都能在视觉上轻松地将平面图和人物联系起来。但是，如果在创作设计师勒娜特·马珊德一样的复杂单件组合（如下图），你就必须极为小心谨慎地安排平面图以表现最大的清晰度。如前所述，要按照服装穿着时从上到下的顺序排列平面图，这一点至关重要。但在带有图案的背景下，强有力的图形展示在视觉上依然非常引人注目，同时增加了趣味性。

设计师：考特妮·蒋

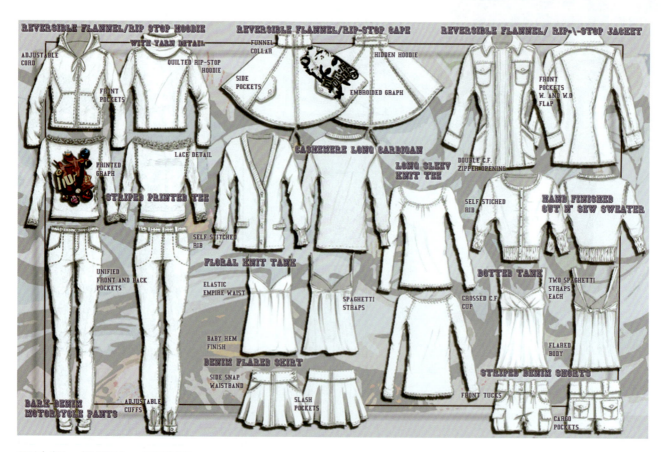

设计师：勒娜特·马珊德

设计师塞莉娜·尤金妮亚创作了这个迷人的孕妇装组合，这个组合也很"节省时间"，因为她仅展示了一个人物和一个经过效果处理的平面图组合。她的平面图清楚、整洁，观者很容易想象它们穿在身上的效果。

设计师：塞莉娜·尤金妮亚

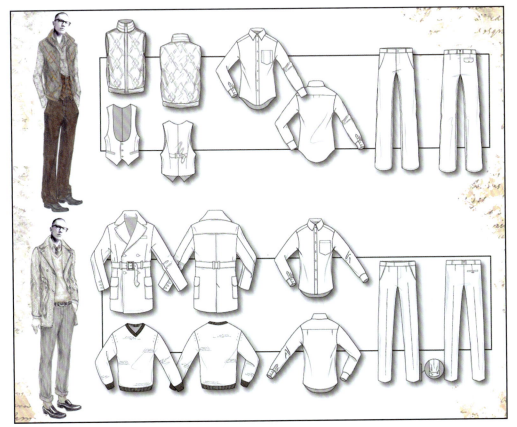

设计师：萨默·史宾顿

设计师萨默·史宾顿充分利用了英俊潇洒的人物来提醒观者平面图属于哪套服装。她没有采用垂直摆放平面图的方法，而是按照水平方式摆放平面图。这样做的效果依然不错，因为整个组合非常清楚明白。

# 第九步 为作品集绘制工艺图

　　了解如何制作出色的工艺图是获得从业机会的良好开端。设计师萨默·史宾顿展示了她作为工艺助理设计师的技巧。同样，登录YouTube上的网址http://www.youtube.com/watch?v=JJCXsOYWAvl，去了解有关工艺图的详细教程。

**GRAPHIC PLACEMENT**

DISCHARGE FOLLOWED BY WHITE WATER-BASED S.P.

***SEE "BORN COUNTRY" ARTWORK FILE FOR ACTUAL SIZE ART***

萨默·史宾顿创作的工艺设计图

# 男士衬衫设计师

模特身着成品的照片可以放进画册，或者放在公司网站上进行销售推广。

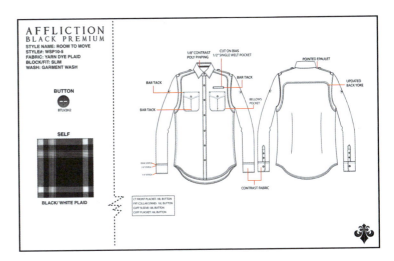

## 工艺图

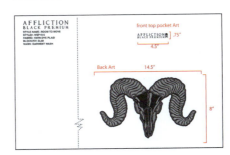

此处展示了设计师达恩·特兰时尚男式衬衫的完整工艺图，包括线条平面图、带有面料的平面图、钮扣的风格、裁剪的细节（包含有非常细致的附加说明）、图案的工艺布局图和一张展示模特身着完成样品的照片（照片上模特卷起了长袖）。

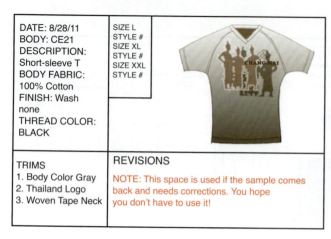

| DATE: 8/28/11<br>BODY: CE21<br>DESCRIPTION:<br>Short-sleeve T<br>BODY FABRIC:<br>100% Cotton<br>FINISH: Wash<br>none<br>THREAD COLOR:<br>BLACK | SIZE L<br>STYLE #<br>SIZE XL<br>STYLE #<br>SIZE XXL<br>STYLE # |
| TRIMS<br>1. Body Color Gray<br>2. Thailand Logo<br>3. Woven Tape Neck | REVISIONS<br>NOTE: This space is used if the sample comes back and needs corrections. You hope you don't have to use it! |

### 1.首次配色

| DATE: 8/28/11<br>BODY: CE21<br>DESCRIPTION:<br>Short-sleeve T<br>BODY FABRIC:<br>100% Cotton<br>FINISH: Wash<br>none<br>THREAD COLOR:<br>BLACK | SIZE L<br>STYLE #<br>SIZE XL<br>STYLE #<br>SIZE XXL<br>STYLE # |
| TRIMS<br>1. Body Color Turq<br>2. Thailand Logo<br>3. Woven Tape Neck | REVISIONS |

### 2.二次配色

### 3.图形的大小

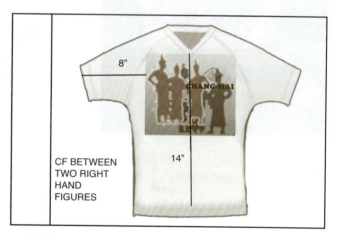

### 4.图案的测量位置

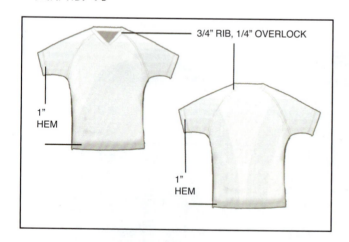

### 5.所有辅料和针脚的细节内容，正面和反面

　　如果你把信息发至国外，让人从零开始制作样品，比起去买一件基本款衬衫并对其进行丝网印刷，你的工艺图必须非常细致。必须清清楚楚地说明一切并提供准确的测量数据。因为收到了样品，却发现有地方做得不对，此时会浪费大量时间和金钱。你所供职的公司可能拥有可用于所有服装的具体模板，但是为自己的作品集创作工艺图时，可以在网上寻找模板来表现自己的个性。你只须向未来的雇主传达这样的信息，即你充分了解工艺图制作过程中所包含的理念和信息。

　　注意：如果你有多种色彩设计方案，每一种色彩都必须单独归档。

|  | S | M | L | XL | XXL | XXXL |
|---|---|---|---|---|---|---|
| 领口 | 8 1/2 | 8 3/4 | 8/58 | 8 7/8 | 9 1/4 | 9/5/8 |
| 袖子 | 7 1/4 | 7 5/8 | 7 7/8 | 8 1/4 | 8 3/8 | 8 3/4 |
| 下摆 | 1/1/4 | 1 2/3 | 1 7/8 | 2 1/4 | 2 1/2 | 2 3/4 |
| 肩部 | 5 1/2 | 5 2/3 | 5 7/8 | 6 1/2 | 6 3/4 | 7 1/4 |
|  |  |  |  |  |  |  |

6. 规格表：所有型号服装的确切测量数据

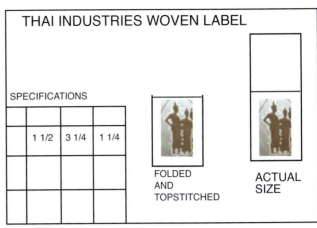

THAI INDUSTRIES WOVEN LABEL

SPECIFICATIONS

| | | |
|---|---|---|
| 1 1/2 | 3 1/4 | 1 1/4 |

FOLDED AND TOPSTITCHED

ACTUAL SIZE

7. 标签信息

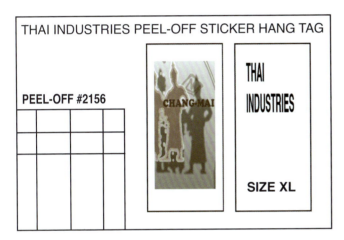

THAI INDUSTRIES PEEL-OFF STICKER HANG TAG

PEEL-OFF #2156

CHANG-MAI

THAI INDUSTRIES

SIZE XL

8. 吊牌规格

为面辅料样品
保留的空白页

9. 面料样片

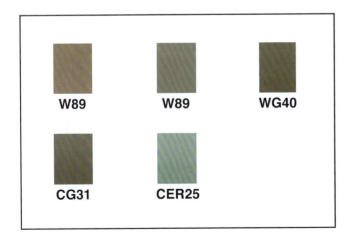

W89    W89    WG40

CG31    CER25

10. 潘通色卡

可能需要备注的其他信息（每个信息应该另起一段）：
1. 如果你的服装需要装袋运输，应备注折叠方法；
2. 护理标签；
3. 实际的护理指南；
4. 吊牌位置。

感谢FashionHustler.com提供此信息说明。

很多生产企业包括建筑业都使用规格表一词。正如需要精确的测量数据来建造房屋一样，中国或者印度的工厂需要你提供测量数据和细节要求来制作服装样品，以满足设计师的要求和期望。

首次开发某个样品时，通常都需要使用规格表。新设计作品的平面图绘制完毕后，你就可以从相似的服装获得测量数据，并根据二者的差异进行调整。这些测量数据记录在规格表里，用来制作样品，然后生成纸样，最后用于生产，因此内容的精准性尤为关键。

## 需牢记的内容

1.服装的所有独特细节都必须在规格表上进行详细说明。

2.可以按照"半边"（从服装的一边到另一边）、"整体"（正面和背面的测量数据放在一起）或者"正面和背面"（分别提供正反面的测量数据）的方式提供测量数据。

3.规格表也包括季节、设计师、系列、生产序号、型号、面料内容和辅料的信息。

4.符合公认准则的规格表确保服装的合体性。

## 关键的测量点

1.HPS（肩高点）：HPS是一个关键参考点，测量肩缝或者自然褶痕与领口之间的距离。诸如口袋和育克之间的距离常常与此关键点相比对。

2.HPB/Top Bra："文胸最高点（Highest Point of Bra）"常用于针织背心或者紧身上衣之类没有肩高点的服装。

3.CF（前中心线）：前中心线总是位于服装的正中心，因此不要受到双排扣服装开口的迷惑。正常的钮扣位置（与不对称风格相对立）和拉链通常都位于前中心线。

4.CB（后中心线）：这条线可能是一个线缝，也可能不是线缝，它总是从服装后部中心线垂直而下。

红线表示规格表中必须测量的关键点

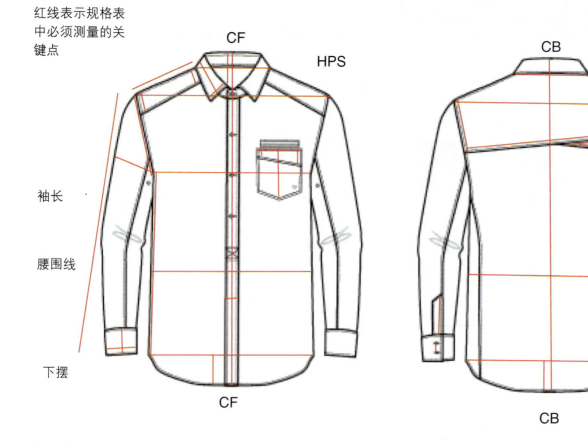

琳恩·权的衬衫平面图

我们的示例展示了梭织上衣必须提供的一些测量点。其他的测量点还包括SS（侧缝）、身长、肩宽、肩斜、前背宽、后背宽、胸宽、腰围、下摆、衬衣后摆、袖长、臂围、袖口、袖窿（弧形或者直线型）、领口、前领深、后领深、领高、领座宽、领角、领长、对位点、后中心线上领高、翻折高度、袋盖长度和宽度、带子的长度和宽度、口袋的长度、衬里长度等等。需要精确表示的内容必须进行精确测量。这听起来涉及大量数字，可是很有可能从事初级职位的人需要制作这样的规格表，所以对于这样的测量工作，你很快就会轻车熟路。

## 补充注意事项

1.规格表中未包含的事项必须进行书面说明或者用平面图进行图解说明。可能需要准备复杂细节的放大图片。使用文字、箭头或者任何需要的东西来传达信息。

2.测量时，要将服装平放在在平整的表面上（不要用衣架或者人体模型）。要确保最小量的扭曲变形。

3.测量钮扣的距离应从钮扣的中心到另一个钮扣的中心。

4.被松紧带或者衣褶压缩的区域，要提供原始的测量数据以及"压缩后"的测量数据。

5.要确定所有的数字或者笔记清楚易读。可以在附加平面图上注明具体的元素。

6.每件服装都应有一个本子记录规格说明或者详细记录所有测量数据的具体模板。

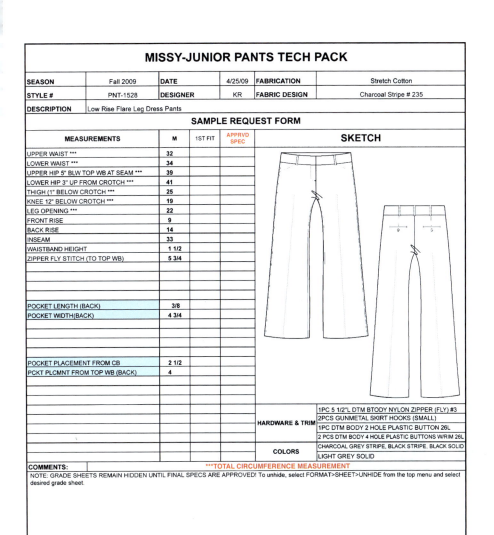

### 规格表样张

这是产业化规格表的一个实例，来自电子书《如何制作服装规格表》（*How to Spec a Garment for the Fashion Industry*），可在www.designersnexus.com下载。

| Sales Rep Name | Phone: | 212-888-5555 ext 222 | Delivery: | | **COMPANY NAME** |
|---|---|---|---|---|---|
| Company Name | Fax: | 212-444-5555 | Order By: | | |
| Address 1 | Email: | salesrep@company.com | Minimum: | | |
| Address 2 | Website: | www.collectionname.com | Sizes: | | |

**COLLECTION NAME**  **SEASON: SPRING 2010**

| Sty: | Price: | Sty: | Price: | Sty: | Price: | Sty: | Price: | Sty: | Price: |
|---|---|---|---|---|---|---|---|---|---|
| Description: | | Description: | | Description: | | Description: | | Description: | |
| v | | | | | | | | | |
| Fabric: | | Fabric: | | Fabric: | | Fabric: | | Fabric: | |
| Colors: | | Colors: | | Colors: | | Colors: | | Colors: | |

| Sty: | Price: | Sty: | Price: | Sty: | Price: | Sty: | Price: | Sty: | Price: |
|---|---|---|---|---|---|---|---|---|---|
| Description: | | Description: | | Description: | | Description: | | Description: | |
| Fabric: | | Fabric: | | Fabric: | | Fabric: | | Fabric: | |
| Colors: | | Colors: | | Colors: | | Colors: | | Colors: | |

## 产品计划表模板

这个产品计划表模板选自电子书《如何制作服装规格表》。该书提供了大量信息和插图。可以支付合理费用从 www.designersnexus.com 直接下载本书。

| Sales Rep Name | Phone: | 212-888-5555 ext 222 | Delivery: | | **KUAI SWIMWEAR** |
|---|---|---|---|---|---|
| KUAI SWIMWEAR | Fax: | 212-444-5555 | Order By: | 6/22/12 | |
| 782 Los Angeles, LA, CA | Email: | salesrep@company.com | Minimum: | 60 pieces | |
| Address 2 | Website: | www.collectionname.com | Sizes: | 2-12 | |

**SURF CITY**  **SEASON.: HOLIDAY, 2012**

| Sty: B112 | Price: 32.50 | Sty: B113 | Price: 35.50 | Sty: B114 | Price: 38.50 | Sty: B115 | Price: 26.50 | Sty: B116 | Price: 25.50 |
|---|---|---|---|---|---|---|---|---|---|
| Description: triangle top | | Description: | | Description: | | Description: | | Description: | |
| v | | | | | | | | | |
| Fabric: lycra | | Fabric: | | Fabric: | | Fabric: | | Fabric: | |
| Colors: turq, cherry, lime | | Colors: | | Colors: | | Colors: | | Colors: | |

| Sty: B117 | Price: 32.50 | Sty: B118 | Price: 27.50 | Sty: B119 | Price: 24.50 | Sty: B121 | Price: 36.50 | Sty: B122 | Price: 25.00 |
|---|---|---|---|---|---|---|---|---|---|
| Description: | | Description: | | Description: | | Description: | | Description: | |
| Fabric: | | Fabric: | | Fabric: | | Fabric: | | Fabric: | |
| Colors: | | Colors: | | Colors: | | Colors: | | Colors: | |

## 章节小结

　　起初，很多学生反对绘制平面图，因为他们只想从事自认为更有创意而且没多少技术性的练习。但事实是服装必须穿在人的身上，而且服装业纷繁复杂（特别是在当今全球化的大背景之下），这个事实意味着我们的"蓝图"对服装产业而言跟建筑师的蓝图一样重要。而且，不善于平面图和工艺图之类工作的设计师会很难找到工作，而那些擅长这些任务的人会成为工艺设计师，享受稳定工作和丰厚薪水。最重要的问题是我们无法逃避平面图，除了接受它们并掌握其绘制技巧，我们别无选择！

　　好消息是平面图也可以画得漂漂亮亮，因而平面图的绘制也是件开心的事情，而且能用人物图无法与之相比的方式清楚地表达设计师的想法。如果你还是对画平面图缺乏信心，我们希望在见识这么多绘制平面图的不同风格和方法之后，你已经激起了画好它们的决心。如果你还是觉得困难重重，那么应该去学习额外的课程或者在网上购买一本对此有帮助的书。认真学习我们提供的工艺图演示，并考虑投资购买一些模板，这样你可以用行业内的方法去练习此方面的技术。

## 任务清单

　　1.复印可以用于作品集中的人物模板。考虑制作一些较大或者较小的复印件，这样在创作组合的时候可供选择的余地更大。

　　2.此刻，你应当拥有一个装满服装模板的文件夹。如果没有的话，要开始物色模板了。你可不会希望因为缺少有用的模板而耽搁了工作进程。

　　3.评估手绘的平面图。如果非常薄弱，去咨询一位老师，了解一下该如何对它们进行改善。

　　4.打印一些出色的平面图并练习用不同工具对其进行绘制表现。要是能有一些真正的服装来练习面料的画法，那样也非常有好处。

　　5.评估使用Illustrator绘制的平面图。你必须对此很擅长，要不然你在业内只能驻足不前了。如果你尚未达到较高水准，去咨询一位老师或者寻求网上资源的帮助。

　　6.确定在作品集中至少包括一套使用Illustrator绘制的出色平面图。在Illustrator中扫描面料并用Photoshop工具进行表现，这样综合使用技术也是明智的作法。

　　7.学生所犯的最大错误是未充分注意从平面图到人物的比例，而只是绘制大体的平面图。这样的错误可能会让你丢掉工作，因此要确定自己对此领域的精确性有非常现实的认识，而且会采取实际行动去改正不足和缺陷。

　　8.要确定自己作品集中的所有平面图的布局并未遵循同样的方案。如果并未计划使用多种方法的话，此刻必须重新考虑自己的平面图。

## 补充练习

　　1.如需提高技能，先尝试用手绘以及Illustrator绘制自己衣橱里的几件服装的平面图。将两种方法绘制的平面图进行比较来看看所绘平面图的比例以及技术是否相当。也可以利用同样的服装来练习制作工艺图。

　　2.在网上研究平面图、规格表和工艺图。网上有丰富的资源，内容上佳而且价格不贵甚至完全免费，但它们的确能提供信息，并为你的关键文件增色。

　　3.使用一些不同的工具练习手绘平面图，包括Verithin铅笔，micropen钢笔和3号、5号自动铅笔。有时候，一种不同的方法或者媒介能赋予我们的作品以活力或者清晰度。

　　4.了解一下图形设计软件CorelDraw和Freehand。它们是你希望供职的公司可能会使用的软件，如果你了解Illustrator，也会比较容易适应这些软件的应用。

　　5.下载免费网络文件同步工具Dropbox或者类似共享软件并练习与朋友共享文件。这也是进入服装业的重要技巧。

# 第九章

# 电子作品集

设计师：塞莉娜·尤金妮亚

如何使用数字工具创作出色的网上作品集以及其他的材料来助你谋得一份好职位呢？

设计师塞莉娜·尤金妮亚创作的这个美妙组合"新时代黑手党"，展示了她的出色设计才华、出色的效果图表现技术以及对复杂数字技术的掌握。

## 电子作品集简介

因为作品集是进行自我推销的关键工具，所以必须考虑作品集的各种不同形式，令其打动不同的观者，并让潜在的雇主直观地看到你的学习成果。特别是当你的竞争对手无疑也会充分利用所有工具的时候，你更应彻底完全地利用你为创作出色组合和美妙平面图所投入的艰苦工作。为了不被落下，你要确定自己充分理解了自己走在最前沿的多种选择。本章旨在帮助你探索这些工具，以及利用这些工具帮助你推广自己作为设计师身份的多种不同方法。

这是什么意思呢？想象一下，去参加一个面试时，你的手中拿着出色的作品集和其他的材料，诸如能够展示你独特个人风格的优美简历和商务名片。DVD的封面上用Powerpoint演示你的作品，这上面也有你的个人标签和网上作品集的链接。这样一致性的、有条理的展示方法向你的雇主表明你深深理解业内的行业惯例，而且你能够大胆自信地推销个人能力。这对设计师来说是一个不可多得的品质。它表明你对自己的信心，以及为实现自己的目标而投入时间和努力的意愿。

### 计算机辅助设计

计算机为服装业的设计过程提供了形形色色的工具。各种计算机应用程序包括计算机制图、页面设计、网上演示，还有令人兴奋的情绪图像，不胜枚举。我们相信，在此教育阶段，你们已经熟悉计算机的使用，并对关键的软件如Photoshop和Illustrator有所了解。你可能会在PC机和苹果机之间选其一。二者各有所长，各有所短，关键在于个人喜好以及经济实力。总体而言，PC机要比苹果电脑更加经济实惠。无论青睐哪一种，你都有可能花上很多时间坐在电脑前绘制平面图和工艺图、设计处理和图形修饰等工作。大多数制造商跟海外工厂合作，它们通过数字的方式传输关键信息，因此设计师成为这些信息传播的渠道。也有些公司是例外情况，但是这种公司已经越来越罕见了。

我们和前面一样将本章节划分成十个简单步骤，你可以按顺序逐个进行，或视自己的时间而定，挑选跟自己相关的步骤来练习使用这些新潮的专业工具。

---

### 电子作品集制作的十个简单步骤

1.探索制作电子作品集的优点

2.学习设计师的电子作品集示例

3.了解个人网站的创建

4.探索为电子作品集制作精美情绪板的技巧

5.研究Photoshop策略、滤镜技巧以及改善效果图的特殊技巧

6.研究在Photoshop中增强面料板效果的技巧

7.研究制作随赠数字CD或者DVD及其他辅助材料的技巧

8.考虑为自己的时尚活动制作精美请柬和通告的方法

9.探索创作个人标签及个人品牌元素的不同想法

10.用手工和计算机工具制作完整的设计展板

---

## 第一步 探索制作电子作品集的优点

### 需考虑的内容

1.电子作品集能应付不同的场合。如果你的工作很有条理，总能相当惊人的在短时间内轻松地改制出不同的作品演示。这样，与那些工作效率没那么高又不那么精通计算机应用的人相比，你拥有了极大优势。

2.电子作品集的版式无所谓对与错。只要作品能引人注目，又易于阅读和理解，并足以真正地表现个人风格进行。但是必须了解自己的目标人士是谁，作品集应该为他们量身定做。

3.可以用比网站高得多的分辨率来制作CD和DVD，这样细节清晰可辨。你的确需要一台计算机或者DVD播放器来播放CD和DVD。不过你完全可以不用依靠网络。而且CD和DVD易于携带和储存，这样在有职位空缺之前，雇主可将CD归档。

4.笔记本电脑是传输文件的便捷方式，它也让你可以进行较为复杂的Powerpoint或者其他类似模式的展示。然而，笔记本电脑并非通用的面试工具。

5.网上作品集非常方便，因为雇主可以在空闲的时候在自己的电脑上进行查看。如果喜欢你的作品，他们会邀请你参加面试。如果不喜欢你的作品，也不会浪费彼此的时间。

6.你也可以用电子邮件的附件发送电子作品的小型样本。这是向个别的潜在雇主发送作品样本的低科技含量的方式。但如果未随样本发送自己的自荐信，它可能会被视为垃圾邮件。

7.到目前为止，网站是最受欢迎的电子作品集媒介。随时可用的个人网站为创意表达提供了一条途径。而且通过链接，个人网站能吸引通常难于接触到的潜在客户或者雇主的注意。

8.网站的不利之处在于你无法像面对面交流时一样调整自己的语气、强调内容和节奏。

9.虽然应用程序对用户来说非常方便，但是所使用的特定软件都有其特定技巧。了解技术上的"规则"对你很有帮助。在开始工作之前，仔细阅读操作指南。

10.你应养成将手工作品扫描进电脑并将所有内容井井有条地进行归档的习惯。这样，只需点击键盘按钮，你就可以发送材料或者样本。这一点非常重要，因为大多数使用计算机的人并不乐意等候。

11.如果能够使用最新的软件对你也有好处。获得一份工作后，你就无须纠结于使用最新版本的Photoshop还是InDesign这样的问题。

12.手工作品与计算机作品的结合能展示你的多才多艺，而且能创作一个得益于关键视觉元素对比效果的作品集。如果整个作品集全部由手工完成，你看上去会显得"跟不上时代"，并且给人留下没有电脑知识的印象。如果整个作品集全部是电脑处理的，看上去就会有点单调，让人怀疑你的设计技术或者表现技术有点差强人意。

亚历山德拉·卡里略-穆尼奥斯为名为"Vie di Firenze"的组合创作的平面图。

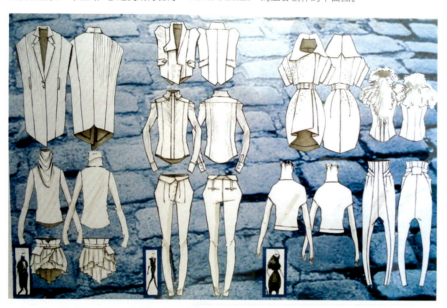

接下来，你将看到亚历山德拉·卡里略-穆尼奥斯的作品。她用名为Wix的程序创造了一个极为美妙的网站。如果访问她的网站，你会发现很多展现动感的活动图像，而且她优美的人物也与这种运动相互呼应。

设计师：亚历山德拉·卡里略-穆尼奥斯

## 第二步 学习设计师的电子作品集示例

下面你将见识设计师亚历山德拉·卡里略-穆尼奥斯的电子作品集上的一些作品。亚历山德拉本人亲自制作了所有作品，完成从选择网站到安排作品的版式的全部工作。她拍摄了所有组合的照片并为每个组合撰写文字说明。我们认为她的工作非常出色，在此我们向她致以谢意，感谢她允许我们在本书中使用她作品集中的一些作品组合。请访问http://www.wix.com/acarrillomunoz/portfolio观赏她的整个作品集。

**设计师宣言：**
**亚历山德拉·卡里略-穆尼奥斯**

1.我认识很多使用Coroflot.com之类网站的人。但事实上，我希望把自己的时间用在能够更加专业地展示自己的作品上，这样做的话也能反映已经用于作品集作品本身的各种努力。而且，因为网络世界的无尽好处，在刚刚开始找工作的时候，会更容易让时尚界知晓自己的名号。

2.我尝试过不同的网站（如Coroflot），但是对我个人网站的建立而言，这些网站对我的审美选择来说十分有局限性。我也尝试过Viewbook，它看起来清爽明了，可是过于复杂。我通过谷歌搜索电子作品集网站的时候找到它们。最终，我选择了Wix.com。我的个人经验如下：

a）我热爱Wix，因为它提供初始模板，而且还可以对其进行十分具体的、个人化的改变和拓展。

b）而且，Wix完全免费，这对囊中空空、刚毕业的大学生来说棒极了。当然，你可以选择提高档次并支付费用，但是，在基础服务极为出色的情况下，这就没有必要了。

c）从为自己的作品拍照的工作开始，网站本身需要三周左右的精心投入。我得亲自拍照，是因为自己没有爱普生扫描仪。

d）而且，我喜欢亲自拍摄图片，因为特定图片的角度和强调的内容统统在自己的掌控之中。

e）网站的事情，我没人帮忙，所以独立学习也花费了不少时间，但是这当然是值得的，也是一个自我提升的过程。

f）其中包含的文字说明也占用了我不少时间。因为我觉得当人们观看我的页面时，我希望它们不仅看到我的作品、我的潜力，而且通过我的文字语言，他们会理解我的观点、各个组合的意图以及整体的方向。

g）总而言之，虽然我不能说那三个星期的时间极具挑战性，但那是对每个页面进行真正个性化处理的三个星期。这只是展示自己作品的一个延伸，艰难的工作是制作作品集本身，所以我真正纯粹地享受创作网站的工作。

面料

亚历山德拉的面料处理赋予这些面料样片一种历史感。它们看上去也具有工业发展的特征，仿佛会在我们的眼前分崩离析一般，展现了昙花一现的感觉。人物非常简单直接，依然表现了具有后现代派情绪的现代感。

这个可爱组合的主题旨在反映天然面料和可持续性设计

设计师：亚历山德拉·卡里略-穆尼奥斯

设计师：亚历山德拉·卡里略-穆尼奥斯

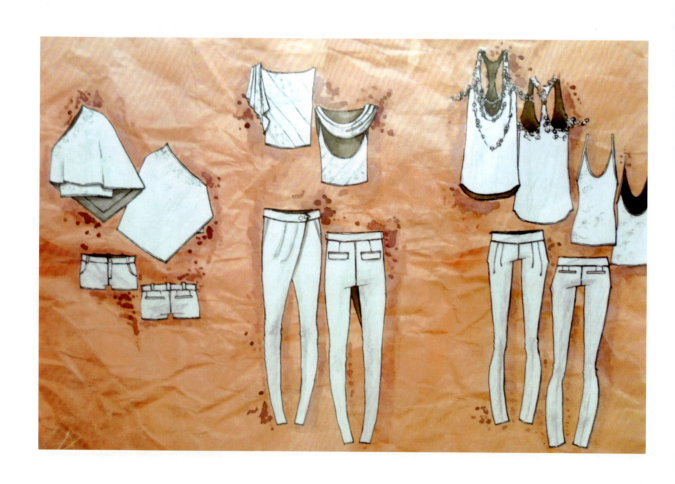

## 第三步 了解个人网站的创建

　　创作电子作品集乃明智之举，不过你无须事事亲力亲为。网页设计是非常耗费时日的工作，如果你的电脑技术有限的话则耗时更久。有很多公司和个人愿意为你制作网站，不过你必须支付一定费用。费用取决于你是否打算与网页设计师面谈自己的想法，还是愿意通过网络随便雇佣一个人。

　　从另一方面来说，对网页设计的了解是不可多得的财富。因此，如果你有雄心在此领域发展的话，赶紧探索很多供选择的程序。过去，网页设计是高度技术性的工作，必须依靠写代码的专业人士才行，不过现在很方便了。使用Dreamweaver、Intuit和Web Easy 8等软件，你可以亲自进行网页设计。

　　你也可以找到无穷无尽的免费建站系统，显然它们意在搏一搏，指望会有一定比例的客户会最终会选择付费使用升级服务或者特色服务。其中最为出名的是iPage，其特色如下：

　　1.无限存储空间：可以一直在网站上添加内容，貌似永远可以这样做。

　　2.无限的带宽：传输文件的速度。

　　3.无限的域名：可以建立无数个网站。

　　4.无限流量：可以按照自己的需要上传无限量的图片和文字。

　　5.免费的网站锁定安全组件：这能防止任何人改变或者删除网站上的内容。

　　6.免费建站：可以免费使用材料和模板。

　　7.无数个邮箱：可以在网站上连接无数个邮箱。

　　8.电子商务：可以在网站上进行商业活动。

　　9.全天候聊天、邮件和电话：如有需要，可以向访问网站的人提供此类特色服务。

　　10. 客户支持：如果遇到问题，有人会提供帮助。

　　能够免费获得这么多服务，看起来的确令人惊异！如果你只是需要一个网站来展示自己的作品，免费赠品可能就已经绰绰有余啦。然而，如果你希望使用其他更多的附加功能，又或者你准备开创自己的事业，那么就付费购买提供更多服务的软件。我们可以看看最为出名的也是获奖的软件程序Intuit的评论（选自www.webhostingfreereviews.com）。

　　1.提供直观的用户友好界面，以及所审核应用的大多数模板。

　　2.即便对无经验的程序设计者也轻松快捷。Intuit用户的选择包括五花八门的特定主题类别中超过2000种专业模板以及250，000免费矢量图，特点是调整大小后图像不会失真。此外，该软件提供很多特色和工具，让你能够为特定领域量身定做自己的网站。

　　3.拖放功能以及分步骤操作指南。

　　4.Intuit网站创造器是现存最为简单合理的网站创建方法，将复杂的过程减少为三个简单步骤。

　　　　a.选择一个Intuit支持的域名开始工作。

　　　　b.选择一个网站模板开始创造自己的五页定制网站（较大的网站需要较多的花费）。

　　　　c.开始添加图片或文字。

　　5.可以按需随时进行变更或者修改。

　　6.拥有自动文件备份功能确保你不会丢失任何作品或者网站的变动。

　　7.软件兼容多种不同的媒体，包括flash、视频、动画、音频，甚至Quicktime文件。也能包含博客。

　　8.操作工具包括完整的追踪和资料，可以记录有关访客和销售的信息。

　　9.100MB的内存和每月5GB的带宽。

　　10. 电子商务的性能包括购物车、安全结账以及与Paypal的完全整合。

　　我们列举了以上特色，仅仅是为了让你了解准备自己的网站需要时该有何期待。当然，这个主题也有很多相关书籍，不妨去上课学习一下。现在我们来看看利用电脑技术的其他方法。

## 第四步 探索为电子作品集制作精美情绪板的技巧

### 1.背景

为自己寻找能与其他图像完美融合的有趣背景。

### 2.图像+色彩图层

选择能从背景中跃然而出的主要图像。

### 3.

如果使用不同的配色方案，单独添加所有色块。这个技术让你能够更为方便地进行改动。

### 6.完成的情绪板

### 4.

添加协调的透明色将你的文字与其他图像区分开来。

### 5.

添加一些激起情感共鸣的文字，表现你既是有思想性的设计师，又有能力用语言有效地谈论自己的作品。

### 戴维·杨

最近，在纽约奥斯卡·德拉伦塔实习时，戴维·杨应要求创作表现特定主题的情绪板。本页的情绪板非常直截了当（背景加图像），但是这个设计创作了非常漂亮、看起来相当精致复杂的构图效果。如你所见，右页上的情绪板层次更多，效果微妙、优美。当然，创作这样多层次的复杂效果时，必须对后一个层次进行小心调整，降低的透明度依然允许观者看见下层的色彩和图像。

保存处于不同层次的作品会赋予你根据需要进行改变的灵活性。

## 设计师：戴维·杨

1

这个图像提供了将整个画面联系在一起的基础图案。

2

这个图像尽管非常微妙，给人某种野生动物的感觉。绿色和蓝色增强了色彩效果。

3

这个图像非常简单，但是增添了另一层透明色。树木渐渐暗淡，但是明月依然高悬。

4

这个图案添加了更为强烈的白色线条，补全了月亮的效果。

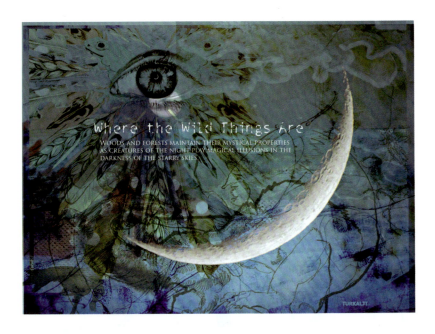

### 有序的栅格彩页

如你从多层色彩和图案中所见，这个情绪板在戴维获得所心仪的效果之前经历了大量的实验工作。如须非常突出的情绪板并充分展示自己的Photoshop技术，你应该花时间去寻找f非同寻常的图像并尝试将他们进行层叠处理，这会让你受益匪浅。很多网址免费提供形形色色的图像，有的只须注明出处或者收取少量费用。

5

6

令人惊异的是，这两个图像层叠放置的效果比单独看起来要更加有趣。羽毛镶边的眼睛叠放在图案上显得更有神秘感，而且月亮这个图像放置在较深的背景上显得更加突出。

### 成效

戴维的职业道德、优美的设计和精致的审美品位吸引了泳装设计师罗德·比蒂的注意。他正准备在洛杉矶推出名为Bleu/Rod　Beattie的新泳装系列。他的新公司提供了戴维一个设计职位，戴维于2011年春开始为他效力。

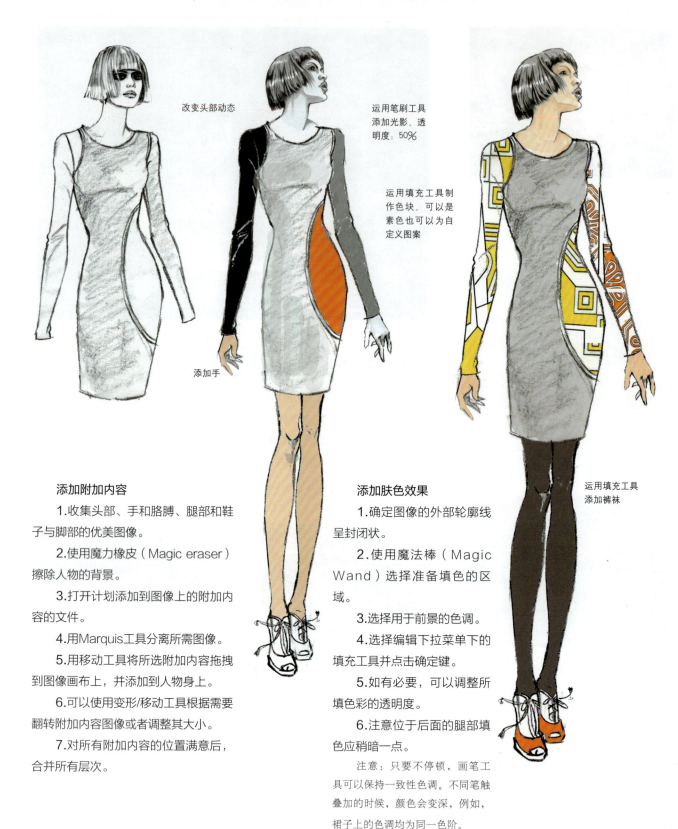

改变头部动态

添加手

运用笔刷工具
添加光影,透
明度:50%

运用填充工具制
作色块,可以是
素色也可以为自
定义图案

运用填充工具
添加裤袜

**添加附加内容**

1.收集头部、手和胳膊、腿部和鞋子与脚部的优美图像。

2.使用魔力橡皮(Magic eraser)擦除人物的背景。

3.打开计划添加到图像上的附加内容的文件。

4.用Marquis工具分离所需图像。

5.用移动工具将所选附加内容拖拽到图像画布上,并添加到人物身上。

6.可以使用变形/移动工具根据需要翻转附加内容图像或者调整其大小。

7.对所有附加内容的位置满意后,合并所有层次。

**添加肤色效果**

1.确定图像的外部轮廓线呈封闭状。

2.使用魔法棒(Magic Wand)选择准备填色的区域。

3.选择用于前景的色调。

4.选择编辑下拉菜单下的填充工具并点击确定键。

5.如有必要,可以调整所填色彩的透明度。

6.注意位于后面的腿部填色应稍暗一点。

注意:只要不停顿,画笔工具可以保持一致性色调。不同笔触叠加的时候,颜色会变深,例如,裙子上的色调均为同一色阶。

设计师：勒娜特·马珊德

设计师勒娜特·马珊德引人注目的作品集让她获得了赫莉公司的好职位。她使用Photoshop技术创造了时尚的图案，所创作的背景引人共鸣，讲述了对旅行躁动不安的渴望。她使用了极有创意的字形组合，以及由旅途中的照片和纪念钮扣组成的拼贴风格的出色情绪板。还扫描了自己的复杂格纹图案并将其应用于服装上，省去了大量时间和劳心之处。

## 男装设计师：萨默·史宾顿

注意萨默·史宾顿如何运用Photoshop技巧为自己基于图片的灵感缪斯形象添加个性效果，并翻转图像表现多种角度。她还放置了自己的图案、图形处理方法和微妙但充满活力的背景来展现以音乐为基础的主题。

# 人物调整和滤镜

Photoshop提供了多种多样的选择，人们常常选择自己钟爱的几种而忘却了其他的所有。这样做很有局限性。以下的示例显示了图像/调整（工具栏上）提供的多种选择以及滤镜功能（滤镜菜单下）的一些效果。注意，所有这些工具都可以用于创造无穷无尽的不同的效果，也要记住对于头部设计稿或者人物的有趣处理方式也适用于平面图或者背景图像。我希望把这些用作参考能够鼓励你用自己的图像进行实验，创造出色的效果。

## 图像调整

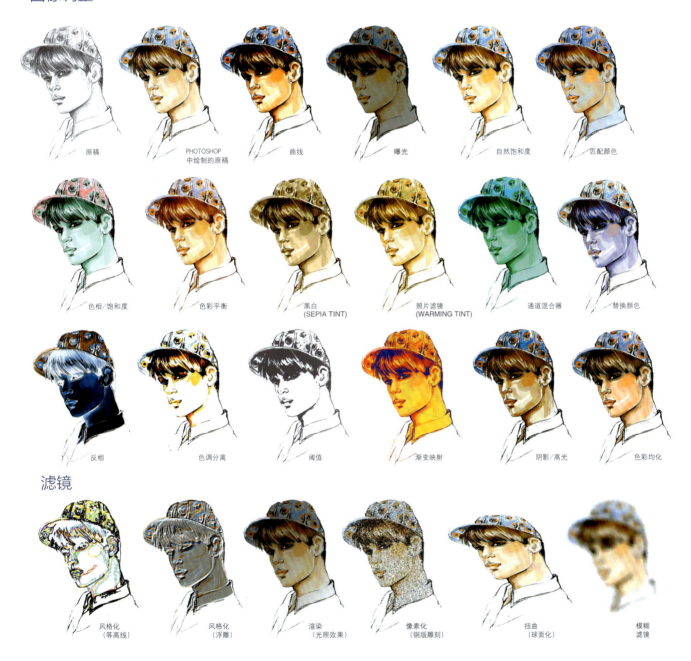

| 原稿 | PHOTOSHOP中绘制的原稿 | 曲线 | 曝光 | 自然饱和度 | 匹配颜色 |

| 色相/饱和度 | 色彩平衡 | 黑白 (SEPIA TINT) | 照片滤镜 (WARMING TINT) | 通道混合器 | 替换颜色 |

| 反相 | 色调分离 | 阈值 | 渐变映射 | 阴影/高光 | 色彩均化 |

## 滤镜

| 风格化（等高线） | 风格化（浮雕） | 渲染（光照效果） | 像素化（铜版雕刻） | 扭曲（球面化） | 模糊滤镜 |

反相

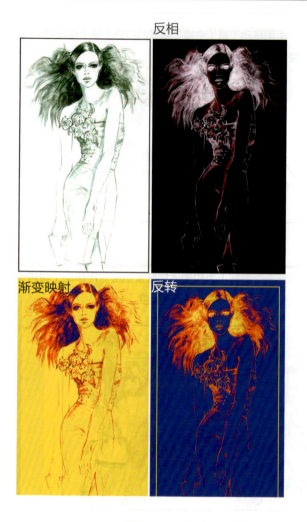

渐变映射

反转

图层样式：外发光

滤镜/网状

滤镜/绘图笔

带投影的内发光

设计师：齐娜·阿兹米尼亚

　　设计师齐娜·阿兹米尼亚自学photoshop，绘制了这些漂亮的效果图，表现了真实的形体、光影、肌理、高光、内外褶皱的图案以及非常逼真的透明度。需要大量时间和练习才能达到这样的熟练程度，但是显而易见，她的努力获得了丰厚回报。

## 第六步 研究在Photoshop中增强面料板效果的技巧

在Photoshop中将设计稿导入面料板

用面料图案填充人物剪影

创作自定义的图案并将它们加入面料板

设计师达恩·特兰设计的图形（其更多作品请见本章结尾）

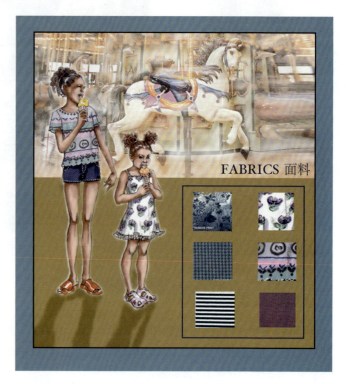

调整情绪板，令其成为面料展示的一部分

福本正美

KEYWORDS:
INDUSTRIAL/ FACTORY
UTILITARIAN/ RUST

设计师福本正美使用Photoshop工具为人物和面料板添加有趣的背景和灵感图像

## 第七步  研究制作随赠数字CD或者DVD及其他辅助材料的技巧

因为电子作品集是成本不高但方便实用的版式，所以值得创作它来寄送或者随赠给潜在雇主。在光盘上可以只包括一些关键内容，对他们在面试中所见的或者所喜欢的内容进行再次提醒。

CD 封面

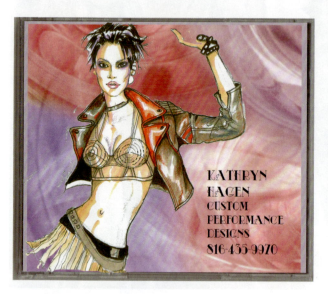

CD 封面或者内部作品

随赠材料

设计作品的CD或者DVD

为了避免自己的作品在一堆毫无特色的电子物件中湮没无闻，如图所示，向所附材料添加你的艺术作品和相关信息。软件程序可以为你的CD打印贴纸标签，或者可以准备特制打印机，将标签直接打印在CD或者DVD上，这也算不错的投资。

# 第八步 考虑为自己的时尚活动制作精美请柬和通告的方法

设计师：贾里德·金

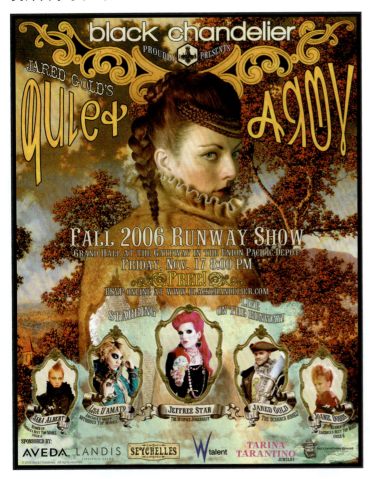

在成就斐然的职业生涯中，贾里德·金为自己的服装秀和举办的活动熟练地将出色的展示材料组合在一起。她所创作的图像总能在视觉上抓住人们的注意力，吸引它们仔细观看，去发现美妙的细节以及非常有幽默感的潜台词。

## 第九步 探索创作个人标签及个人品牌元素的不同想法

### 创作个人标签

创作一个个人标签，令其表达自我个性并将所有商务材料联系在一起。这些材料包括你的简历、商务名片、电子作品集等等。这是商务活动中久经考验的作法。

1.开始制作一张图片，令其反映产品的风貌，如果有产品的话，要么令其反映你个人。如果你（或者产品）具有运动感、女人味、街头风格或者其他什么特色，尝试创作一个能够反映这些审美感的个人标签。

2.例如，朱莉喜欢现代设计，所以她选择一种名为Hanko Stamps的日式设计系统。它们使用个人签名作为重要的证明和艺术。受到这些美丽印章的启发，朱莉设计了一个自己的首字母组成的图案构图。反转一个图像创造与其色彩相对的图像。你甚至会发现新版本更有趣味性。

3.朱莉也喜欢宝马汽车的标识以及颇具美国风貌的其他物品的简洁性。设计这个吊牌时，她意在表现简洁性，并虚构了Carmen Ruiz这个名字。它使用同样的图案但是改变其大小和比例创作了诸如商务名片、标签等等不同的物品。

4.如果你能想出某个物品或者符号将其以某种方式与自己的名字联系起来，那就是良好的开端。对你的职业来说亦是如此。要尝试以某种方式将你的标签与个人生活方式联系起来。例如，作为设计师，一条裙子的廓型与你的工作直接相关。你可以把那个形状放入你的名字或者首字母之中。

5.你的名字是否包含一个字或者是一个字的一部分？那样的话，可以依此创造非常有趣的符号。例如，如果你的名字叫Ralph Starret，那么star就是你的名字的一部分，你就可以利用这个创造个性标签。

6.考虑一下用花体字或者其他有趣的字体表现自己姓名中的字，看看效果如何。

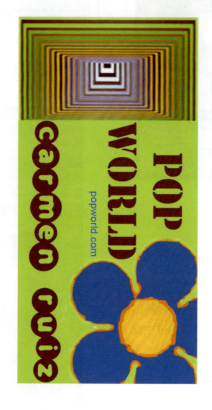

## 关于个性标签的更多内容

### 需考虑的内容

1.开始设计标签时，要考虑希望它起什么作用。它将代表何种产品？它是否只是表示作为品牌的你，又或者你已经拥有某个产品并希望用该标签表达其审美感？

2.用文字表述你的标签设计过程，令其与你和你的产品产生共鸣。例如，"年轻时尚"、"活力四射"或者"经典优雅"。用这些词语来缩小自己的关注点。

3.作为标签的一部分，你也可以用词语描述自己的审美感或者产品。例如，"维多利亚的秘密"品牌仅用以特殊字体书写的PINK一词作为一个产品系列的标签/品牌名称。

4.注意别人如何描述你，这会让你明白自己的标签应如何代表什么。

5.回顾第一章里的清单——有关最喜欢的艺术家、个人癖好、电影等等的内容可能会让你想到良好的视觉表达方法。例如，如果你最喜欢的艺术家之一是利希滕斯坦（Lichtenstein），你的标签肯定会有漫画的喜感，又或者把它放在泡泡里。如果你热爱德国包豪斯建筑学派的设计感觉，就可以令其在品牌风格中得到反映。

6.绘制粗略草图或者收集引人共鸣的照片。研究视觉图像看看自己会想到什么。

7.考虑个性标签的不同应用方式。它是否过于复杂、太简单、过大抑或过小？确定它能够满足你的需求。

8.在标签中，通常少就是多。要竭力削减。

9.有了一个或者几个好想法后，应去听听别人的看法。别人对你的标签的反应相当重要，因为你在尝试创作某个特定图像。如果无人能看出你想传达的讯息，那么你就得进行重新思考。

10.在不同的场合中尝试使用自己的个性标签。把它印在简历上，围绕它创作一个吊牌（如朱莉在左页上的作品），并制作模拟商务名片。换句话说，要尽可能以多种方式对自己的设计进行测试。

这些粗略的草图展示了使用Photoshop的"变换"工具，如"透视"或者"编辑"菜单下的"斜切"命令可以创作多种不同的效果。

## 第十步 用手工和计算机工具制作完整的设计展板

## 用平面效果图进行设计表达

### 分步骤创作设计表达效果

1.决定组合的理念，并尝试用此处标题和副标题类似的语言表达这个理念。

2.用Adobe Illustrator为组合创作平面图，或者手绘并扫描平面图。

3.寻找一个照片背景（或者亲自拍摄一个照片背景）用以支持组合的主题。我们使用"图像/调整"菜单下的"黑/白"为照片去色，然后添加一点微红的色调。也使用变换工具拉长照片填充整个空间。

4.如图所示在照片背景上排列平面图，上衣在上面，下装在下面。如果打算添加人物的话为人物留好空间。

5.使用"编辑/填充"为平面图添加色彩或者自定义图案。

6.我们用多种元素和配色方案创造了一个独立的图形，可以将其用于服装的不同位置。使用图形的话，必须确保它们与自己的设计理念或者主题相辅相成。

7.使用移动工具调整服装上图形的大小和位置。也可以使用"编辑/变换"菜单下的变形工具为服装调整图形。这个工具非常有用，一定要熟练运用。

8.分开放置上衣和下装的平面图，这样可以对其进行调整，以期获得最佳版式效果。要确定它们之间比例适当。如果相互之间有重叠的话，要确定位于后部的服装关键细节依然能显露出来。在这个示例中，我们用"图像/调整"菜单下的亮度/对比度稍稍调暗了后面的服装。

9.创作一个适合自己设计理念的效果图人物并用组合中的服装为她打扮。可以用处理平面图的方式填色。要在图案上添加阴影来表示服装内部的人体。

10. 使用Marquis和描边添加边线或者图形线条。

11. 选择合适的字体处理文字，用文字工具添加文字。

## 章节小结

阅读本章所有的示例后，你应该已经明白自己的电子图片集是一笔宝贵的财富。它们有助于创作个人品牌并收集引人注目的网络材料来帮助你获得好工作。如今，未能投身于电子"革命"的洪流就意味着在许多方面落后于潮流。也许你才华横溢，但如果你与那些才华横溢且技术力量强大的人媲美时，你很有可能会竞争中落败。如果你在技术领域并非信心十足，那么去上课学习或者聘用专业人士帮你组建出色的网站和制作其他电子材料。要有条有理，又专注于为所有材料打下自己的个性烙印，并在有机会跟人建立社交关系的时候使用它们，商务人士会欣赏你的专业处事方式。

希望你已经认识到自己所创作的每一个图像都可以最终以某种有趣的方式得到利用，因此为了在用得着的时候易于寻找，应扫描所有作品并且有条理地将其归档，这样做大有裨益。分层保存重要的作品也是一个明智之举，即便这意味着你必须购买移动硬盘来储存它们。也要保存原始底图，包括草图和练习时制作的表现图。有些雇主希望看到你的设计过程，而这些材料形成的表达方式让人印象深刻。

如果你尚处求学阶段，要确定自己的老师归还了自己的作品。如果老师执意保留的话，就要确定自己拥有扫描或者复印的备份。记住，老师们可能会保留你的最佳作品。也要尝试获得自己从事特约设计工作的作品副本，但必须了解客户的要求。有些公司对自己的产品讳莫如深，一定要注意自己不会因违反规定而毁掉了自己去那里就职的机会。

记住，使用图像需要特定技术才能让你的视觉作品清楚明晰。有人访问你的网站时，你不会希望他们奇怪地想你的图像为何凌乱不堪，过大、过小或者模糊不清。为获得最佳效果，用较高分辨率扫描所有图像。我们用300dpi或者更高的图像分辨率扫描所有作品，并用TIFF格式保存。如果图像看上去不清晰，用魔力橡皮擦除背景，然后使用图层样式下的描边。这会立即让图像清晰起来，去除显得模糊不清的额外印迹和灰尘。图像清理完毕后，去除描边并合并背景。

还有创作出色数字作品的其他技巧。阅读一本关于数字技术的好书会让你受益无穷，或者你也可以上网上查看免费的演示和信息。总而言之，资源无穷无尽，务必好好利用！

## 任务清单

1.数字技术的学习是一个持续进行的长期过程。制定个人计划，更新软件并跟上新产品的步伐。

2.访问其他设计师网站，看看别人在做什么工作。你会明白自己对现存作品究竟是喜欢还是不喜欢。

3.对大有潜力的电子作品集网站进行研究，拿那些看上去有趣的网站做做实验（以开始上传图像并查看工具开始工作）。很有可能，你很快凭直觉就明白是否可行。

4.要确定电子作品集中至少有一个或者两个情绪板足以展示自己更为复杂的数字技术。拿图像和文字做实验，直到获得适合自己设计理念的独特效果为止。

5.在将原始底图转换为电子形式之前，要考虑使用Photoshop或者Illustrator增强其冲击力的各种方式。记住图像在屏幕上看起来会大不相同，所以不要犹豫，及时进行调整或者去除不相搭配的内容。

6.如果之前未曾试验过，应尝试进行特殊效果的处理。它们真地能为作品添加戏剧感和视觉上的魅力。

7.选择一个图像用Photoshop里的各种滤镜效果进行实验。毫无疑问，你将学会多种有用技巧。

8.如果从未往作品上添加阴影或者创造剪影，此时就是练习这些技巧的大好时机。用单个人物开始练习，然后尝试多个人物组合的练习。

9.扫描自己最为复杂的一张画作（仅限线稿）并尝试用Photoshop进行表现。你会因其出色的效果而惊异不已。

10.分析自己的面料板，看看它们是否已经达到视觉趣味性的最佳效果，特别是在它们出现在电脑屏幕上的时候。如果尚未达到最佳效果，就花点时间利用自己的数字技术对其进行提升。

11.创作自己的CD和DVD封面，令其表达关于你个人和作品的一些特点。要确定它们看上去干干净净很专业。

12.为未来将要开办的一场时装秀创作邀请函。此时，心中务必牢记其他体现个性特点的工具。

13.为自己创作个性标签。更好的作法是创作很多样式然后问问别人的反馈意见看看哪个最为有效。

14.确定自己某个电子服装组合由使用Photoshop或者Illustrator绘制的平面图组成。这可以让潜在的客户了解你有能力绘制出色的平面图并创作有趣的作品组合展示。

# 设计师：达恩·特兰

显而易见，设计师达恩·特兰高效地利用所有工具创作了清晰、干净但在视觉上相当引人注目的平面图和最终产品的出色照片。不论谁在网上或者作品集中看到这些材料都会认同一个观点，那就是它们是才华横溢的专业人士的作品。

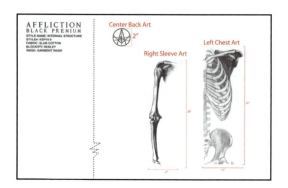

| 常用工具 | 主要功能 |
|---|---|
| Microsoft Office 包括：Word、Excel、PowerPoint、Publisher | Microsoft Word（文字处理）：创建文本文件、工艺单；<br>Excel：创建数据表，用于工艺单中需要处理表格和平面图；<br>Powerpoint：用于屏幕展示（幻灯片、视频、网页、电子邮件附件）；<br>Publisher：基本的出版软件，是图形入门不错的起点。 |
| 绘画软件：Illustrator、CorelDRAW、Freehand | 强大的图形绘制软件，对于平面图、工作草图、工艺图中的线条和造型的处理极佳，包括服装画和表达（可以置入图片，如照片、扫描文件等）。 |
| 图像编辑软件：Photoshop | 图像编辑的行业标准软件，强大的绘制和照片编辑程序，可以置入、编辑和处理扫描文件、数字文件，或者从初始概念中创造图形。绘制程序中创造的图像可以置入Photoshop，出色地表达面料与展示，用于印制或者网页中。 |
| 页面排版：QuarkXpress、Indesign（Adobe） | 广告和出版业的标准软件，创造出质量极佳的页面排版，可以为杂志、目录册、推广材料和营销创造出非常有活力的页面（有的书籍封面使用Photoshop和QuarkXpress做的，里面的页面用Indesign制作）。 |
| 网页设计：Dreamweaver（Fireworks、flash）、Front Page、Image Ready（Photoshop） | Dreamweaver是一款出色的网页设计软件（Flash,非常适合制作动画，使网站更有活力，Fireworks用于网站图形处理，Freehan、Dreamweaver、Flash组件也有部分这个功能）。<br>Image Ready(Photoshop)，创建和优化网页图形。 |
| Adobe Acrobat阅读器 | 非常适合将大的图形文件转换成PDF作为邮件附件发送，接收到的PDF可以进行编辑、注释等，并且可以来回发送邮件。<br>Acrobat Reader（免费下载）用于屏幕阅读PDF。 |
| Winzip(Windows)、Stuffit(Mac) | 非常适合压缩文件（"Zip"或者"Stuff"），然后作为邮件附件发送。接收方必须装有Winzip或者Stuffit才能打开文件。 |
| 创意组件：Adobe、CorelDRAW、Macromedia | 图形组件（包括绘画、图像编辑、页面排版和网页设计软件）比单独购买软件程序要实惠。 |
| CAD组件：Primavision(Lectra)、Artworks(Gerber) | 软件套装旨在满足纺织和服装行业的具体需求，主要运用于服装纺织品设计、纸样制作、推板、生产制造和吊牌等。 |
| 与时装相关的软件：Fashion Studio、Guided Image、Speedstep等 | 有一些专门针对服装纺织品的专业软件，用于服装设计与表达，比专业的CAD套装软件实惠。检查与公司内部系统、外面的打印商和服务公司的系统是否兼容。 |

# 第十章

# 其他服装类型

概述

戏服

时装视觉营销

产品与配饰设计

泳装和运动装

这件美丽的18世纪风格的重新创作的作品，是历史剧戏服设计师Maxwell Barr的作品。他在洛杉矶盖蒂博物馆就18世纪的历史和服装举办过大量专题讲座。他也在加州伯班克的伍德伯里大学执教戏服制作课程。

这条裙子是有效利用图案和肌理来创作服装中奢侈华丽感觉的出色案例。研究一下添加的所有不同元素创作的多处对比效果。与众不同的造型通过那个时期的原汁原味的贴身内衣塑造出来，Barr在复制过程中也小心翼翼地创作了同样的造型。

*来源：James Seidelman/Maxwell Barr*

## 概述

虽然作为作者，我们非常乐意花时间分章节讨论所有的服装设计类型，但在本书中无法做到，或者实际情况也不允许我们那么做。但我们希望至少能提供一点点指导和一些出色的案例来帮助那些愿意在这些有趣的服装类型中大展宏图的人们。好消息是之前的章节和步骤实际上可以适用于所有的视觉作品集。虽然在经典模式之中尚存有富于想象力的多种变体形式，总体而言，如何进行研究、收集工具、创作草图和完成图以及组织信息和图像的方法有章可循。我们认为，如果按照这些步骤做的同时对特定主题进行调整，它们会大有裨益。

本章主要讨论戏服设计这个领域。戏服作品集的设计方法相当不同，而且在这部分内容中我们还将介绍很多出色戏服设计师。我们还有幸获得了Stylelight视觉营销的一些精美图像，相信它们将成为灵感的源泉。在互联网上的进一步研究也会揭示本章中所有类型服装设计的相关丰富资源。

*Maya Reynolds*

## 设计师：玛雅·雷诺兹

在德高望重的戏服设计师鲍勃·麦基的指导下，玛雅·雷诺兹为亚洲公主项目创作了这幅美丽的效果图。她的灵感来自古代日本武士盔甲图。

## 戏服作品集：
## 计划成为戏服设计师

很多学服装设计的学生期盼能够将自己的创意技能用于舞台或者电影的戏服设计工作。跻身于这个充满竞争性的行业，出色的手绘能力是你的优势，因为从事这一行业工作的大多数设计师们并不拥有手绘和表现的才华。所以，他们热衷于雇佣能够将他们的想法在纸上高效展现的助理设计师们。

要是你真心打算把戏服创作当做终生追求的事业，要考虑使用不同的方式设计自己的作品集，要让它展示你了解从事舞台或者电影事业所要面对的挑战。你可以将自己的戏服组合直接与一种或者两种现存的剧本建立直接联系，以此达到这种目的。

戏服作品集的标准和技术要求如下：

·以更现实主义的比例绘制人物的能力：在戏服的世界里，夸张并不是很可取。对速度和效率的需求以及对服装实际样式的实际化了解必然要求表现更加接近现实的比例效果（男主角必须八个半头高）。

·理想化呈现演员的能力（但还是要让效果图看上去像他们）：演员们依然喜欢效果图表现自己最好看的样子。高一点点、瘦一点点、美丽或者英俊一点点当然更让人满意。他们希望戏服设计师让他们看上去更加好看，不管是挂在衣橱里还是在纸上。

·创造或者描述特定人物特点的能力：戏服设计师必须使用服装辅助界定人物的特征。这将"客户"这个理念带入了更深层次并通过戏服的变化展现特定身份和人物的发展。顺理成章地，配饰与服装一样重要，因而必须在效果图中反映对这个细节的关注。

·绘制具体表情的能力：考虑角色的时候你也应该练习并表达不同的表情和风貌。你不会希望自己的主角和反派展示同样的表情。

·绘制不同体型的能力：你不能指望所有演员都拥有时尚体格。如果某个人物的关键元素是稍胖体型（例如《BJ的单身日记》），或者非常娇小的体型，那么你必须绘制展现这些体型特点的风貌。

·出色的面料表现能力：因为特定的面料是重要的人物特征的说明（她穿着低劣的人造丝服装还是昂贵的印花丝毛料服装？），所以出色的面料表现能力是一个关键技能。务必要在作品集中包括多种表现方法。

## 如何开始

也许展示自己才华的最佳方式是选择一部多角色的剧本或者电影开始工作。如果能找到大多数人都能识别的一部演出作品更佳，因为人们会立即明白你做了何种变化或者改编。选择自己感兴趣的人物角色。绘制并细致表现为那些人物设计的服装设计草图。这让你有能力为观众理解并能与之产生共鸣的特定人物穿衣打扮。

## 其他想法：

**重塑一部戏剧**：这可能有助于你用自己设计的戏服表现更为现代的演员。例如，让凯拉·奈特利和塞缪尔·杰克逊分别扮演《绿野仙踪》里的多萝西和铁皮人。

**创作更新潮的戏服**：设计反映新潮时尚但是仍然能以人物为特色的戏服。

**添加一个人物**：运用想象力为熟悉的戏剧添加一个新角色（例如，《欲望号街车》中斯坦利·柯瓦尔斯基的前妻）。为有效界定并表现这个角色设计全套服装。

**展示多才多艺**：完整的作品集可以包括来自两部不同演出作品的多个角色。你的选择应展示自己为迥异的社交场合和物理环境进行创作的能力。

**考虑自己的观众**：如果你对舞台设计特别感兴趣，那么让自己的角色选择更加极端或者具有戏剧性效果来展示自己戏服历史的导向。

**电影**：电影应包括更加现代和看上去相对正常的人物。不论是电影还是戏剧，这两种方法的综合可能效果更佳。

## 戏服设计师：埃迪·布莱索

这个活力四射的效果图展示了成功的戏服设计师埃迪·布莱索创作的莎士比亚的经典戏剧《驯悍记》的现代版本。埃迪描述人物的有趣方式以及出色且明晰的各种风貌立即将观者的注意力拉入作品之中。

## 戏服设计师：埃迪·布莱索

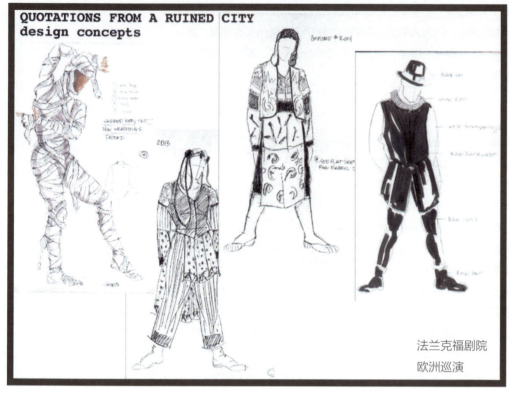

尽管这些手绘稿不过是工作草图，注意其比例、图案、配饰等内容的准确性

　　埃迪·布莱索多年以来一直担任洛杉矶城市大学的戏剧专业的戏服负责人。他也为著名导演雷扎·阿卜杜（Reza Abdoh）在法兰克福大剧院的最后一部戏剧《耻辱的故事》进行设计。他的电影项目为数甚众，包括《将军之女》《义勇骑兵》《永远的蝙蝠侠》和《活着》。埃迪也设计了《好汉两个半》和《楚门的世界》里的特色"达芬奇"复古衬衫。他为南加利福尼亚大学的戏剧学院设计了Ring 'Round the Moon和How to Succeed in Business Without Really Trying。他还为洛杉矶城市大学戏剧学院的许多演出设计了戏服。他最近被Variety命名为娱乐业内"十大学习领袖"之一，他还作为时尚史学工作者为多家杂志撰稿，包括《纽约时报》、《华尔街日报》、《女性杂志网站》、《洛杉矶时报》和《女装日报》。最近他接受的媒体访问包括派拉蒙电影公司《情归巴黎》发行50周年纪念DVD关于奥黛丽·赫本的专访，传记频道的"时尚先锋"节目和C magazine艺术杂志的专访。2010年4月，他因为在舞台设计方面的教育成就以及洛杉矶城市大学上演的《安东的叔父们》获得在华盛顿特区举行的肯尼迪中心美国大学戏剧节的嘉奖，该剧也获得了2011年爱丁堡边缘艺术节的最高荣誉奖。

设计师：
辛西娅·约翰逊

这些美丽的草图由尚在求学阶段的设计师辛西娅·约翰逊绘制而成。角色以玛琳·黛德丽为蓝本，我想你一定认得出她。为了最佳表现这个女演员的个性，辛西娅绘制了无数草图来寻找最终选定的最为典型的风貌。虽然她的裙装设计魅力无穷且激动人心，最终辛西娅决定使用燕尾服，它最大化地表现了这个演员的强大个性。因此一定要谨记于心，第一个想法不一定就是你的最佳创意，在拓展自己的设想时务必要探索所有的可能性。

## 选择面料小样

### 需考虑的内容

1.为作品集准备面料小样时，头等要事是寻找能够展示戏服所需视觉效果的面料。

2.面料随人体产生的动态要比其色彩更为重要，色彩总是可以进行调整。

3.面料的视觉效果常常比基于史实的准确性更为重要。现实主义戏剧要求所选面料符合其所反映的历史阶段。更加风格化的戏剧作品拥有更大的诠释空间。

4.面料可以增强人物刻画的效果。例如，轻型飘逸的面料能较好地表现一个肤浅的角色，而厚型的深色面料适合表现较为忧郁的情绪。

5.如果需要更加厚重的面料，可以为其添加衬里，或者通过水洗令其变得柔和。斜裁面料能缓冲拘谨呆板感，不过这个技术可能会造成某个时间段内服装风貌与时代的不匹配。

6.**肌理**有时候看起来比图案更好看。肌理也能增添丰富感并暗示多种个性特点。在大舞台上小图案会看不出来，因此必须考虑场地的规模。

7.多层次的薄型面料要比单层面料更有趣味性，更多姿多彩。

8.如果一个人物需要某种特定色彩，可以对面料进行染色来获得所需的色调。

9.使用合成纤维织物时要特别小心，因为它会以不同的方式反射舞台灯光，从而产生刺目效果。

**戏服设计师：梅·劳思**

梅·劳思生于印度，毕业于伦敦中央圣马丁艺术与设计学院，担任欧洲《时尚》杂志和Elle女装杂志的时装插图画家。作为戏服设计师，她合作的首部电影是大卫·鲍伊的《天外来客》。此后她参与的影片包括《无为而治》、《最美好的一年》和《美人鱼》。她与导演约翰·弗兰肯海默合作了他的最后六部作品，包括获得艾美奖提名的《土牢地狱的战役》。她获得了2008年美国服装协会戏服设计的终生成就奖。自2006年以来，梅一直担任洛杉矶伍德伯里大学的客座教授。

# 设计师：宝·特兰奇

戏服设计师宝·特兰奇在年轻的生命中经历了满是惊涛骇浪的旅程。她生于越南西贡，一个被战争蹂躏得面目全非的国度。作为船民外逃的一员，她家12口人离开了越南。经历了海上风浪、饥饿折磨甚至海盗侵扰，特兰奇一家人在卡尔弗市一个卫理公会教堂的资助下开始重建家园。在成长的岁月里，宝的母亲是洛杉矶血汗工厂的服装工人，她的父亲是一个机械制图员，她就在母亲身边做针线活，跟父亲一起画图。宝清楚自己要成为一名设计师，所以17岁的时候考上了设计学校。毕业后，她尝试在服装业寻找工作。偶然又幸运地，她获得了电影界的工作机会，她为在《心跳》中饰演角色的基弗·萨瑟兰和科特妮·洛芙设计服装。她的事业自此正式开始，在充满竞争的行业内做得风生水起，这是宝的独立精神的明证。

以下为她的个人历史：

1.获得学院奖提名戏服设计师和麦当娜的造型师亚莲恩·菲利普斯的邀请从事电影《吸血鬼女王》中的所有概念戏服的设计工作。宝成为有史以来戏服设计协会最年轻的会员。

2.从事其他主要演出制作的工作，如电影《霹雳娇娃》和《摇滚芭比》以及"麦当娜沉溺世界演唱会"。

3.为歌手珍妮·杰克逊和天命真女流行演唱组合以及数不胜数的电视广告进行音乐录像的造型设计。

4.装扮参加学院奖颁奖典礼的明星们，如薇诺娜·瑞德、艾美·曼恩和科特妮·洛芙。

5.2001年，宝接任洛杉矶一家精品零售店的总设计师和创意总监职位。

6.2003年，推出宝·特兰奇品牌，立即获得诸如Vogue、W、Flaunt、Clear、Urb和Massiv等时尚杂志和影视明星的关注。

7.宝于2004年春在洛杉矶Smashbox时装周首次推出时装秀。《女装日报》对此赞不绝口，"有些东西一见就信，而特兰奇的时装首秀就是如此。这完全适合她后起之秀的地位。"

8.2004年，传奇般的史密斯飞船乐队（Aerosmith）摇滚乐队歌手史蒂芬·泰勒和最佳女子说唱提名者和VH1饶舌传奇歌手恩西·莱特（MC Lyte）登上格莱美的舞台时都身着宝·特兰奇品牌服装。克里斯汀·斯图尔特（Kristen Stewart）、詹姆斯·麦考伊（James McAvoy）、娜奥米·沃茨（Naomi Watts）、塞尔玛·海耶克（Salma Hayek）、帕丽斯·希尔顿（Paris Hilton）和杰西卡·艾尔巴（Jessica Alba）都曾身着宝设计的服装。

9.2005年，宝在越南和泰国度过了五个月的时间，为导演哈姆·特兰（Ham Tran）的《秋天的旅程》设计戏服。在婴儿时期逃离越南，宝为了讲述越南的故事，不仅拥有创意热情，更有对自己血统的感激之情。这部电影在全球的电影节上获得众多奖项。

10.然后宝与格莱美奖获得者歌手凯利·克拉克森（Kelly Clarkson）合作，从事音乐录像、红毯活动和演唱会服装等的工作。她的设计作品出现在美国偶像第一季冠军得主凯利·克拉克森《在这些淡褐色眼睛之后》的热销大碟之中。

11.宝也出现在镜头前，展示自己的时尚品味。2010年宝担任安东尼奥面料处理比赛的嘉宾设计师，在HGTV有线电视网络播出。宝也担任了真实题材节目《假亦真》的评委和全美超模大赛第七季的嘉宾评委。

12.与保罗·米切尔合作，参与所有的广告宣传活动和发型秀。她设计的服装是其旗下杂志广告的特色，在他们拉斯维加斯的签名采集秀上，她创作了时装秀。

奇才

《吸血鬼女王》中的人物莱斯特

宝漂亮出色的戏服效果图让人物栩栩如生。她的艺术才华真正地开启了成功之门。

奇才在抽烟

## 设计师：宝·特兰奇

13.2007年，在首次露面于华盛顿由史密森尼博物馆举办的越南裔美国，历史展览"离开西贡，进入小西贡"上，玻璃陈列柜里展示了宝的标志性手工仿旧处理的丝质长裙。宝本人是在美国取得极大成就的13个越南裔美国人之一，这次展览也展示了他们与真人一样大的图片。

14.2009年宝成为冰岛时装周重点介绍的全球二十多位设计师之一。

15.2010年宝担任越南有史以来投资最巨的影片《升龙渴望》的戏服设计师。这部史诗片讲述公元1010年的事情。没有当时那个时代服装的历史资料，因此所有服装都必须从零开始设计和制作。

如今，宝在洛杉矶定居，她深信趣味性要比单纯的漂亮好看要更加强大有力。她生活的目标就是创作，认为面料只是面料而已，只有新颖独特的思想才能赋予面料生命活力。

设计师：宝·特兰奇

## 拓展人物理念

面料选定以后，就可以开始设计创作了。如果你的作品集处理的是一个剧本或者一部现存的戏剧或电影，为人物拓展理念是设计过程的关键所在。如果经验有限，坐下来绘图的时候你会感觉无从下笔、无所适从，但是充分利用剧本对你会非常有利。你应该非常了解自己的人物，能够详细地为每个人物写下描述性的文字。这些文字应该包括你希望自己的设计作品向观众展现何种具体的人物形象。

### 问问自己：

1.这个人物是谁？我希望通过他们的服装让观众快速了解他们的何种主要品质？我如何清楚明了地展现那个品质？或者我是否希望自己的人物保持神秘感，因此试图传达一种较为含糊不清的讯息？

2.人物的经济状况如何？其经济状况如何影响其服装样式？一个穷困潦倒的人物不可能身着高昂华贵的面料制成的衣服，除非那衣服破旧不堪。

3.故事中人物要去往何处、意欲何为？根据他们的所处环境，应作出何种着装决定？

4.时间阶段会如何影响人物的服装？你是否希望他们紧跟当时的传统风尚？

5.如果随身携带东西的话，他们会带些什么？他们口袋里会装些什么？

6.他们的鞋子会如何说明他们的身份？他们行走的方式如何？

7.是否可以通过图案或者配饰使用某种象征手法展示人物？例如，一个孩子气的女人穿着粉色的印有凯蒂猫图案的T恤。看看左页上不同角色服装上的图案和象征主义元素。宝利用这些视觉标志告诉观众这些角色的身份。

8.服装如何合体？在成衣时代来临之前，出色的缝制技艺极其难得。

9.我希望自己的人物在同一场景中彼此接近时看上去的效果如何？务必考虑全局效果。

10.我的选择跟人物是否有一致性？所有服装元素都具有文化上的联系。必须细致分析所做的每个决定并考虑其暗含的意思。


### 以戏服特征表达人物特点（依年代而定）

| 特色 | 充满爱意的 | 愉悦感官的 | 天真无邪的 | 邪恶的 | 凄苦的 | 严厉的 |
|---|---|---|---|---|---|---|
| 剪裁 | 敞开、有流动性、端庄适度 | 全切、敞开、奢华的 | 全切，端庄适度 | 紧身的、直切 | 紧身的、直切 | 紧身的、直切 |
| 合体 | 显露部分身体 | 显露部分身体 | 隐藏身体 | 显露部分身体 | 显露部分身体 | 显露部分身体 |
| 肌理 | 柔软、毛茸茸的 | 柔软、闪光、光滑的 | 柔软、精致的 | 粗陋、粗糙的、硬质、有光泽 | 硬质、粗糙的或者普通的 | 硬质、粗糙 |
| 头发 | 柔软、蓬松立体感 | 高雅、蓬松体感或者不加修饰的、性感的 | 柔软、披散的 | 不加修饰的或者疲惫不堪的 | 不加修饰的或者疲惫不堪的 | 不加修饰的、紧紧梳起的 |
| 色彩 | 暖色、中等浓度，高明度或者低明度 | 暖色、中等浓度，高明度或者低明度 | 冷色、中等浓度，高明度 | 暖色、高或者低浓度、低明度 | 冷色、中或者低浓度、中明度到低明度 | 中低浓度、中明度到低明度 |
| 廓型 | 圆形或者椭圆形 | 圆形或者椭圆形 | 圆形或者椭圆形 | 顺直形 | 顺直形 | 顺直形 |
| 线条 | 宽大曲线、边缘柔和 | 波浪线 | 柔和曲线 | 硬直线或者锯齿形线条 | 硬直线 | 硬直线或者锯齿形线条 |

引自丽贝卡·坎宁安（Rebecca Cunningham）著作的《魔力服装：戏服设计原则》，由韦弗兰德出版社1989年出版。

## 芭芭拉·阿劳约

　　虽然芭芭拉如今担任英国时尚高端设计师品牌托马斯·沃德（Thomas Wylde）的女装设计师，从这些漂亮的草图中显而易见，如果有机会或者她也愿意，她完全可以转而从事戏服设计。在戏服设计师鲍勃·基的指导下，尚在求学阶段的芭芭拉绘制了这些草图。其主题为亚洲公主，这些令人称羡的人物确切无疑地表现了王室成员的感觉。芭芭拉对奢华面料色彩的感觉让她在此项目上卓尔不群。

面料板

设计师：
芭芭拉·阿劳约

　　在设计学校三年级时，芭芭拉为美国时装设计师协会的一个项目绘制了这些美妙的效果图。在此，应再次注意她如何使用肌理和色彩来创作令人兴奋的视觉对比效果。娴熟地利用这些技巧的天分会让她的作品在舞台上一样光彩照人。可以想象，蒂姆·伯顿聘请她设计自己的下一步电影指日可待！

## 时装视觉营销：创建趋势报告

可能你已经获得了创作时尚趋势报告的宝贵经验，但是我们在此还是提供该报告的元素清单。出色的研究工作、深思熟虑的选择、对图片和文字的编辑整理以及激动人心的布局技巧，会让你的努力获得成功。

### 灵感与趋势板

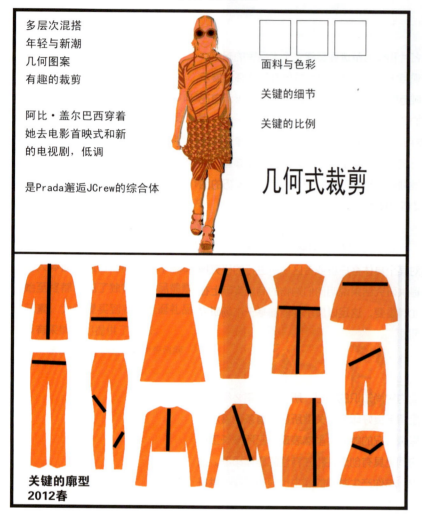

多层次混搭
年轻与新潮
几何图案
有趣的裁剪

阿比·盖尔巴西穿着她去电影首映式和新的电视剧，低调

是Prada邂逅JCrew的综合体

面料与色彩

关键的细节

关键的比例

几何式裁剪

关键的廓型
2012春

### 赋予其品牌标签和个性风貌

1.何为风貌？赋予它一个名号，如"前卫俄罗斯"（Russian Avant-Garde）或者"修身融合体"（Fitness Fusion）。寻找能够准确表达该风貌的时尚图像。

2.趋势的情绪如何？是针对年轻人、走在前沿的时尚人士，还是别的什么人？

3.哪些名流曾穿着该服装？在网上查看并选用他们展现正确风貌的图像。

4.它满足何种生活方式？健身的热潮还是周末的休闲？青年俱乐部的场景还是职业装束？对其进行视觉展示。

5.哪些品牌反映这一潮流趋势？不要包括过多品牌，仅突出表现关键的品牌。

6.该趋势的概念是什么？周末的休闲装、董事会会议室里表现威严的着装还是小年轻的混搭装？

7.何为该趋势的灵感？一场电影、一部电视剧、一个重大活动？寻找说明自己选择的图像。

8.关键的面料是什么？附上面料小样。

9.这个风貌用什么色彩最性感？展示精准的色卡。

10.关键的廓型是什么样的？

11.关键的细节是什么？

12.关键的比例效果如何？

### 需考虑的内容

1.你也可以创建趋势图来展示多种不同趋势及其整体印象。这可以让潜在雇主明白你的全局意识。

2.将趋势板与你所了解的时尚圈外的某个文化事件或者重要的电影演出联系起来。

3.主题是交流过程中极为关键的部分。要花时间寻找能够反映自己思想的新颖独特主题。

4.板上的所有内容务必反映你的主题。它将所有的图像和文字紧密联系在一起。

5.趋势板就是概念板。创作趋势板和概念板来展示你对二者差异性的理解。

## 设计师：明妮·叶

设计师明妮·叶绘制的这些可爱迷人的效果图不论放在何种作品集中看上去都会特别出色。当然它们是明妮个人的设计，虽然如此，一个才华横溢的企划师还是可以给市场上业已存在的商品绘制效果图。

如果你擅长绘制效果图，那么你可以：

1.为你个人认为时装业内最为出色的设计作品绘制效果图人物。

2.为你希望在工作中处理的那种服装绘制效果图人物。

3.为你希望为其效力的公司所生产的服装绘制效果图人物。

4.为自己的设计作品绘制效果图人物来展示自己的创造力和出色的品位。

5.极为细致地对某个类型的特定客户进行分析。

6.对该特定客户的生活方式和服装为何合适他/她的原因进行分析。

7.对所绘制效果图人物的组合进行分解分析并对服装的平衡性、所用的面料等内容进行解释。

8.谈论组合服装的定价及为何你认为这是不错的投资。

9.为人体模型绘制效果图，展示你如何进行服装展示。

10. 绘制趋势报告的视觉效果。

11.绘制不同类型的客户并用文字表达你将如何区别性地满足不同人群的需求。

虽然使用了非传统的服装人体动态，明妮选择这些有趣的动态创造了一种令人心动的情绪。那条熟睡的小狗更是为有意思的情绪大大增色并有助于界定客户的特点。

　　不论你希望为玖熙（Nine West）或者古驰（Gucci）这样的大牌工作，还是希望从起居室开始发展自己的事业，饰品设计领域机会多多。StyleCareers. com （http://www.stylecareer.com/accessory_designer.shtml）上刊登的一篇文章称，开发个人的饰品系列是可行的生意举措，因为"投入的初始资金异常低，生产成本也很低，且因此可以获取巨额利润（至少为1000%）"。如第九章所述，创建一个网站并非十分昂贵。你也能以寄售的方式在商场出售自己的作品，在购物中心设立自己的售货亭，举办派对促销或售卖自己设计的作品，又或者通过朋友和同事口口相传的方式进行销售。

　　虽然我们在此仅展示了仅仅少数饰品的例图，饰品也有很多类型可供选择。较为常见的类型包括珠宝首饰、帽子、围巾、鞋子、手提包、发饰、护目镜、手表和皮带。即便是开办小型企业之前进行一些调研工作看看竞争者在以何种价格出售何种产品都是非常有益的作法。你不会希望以低于市价的价格销售自己的产品，你更不希望因为标价过高无法在生意场上立足。

设计师：柯克·冯·赫夫纳（KIRK VON HEIFNER）

时尚的皮包和帆布包

## 配饰设计师：道格·汉兹（Doug Hinds）

### 设计师宣言

我设计受时尚驱使的非耐用品，从形成概念到最终完工的产品都由我个人亲力亲为。这个产品起初是一个设计概要或者粗略的理念，它概述了需经由零售渠道销售的某种特定产品或者产品系列的一些或者所有的需求和期望。我会领悟这个信息并从制作概念板开始工作。概念板能以视觉的方式表达一些特定的特点，强调设计理念和潮流趋势的想法并确定特定的消费者。这一基础有助于推动实际的设计工作，令其重点突出，并为设计过程的结束准备潜在的推广材料。随后就是绘制草图的工作，大约得绘制5到50幅黑白线条图来说明可能的设计想法。虽然也可由电脑制作而成，但这些并非工艺图。它们仅被用来展现一种设计感觉，让查看并选择它们进行拓展的那些人对其作出反应。少数草图被挑选出来之后就被转换成工艺规格图，强调突出所有想象得到的产品细节内容，包括材料、色彩、五金件、规格尺寸等等。随后会将这些工艺图送往工厂开发制作，在约两到三周的时间内工厂会送回首个样品。接着根据最初的参数说明对该样品进行评估并进行改动。这个步骤会重复多次，直到返回的样品被认为"具有可行性"并可以投入生产为止。

除了上述的标准项目流程，我也会花上很多时间苦思冥想来找寻新想法并收集总体上服装和配饰市场的相关数据资料。我是潮流时尚和新颖理念的狂热爱好者，因此我喜欢在空闲的时候研究新的设计理念和产品故事以备后用。我还大约一年两次前往亚洲，落实设计作品投入生产，或者当工作突然被打断的时候加快工作以缩短所需时间。为进行产品测试、参加面料展、进行零售旅行推广和参加销售会议，我也在美国、欧洲和加拿大进行大范围的旅行。

设计师：柯克·冯·赫夫纳

时尚的鞋靴

鞋子模板

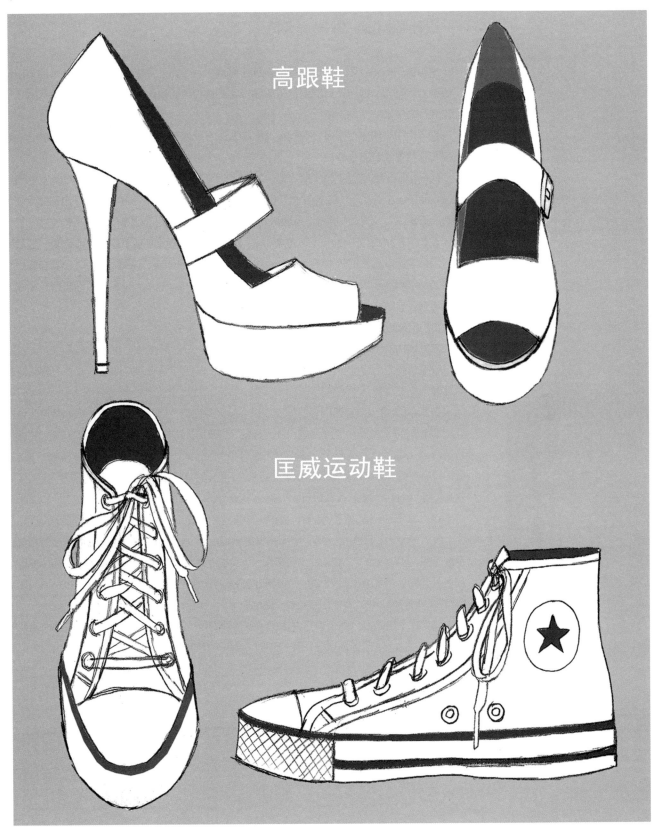

高跟鞋

匡威运动鞋

## 设计师档案：雷德·卡特

享有盛誉的设计师雷德·卡特以设计纷繁复杂且带有前卫感的泳装而著称。他将自己富于感染力、魅力、独一无二的设计见解和多年的业内经验投入到以自己的名字命名的极受欢迎的品牌之中。

别弄错了，这当然不是什么一夜成名的发迹史。雷德的故事是一个关于坚定决心、勤劳工作和创意想象力的故事。

从在南加州度过的青年时期以来，雷德的干劲和追求都反映了他的个性。作为一名竞技运动员，他是成功的游泳、跳水和水球运动员。身处水外之际，雷德同样沉迷于自己的爱好。他开始涉猎娱乐业，在大小屏幕上展现魅力，同时表明从一开始他就志在成为明星人物。

设计学校毕业后，他已开始为埃斯普利特品牌（Esprit）设计青少年运动服，然后将自己的创意才能投入盖尔斯牛仔服（Guess Jeans）、兰沛琪（Rampage）、莫辛莫、维多利亚的秘密和奥斯卡·德拉伦塔的工作。受到时尚业内顶尖人士的多年指导之后，雷德已经羽翼丰满，准备好从自己的辛勤工作和独特方法中受益。

2003年迁居迈阿密后，雷德很快受到新环境的灵感启发，并受到内心的热情和大胆的装饰艺术风格的激励。他注意到高楼大厦如同潮流一般起起伏伏，当地的艺术家如同过往游客一般瞬息万变，因此，雷德在迈阿密创建了自己的品牌来反映并加强该城市不断萌芽的创意精神。

自2004年推出与自己同名的泳装以来，设计师雷德·卡特大获成功，风靡整个旅游度假业。雷德卡特有限公司利用其竖向设计、开发、生产和分销的能力来支持其品牌标签如雷德·卡特魅力（Red Carter Glam）、雷德·卡特（Red Carter）和沙色下装（Sandy Bottoms）。该公司持有杰西卡·辛普森品牌的泳装许可权并为全国多家零售商生产个人品牌产品。主要的零售商包括Barneys、Neiman Marcus、Saks、Intermix、Bloomingdale's、Macy's、Dillard's、Victoria's Secret和除了Water以外的一切零售商。雷德·卡特的系列产品也在时尚杂志上露面，包括*Vogue*、*Elle*、*Lucky*、*Marie Claire*和*Sports Illustrated*。追捧其设计产品的名流有歌手蕾哈娜（Rihanna）、美国社交名媛真人秀女星考特妮·卡戴珊（Kourtney Kardashian）和金·卡戴珊（Kim Kardashian）姐妹和演员佩内洛普·克鲁兹（Penelope Cruz）、黛米·摩尔（Demi Moore）和演员珍妮佛·安妮斯顿（Jennifer Aniston）。

雷德·卡特有限公司还设立并运营"九号沙龙"（Salon 9），这是以纽约为基地的产品展示厅。这个展示厅很快获得买家和时尚编辑的赞誉，因其展示了业内领先的泳装和度假装品牌。

## 设计师：雷德·卡特

　　本书310页上极具信服力的文字取自雷德·卡特本人的新闻稿。如你所见，他为自己创作了一个激动人心的故事，这有助于吸引其事业生涯中的诸多读者。这也是他个人职业标签的一个部分，在这一点上，他做得非常出色。

　　在所选雷德2011系列的服装中你也可以看到他所展示的非常明确的设计理念。所有服装都使用中性色，大多呈黑色和白色，是吊带和镂空的w完美结合，这些组合展现了未来主义感、迷人性感和前沿时尚感。身着如此引入注目的泳装，他的客户希望表现得大胆自信。

设计师雷德·卡特鞠躬答谢

## 运动装

米歇尔·夸克担任运动装巨头耐克公司设计职位时创作了这些非常有趣多彩的立体平面图。

## 运动装设计师：米歇尔·夸克（供职于耐克公司）

运动装是服装业的繁荣兴旺领域。最大的运动装公司如耐克和阿迪达斯都是全球巨头，但是很多小型公司也为满足不同的体育和运动需要找寻到了合适的一席之地。对这种有趣又具有功能性的设计方法感兴趣的学生们所拥有的机遇可谓数不胜数。

### 如何开始

1.为自己作为观察者、粉丝或者参与者的体育活动罗列清单。

2.决定自己对清单上的哪种运动最感兴趣，或者选择自己希望进行进一步了解的某项运动。

3.准备好集中于某一特定运动后，查看与该项运动相关的运动员和比赛的杂志。几乎从自由搏击到举重等能想象得出的所有体育运动都有专门的期刊杂志。

4.在网上搜索相关主题。最艰难的任务是为自己的目标选择最佳网站，即对社会趋势、时尚需求以及所选体育运动的技术方面内容进行研究。点击打印保存装备图片留作参考。你也可以将其保留为PDF文件，可以在Photoshop里打开该文件。

5.你也会发现相当多的体育运动图片网址，而且可以免费下载一些图片。把出色的图片打印出来作为人物绘制的参考。

6.去出售你所设计服装的商店看看也很有帮助。见识实际的面料以及服装的销售手法将有重要价值。

7.一旦完成了所有的研究工作，你就可以收集面料小样并开始人物的开发工作。在零售店寻找出色技术型面料实属不易，因此你可能需要在网上订购面料。

8.为效果图开发人物前视图和人物后视图，因为对两种视图来说图形都非常重要。

9.你可能希望人物的脸部其神似自己所选体育运动的较为出名的体育明星，如踢足球的贝克汉姆。

10.也要收集有关配饰的想法，并练习绘制不同的帽子、头盔、手套等等。

11.考虑首先以平面图的形式拓展设计，因为图形的安排会比较容易，通常也更加有效。

## 关于运动装的更多信息

### 需考虑的内容

1.Anatomie的设计师肖恩·博伊尔（Shawn Boyer）建议将运动心态带入设计过程。因为无法找到自己的体育运动的服装，他开始了自己的运动装系列并通过此方式学会了经商。对自己从事的体育运动越是了解，你就越有可能取悦于所设计服装的购买者。

2.如果你意欲开创自己的事业，有设计咨询师能为你的创业过程提供指导。寻找出色的承包商并遵守所有联邦商标标准不过是新设计师所面临的两大挑战。

3.就设计作品的功能性获得反馈意见是这个过程的关键部分。要想办法与自己的顾客确立一种关系。例如，婴儿潮出生的一代人是相当有活力的一大群人，但是年纪稍长点意味着他们拥有不同的体型和其他考虑。与当中有代表性的人士取得联系能为你的设计作品开拓崭新的市场。

4.你的服装应同时具有舒适性和功能性。在创造自己的设计作品时务必考虑这两个问题。

5.研究面料并始终充分了解新材料。热爱高科技和体育的人总在寻找下一个出色的产品。例如，设计师迪·伯顿（Dee Burton）推荐使用Supplex尼龙面料作为运动装面料，因为它吸汗功能强、速干，经历多次洗涤也不会褪色或者变形。

设计师：莫兰尼·阿圭勒

## 章节小结

　　不论作品集聚焦于何种类型，前面章节里阐述的基本原则大体上都适用。即使在营销作品集中，你也可以将作品集分成不同组合，分别聚焦于插画创作、广告宣传、品牌材料、潮流趋势分析等。视觉营销、配饰、泳装等也是如此。戏服作品集可能需要采用稍稍不同的方法，如将其按角色而非组合进行划分，这也取决于你的个人选择。本页上方的效果图是设计师莫兰尼·阿圭勒的作品，是我们探索原则的出色例证。效果图的风格非常个性化，有趣的情绪适合目标青年客户，多种样式分层叠穿的T恤、衬衫和夹克衫得到了良好的商品企划，也是适于销售的，但同时还展现了非常时尚的风貌。莫兰尼使用配饰、幽默的表情、巧妙但有趣的姿势来增强整体风貌效果。她还将人物放进了趣味盎然的背景空间之中，暗示了该组合的主题，也展示了个人的电脑处理技术。我想观者的注意力会被这个视觉图像深深吸引并希望仔细地查看所有服装，当然也因此想看看其他组合服装的效果。

　　换句话说，莫兰尼完成了出色的作品，她将观者的注意力吸引过去，通过注重极为精致的细节并展示对所选市场的清晰了解，她实现了自己视觉作品的承诺。而这是所有作品集中所有服装的最终目标，我们希望你的作品集能够达到这些严苛但至为关键的要求！

设计师：贾里德·金

贾里德·金创造了黑色吊灯系列服装和配饰，它们在如图所示的类似高端零售商场内出售。商场的内部和外部陈列反映了商品极具创意的美感。贾里德也在服装中综合了其他类型的艺术品来创造有趣的购物体验。很有可能，你不能马上就拥有自己的店铺，但是为他人工作将为你提供宝贵的经验，这样，当机遇来临之际你就已经准备就绪了。

贾里德利用高超的丝网印花技术和精美的哥特式风格图片，为自己的设计作品的独特气氛增添了味道。

他也善于运用自己的独特风貌和服装推销自己的创意。他似乎无所畏惧！

"我拒绝承认某种程式化模式的存在。这有助于在设计之际感觉更加自由奔放。我的灵感来自书本、香水、开车兜风和我夜晚开车路过的这个狂野小镇所散发的各种气味。"

设计师贾里德·金一直以来也善于创造令人过目难忘的个人形象。他古怪出色的秀场、美丽的丝网印刷作品、富于想象力的零售空间以及独一无二的设计作品都证明了他作为洛杉矶设计业值得尊重的设计师的地位。

贾里德在设计领域起步的方式也展示他的企业家精神。因为他自我推销的才华和大胆无畏的设计感，他在大体上较为保守的犹他州培养了一个崭新的客户群。如今这些客户热烈地追捧他前卫奇异的Rave服装。

不是所有人都有欲望或者"大胆"去获取如此了不起的成就，但是我们都可以寻找并生产能够反映我们自身个性和才华的材料，这样业内人士就能充分了解我们的审美个性。正因为人们都期待设计师们在自己所进行的一切活动中展示自己的出色品位，所以你在视觉材料上的选择至关重要。

如何应对踏足时尚领域的准备阶段呢？本章随后的内容为你提供一些想法和建议。

　　出色的作品一直是制作上佳个人标签的工具。有鉴别能力的人总能牢记作品中出色的设计和表达技巧。这些技巧一直以来都被珍视。在此组合中，奥丽薇亚展示了大胆的色彩运用和出色地整合面料的能力，并将它们成功地用于设计中。

# 创建个人品牌的方法

如何让自己更加引人注目呢？

首先要考虑自己最擅长什么并且明确自己具有的专门技能。如果你的文笔甚佳，可以开始让更大范围的受众了解你的文采。

·创建网站、博客、专门的脸谱网站页面等等。在多个平台上展示并讨论自己的兴趣、激情和专业技能等。但是要注意自己所使用的文字和所选择的图像，因为引人关注是把双刃剑。

·让要问问题的人方便与你取得联系。可以让人们通过电邮、推特、Skype网络电话、网络通讯联系到你，或者通过回复它们在网站或者博客上写的评论。

·为其他业内人士献计献策。要乐于帮助新人，在职业生涯的路途上，他们可能会成为你的良好资源。

·提供能够激发对话交谈的观点看法。不过，要确定自己对所说的话深信不疑，因为有时候你希望能够诚实地为自己的观点进行辩解。

·追随业内的其他人士并对他们的事业和行动提供支持。

·不要畏惧于请别人接受自己的引领。让他们成为自己"冒险经历"的一部分。

·不要过于分散自己的精力。集中于与自己的工作和目标最有关联性的网站和社团。

·不要过于害羞或者谦虚。让自己的职业成就昭告天下，这样人们能够分享你的进步。

·加入各种团体组织并积极参与对话交谈。主动接触那些乐意携手并进的人们。

·LinkedIn以及类似的人际关系网是日益流行的人际网工具。加入它们并开始人际交往。

·要考虑虚拟世界的无穷潜力。你也许应该创作一个自己的电脑化身，让他反映自己的品牌并在Second Life这样的网站上探索未来的零售可能性。

·分享出色的展览、文章、秀场和业内大事件。这很有好处，也会让人们更经常地访问你的个人网页。

## 创建不同的网站

网站并非仅仅为你的作品集服务。你也能以此模式出主意并宣传自己的"品牌"。

·利用自己的专业领域，创建一个网站，让人们能够向你这个"专家"提问。只须准备以合理的形式对其进行维护。不要许下自己无法兑现的承诺。

·你可以对自己的领域发起讨论并专注于自己最为了解的内容。同样，要准备好继续下去，否则会辜负你的支持者们。

·提供一些人们会乐意拥有的网上工具，例如"如何创作工艺图"或者"如何表现蕾丝"。看到许多人利用自己的知识并且可能因此记住你的名字，这是不是很棒呢？

## 写博客

如果你乐意花时间创作并定期维护博客。你将大有机会吸引粉丝。当然，你必须有好想法和材料作为支撑。因为时装业如此视觉化，除了展示你的个人思想和意见之外，包括大量图片可能是非常可取的作法。分享视觉信息是很有价值的练习，将为你建立各种联系。

· 使用反映个人品牌的标题或者名称。让所有材料具有统一感有助于清晰展示个人形象。

· 将自己的博客在多家相关品牌网站和与时尚业相关的社交网站上发布。

· 在相关网站、博客和简易讯息目录上登录自己的博文。

· 尽可能展示自己的专业知识。

· 宣传自己与品牌相关的成就和功绩。

· 将个人品牌的名称放在博客的评论前并在此包含与脸谱页面或者其他关键社交网址的链接。

## 社交媒体

人人都在使用社交媒体，因此社交媒体成为商业乃至具有全球影响力的强有力的工具。如果我们忽视社交媒体的价值，那可就太傻了。

· 选择效果最佳的网站并对其进行开发来反映自己的个人品牌。同样，不可过于分散注意力。你不可用专职的品牌设计取代自己的实际工作。

· 用推特分享信息并建立联系。但是要小心筛选自己所晒内容，并以职业态度谨言慎行。

· 在Wikipedia上发布个人简介。

· 将个人的职业脸谱页面区别于个人的社交脸谱页面。邀请人们追随自己。让所有一切具有趣味性。

· 查看个人信息网站FriendFeed，将自己所有的资源整合在一起。

## 更多内容

如果你还有时间进行更多的个人品牌设计，还有其他的方法和工具让你引人注目。

· 可以在YouTube上发布播客视频，但是要确保该视频拥有真正的内容和品质，否则会成为最新的"笑话"视频。

· 以简报的形式介绍个人专长并继续下去。邀请别人一起参加。

· 开展别人会觉得有用的网络论坛并与加入的人们保持联系。这个名单会成为你的联系人数据库。

· 创造可以在网上宣传和出售的产品。

· 推荐你个人认为物有所值的别人的产品。

· 创建与业内著名人士的访谈录。发表这些访谈录，并确保与你的品牌相关。

· 请人为你做个访谈，也把它发表在网上。但是要确定你言之有理、言之有物。

· 创作个人的趋势报告并成为此领域的专家。

· 在相关渠道发放自己作品的样品。

· 参加一些活动或者会议，在这些活动或者会议上你可以发言，或者在自己的品牌提升方面至少有获得介绍的机会。

· 接受电台采访或者尝试担任时尚真人秀的评委。

· 参加招聘会并分析个人知识或技能。

· 组织自己的活动。这些活动可以是小组论坛、讲座、专门课程等。要了解在自己的专业领域内呼风唤雨的人们!

· 要尽可能慷慨大方，但也不可浪费用来进行有效工作的宝贵时间。

随赠材料

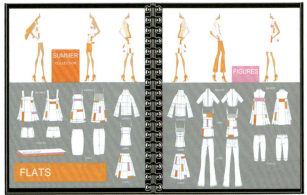

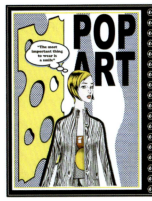

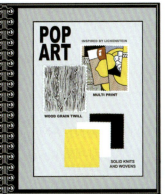

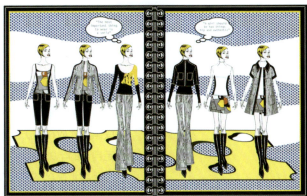

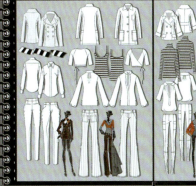

## 个人简历及网上用途

·向潜在雇主发送邮件时，在服装作品样张中包括自己的简历。也可以把简历放在CD或者DVD里。当然，有个人关系或者了解哪里有明确的招聘岗位能增加你成功的机率。

·在网上电子作品集里放上自己的简历或者用简短的描述性文字和联系方法代替简历。有些人通过创建自己的PDF图像的下载链接的方法解决简历问题。这样，在你的作品集在他们的头脑中依然清晰可见的时候，观者会对你做进一步的了解。

·在有些情况下，你可能需要简历加接触会面的方式。将简历从作品集中分开有利于保密。如果你的简历放在标准网页上，诸如谷歌的搜索引擎可以找到。如果你仍处于受雇佣状态或者跟可能出现在某次面试上的一位前雇主有过不愉快的经历，而此时你又在积极寻找新工作，还是不要让太多人了解这样的信息为妙。

·简历最好是书面的，其设计特点为易于打印和线下阅读。任何降低下载速度的东西（如内置的作品）都会打消人们点击它的念头。最好不要使用网上作品集里的图像或者附在电邮后面的图像。

·用自己的名字为文件命名，而不是"简历"二字。否则，人家怎么记得你的PDF文件属于谁呢？

### 简历撰写小建议

·将联系方式放在简历上方。如果简历分两页，在两页上都注明自己的联系信息。

·确定自己的电邮地址表现专业感觉，而非可爱型或者性感型的邮件地址。

·在简历靠近上部的位置简短概括自己的资格和经历。这让工作繁忙的雇主能够迅速获取关于个人背景的关键词，而那很可能正是他们在找寻的内容。

·记录自己曾经从事的职位名称时，简单概括自己所承担的责任（这也称之为责任声明书）。

·用主动词开始句子，如"管理""创作""设计"等。避免人称代词如"我""我们""他们"等。

·避免使用缩写词、首字母缩略词和业内行话。如果必须使用首字母缩略词，务必进行解释，然后将缩略词放在括号里。如计算机辅助设计（CAD）。

·愿意对简历进行修改，直到你满意为止。简历非常重要，万万不可将初稿当做最终的成品。

·在简历里无需提及或包含证明人或者诸如年龄、婚姻状况、孩子等的私人信息。

·数字一到九需用文字表述，十或者以上的数字可以用阿拉伯数字表示。

·使用针对时装业的词汇，而非针对你之前的工作经历。

## 常见误区

记住，简历将给你未来雇主留下第一印象。它可以作为你的销售简报、商务名片和你个人身份和才能的善意提醒。因此，一定要花时间把简历做好。想要让自己的文字给人留下糟糕印象吗？以下为其方法。

**糟糕的拼写**　在可以使用拼写检查的时代，错字是不可原谅的。它们会向人宣告你是一个草率马虎的人。即使你自认为擅长拼写，也需要进行拼写检查。人人都会习惯性写错一些字，人人都会犯下文字排版上的错误。

**糟糕的语法**　如果你不擅长拼写，那么很有可能你的语法也不会十分完美。与拼写错误相比，语法错误更难纠正。微软Word文档处理工具在防止最为糟糕的语法错误方面相当出色。所以如果你不介意工作时受到打扰，就让Word自动提供提示。在文件下拉菜单参数选择的对话框里，可以选择让Word在你打字的时候标注拼写和语法错误，这样你就可以随时进行修改。

**支离破碎的标题**　拼写检查在未进行特别设置的情况下不会检查大写字母书写的文字。而且因为大写字母书写的文字通常是标题或者图片说明，所以常常会忽视其中的错误。让Word检查大写字母这样额外的麻烦通常是值得的。

**Photoshop盲点**　你可以在所有艺术和设计程序里添加文字，但Photoshop和许多其他设计和绘图软件都没有自动文字拼写检查功能。在带有拼写检查功能的文档处理工具中把文字写好，然后把文字粘贴进你所使用的图像或者软件中即可。

**语言过剩**　厌恶写作的人一旦开始写作却常常无一例外地写得过多，这一点非常奇怪但的确真的如此。正如简约主义设计是进行删减直到获得所需作品的艺术，撰写出色文字的窍门也在于出色的编辑删减。

**过多的"和"字**　除非用于列举一系列的东西，尽量不要使用"和"字。书本、期刊杂志和年度报告说得过去。以下的句子是不准确的：这个项目的目的是满足希望专注于自己品牌的客户需要和他们计划将其用于未来的网上项目。这其实是被粘在一起的两个单独句子。连写句不仅是糟糕的句式，在电脑屏幕上也很难阅读和理解。

**太多大写字母**　注意，用大写字母书写的词语表示强调效果。要小心运用大写字母。

# 简历

**克里斯·艾特华特（CHRIS ATWATER）**
紫檀巷567号，伯班克，加利福尼亚州91505， Chris@gmail.com

## 求职目标

在时装领域里能提供发展空间和经验的初级设计助理职位

## 个人档案

积极进取、精力充沛、对时装充满热情、注重细节、极有条理。拥有一家顶级时装学校的艺术学士学位。毕业时平均绩点为优秀，曾多次获得导师嘉奖、奖学金和产学研补助金。在两次极为严苛的暑期实习和学校导师项目中与设计专业人士共事。习惯于高压力工作环境和交期短的工作任务。

## 技能小结

- 样板制作
- 展板制作
- 购买辅料
- 购买面料
- 熟练使用Photoshop和Illustrator
- 筛选和聘用模特
- 工艺平面图和规格表
- 款式结构表
- 面料处理
- 染色和丝网印花

## 专业经验

### 交流和技术技巧
- 协助小型时装屋进行春秋时装展
- 协助秀场的试衣工作和生产
- 约见面料和辅料销售人员并与其合作
- 为设计公司的所有季节服装制作完整的款式结构表
- 协助样板师解读设计师的草图
- 为时装秀编写新闻材料，包括插图和文字

### 细节的掌握和组织能力
- 在设计部整理所有面料小样和辅料
- 为扫描的草图和平面图创作网上文件包
- 与生产部门联系以赶上最后期限

## 工作经历

加州洛杉矶Rozae Nichols品牌: 设计实习生，2008-2009夏季， 2010夏季 The Gap， Burbank，
CA: 零售销售， 2006-2007
加州伯班克BJs餐馆: 2005-2006

## 教育背景

2011年，加州洛杉矶伍德伯里大学时装专业艺术学士学位
2004-2005年，加州洛杉矶社区大学

商务名片与定制信封

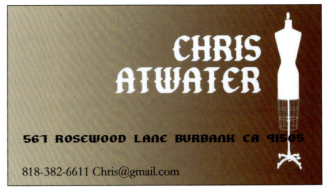

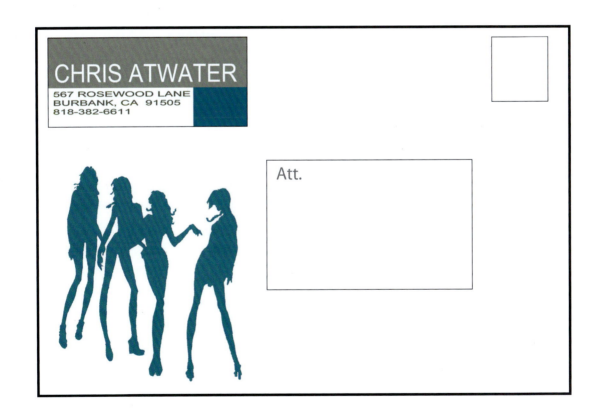

## 给人留下深刻印象的其他工具

如果已经选定了某一公司，你应该更加努力，给对方留下长久的良好印象。记住，很有可能，你的竞争对手跟你的作法一样，因此，缺乏能够与之相提并论的优势会让你处于劣势。

· 给可能的雇主留张时尚的商务名片没有任何坏处。这样做是超越个人作品集或者外貌之外对自己的出色品位和细节关注度的展示。我们有些学生会制作精妙的"定制"商务名片，它们本身就是微型艺术品。比起社区附近复印店里制作的常规信息卡片，这种商务名片很有可能留下长久的印象。

· 面试过后，在漂亮的信纸上写致谢的便条时，你也可以再次附上一张个人商务名片，这个也许也能派上用场。

· 制作随赠作品也是很有道理的作法。制作自己的一个最佳服装组合的缩小彩色复制版作为面试过后交给某位潜在雇主的随赠品。如果某位雇主需要查看很多作品集，很容易把申请人弄混淆或者忘记自己曾多么欣赏某个特定作品集。为此，简历的助益较为有限，因为它们没有你个人作品的图片。一个精美的设计组合图片外加你的联系信息有助于雇主记住你本人。

## 求职信

撰写求职信看似令人生畏，但有效的申请信能让你更进一步迈入目标雇主的大门。一张便笺用以介绍本人以及对他们所从事工作的真正兴趣，定会让你脱颖而出，引人注目。从另一方面来说，学习高效撰写求职信对你个人来说也很有益处。而且，这也不像看起来那么复杂。与大多数商务交流函件一样，求职信也有某种固定格式，你可以根据自己的状况对其进行个性化处理。如果比较逻辑性地处理这个过程，那么你很快就有自己是个专家的感觉。不过，了解求职信的公文相当关键。简历列举关于你个人的众多事实，而求职信跟简历的不同之处在于求职信跟公司的某位人士直接对话，你以尽可能简洁明了的方式向其解释出于何种原因要跟那个人联系、你对公司有何了解，以及你希望在那个公司供职的原因。

在实际走进公司的大门之前，这种交流就为你自己创造了关键的第一印象。出色的求职信会让面试官产生与你见面的兴趣，他要亲眼见见你是否如同自己文字所指的那般见多识广和热情洋溢。当然，你务必诚实地展示自己；虚假的期望是无法实现的。

求职信分为三种类型。第一种为应聘型。听说了某个特定工作机会并写信回应那个消息时，你使用这个类型。第二种是求职型。写这种类型的书信询问公司能否提供可能的职位。第三种为联络型。你致信从事某个职位的人士，请他为你提供助你求职的联系信息或者其他指导。

每种类型的求职信都应直接针对收信的公司或者个人，此外，也应在信中明确致信的目的是什么。你应解释自己钟情于某个职位的原因并突出对雇主最有吸引力的个人技能和经验。

## 应聘型求职信范例

2012年7月2日

人事总监
"平行线"设计事务所
布莱德路578号
洛杉矶
CA90007

亲爱的【联系人的名字】先生或女士，

    获悉贵公司近日在《服装新闻》上刊登招聘初级设计师一职，本人特此备函应聘。因本人非常熟悉贵公司的有机服装以及平行线品牌极具启迪性的设计理念，故万分乐意前来就此职位接受面试。鉴于本人的教育背景和工作经历，本人应为理想人选。新近毕业于【你的修读学校】，我接受过四年严苛且广泛的训教。我的设计导师是一些业内著名人士，我的设计项目涉及环境保护及大众服装单品。【人名】授予我的设计作品银顶针奖。我曾在两个暑假期间有机会在【设计公司】实习，担任【职位描述】一职。得知我的雇主们认为我的工作非常有价值，这些经历让我能够更加自信地工作。虽然他们曾为我提供进一步的就业机会，个人理想把我带往洛杉矶，希望能够服务"平行线"设计事务所这种理念与我的个人价值完全相符的公司。

    本人乐意有机会前来与您进一步谈谈我个人对贵公司的兴趣及可能的的贡献。随信附上我的个人简历。下周我在洛杉矶，到本月底前都有空前来接受面试。我的联系方式【联系信息】。当然，如需证明人，本人亦可提供。谢谢关照！如蒙早日回音，本人不胜感激。

    吉尼·高尔敬上

## 联络型求职信范例

2012年11月2日

蒂尔达·特温宁女士

设计总监

吉祥服装

第七大街5550号

纽约，NY10007

亲爱的特温宁女士，

本人新近毕业于洛杉矶【你的学校名】。我的设计导师爱德华·坎顿先生在您的公司曾供职多年，他建议我致信于您。我有幸与他在多个设计项目共事，对我的作品和未来目标，他极为鼓励，这让我受益匪浅。得知我仅在洛杉矶生活过并愿意迁往纽约工作，他认为您也许愿意抽空与我会面，哪怕是片刻亦可，他认为您能就纽约当前的时装业状况以及凭我的技术和兴趣该如何在纽约寻找合适的初级职位为我提供建议。在此，随信附上个人简历供您查阅。

本人完全理解您的日程非常繁忙，若蒙获得您的指导将不胜荣幸，也将助我寻找自己的职业之路。您的卓越职业生涯充分证明了您以精湛完美的职业精神在业内游刃有余。我下周会来纽约，尽快在您方便的时候致电您的办公室预约见面。我保证不会占用您太多的宝贵时间。期待您的接见。

乔·特纳敬上

【你的联系信息】

如上文一样的联络型求职信常常也会获得工作机会。特温宁女士也许会因为这个年轻人本人及其与前同事的关系而对他印象深刻到直接聘用他。你接触的人越多，你能获得的机会就越多，因此，不要害羞，不要犹豫，要勇于开口询问别人是否认识乐意聘用你的人。但是，别人拒绝的时候不可因此感觉不悦。

求职型求职信同上述范例相似，但是更为直接。"本人乐意进入贵公司工作因为【原因】，特此备函询问贵公司是否有空缺职位。"

## 关于求职信的更多建议

· **致信给个人。**找到有权雇佣你的人的名字。这个人不一定属于人力资源部门，尽管你可以寄一封信到人力资源部门。套用信函表明你群邮申请信，说明你懒惰到不愿进行研究寻找收信的正确人选。套用信函也让你无法采取进一步行动。很有可能，它们会沦落到被丢入垃圾桶的命运。

· **明确中心。**信中回答以下基本问题：（1）你能如何为公司效力？（2）你当前状况如何？（3）为何希望为此公司工作？（4）为何拥有此职位的资质？除非你能回答这些问题，否则，你就还没有准备好申请该公司的职位。

· **简短又温馨。**求职信只需有简短直接的句子组成的少许段落即可。太多求职信的句子冗赘啰嗦、难于阅读。有必要的话使用圆点项目符号。

· **文如口述。**避免过于正式的语言。使用谈话语气。

· **表达正能量和正面的个性特点。**让你的个人风格显露于字里行间。雇主们雇佣职员不仅仅是因为技术，也是因为喜好度和与公司文化的"适合度"。他们希望雇员能欣喜若狂地为之效力。

· **采取进一步行动。**要遵循求职信的金科玉律：如果你不打算跟进信件的话，就不要浪费邮资。你的职业对别人来说没有那么重要。他们可能有打算跟你联络，但总是有更多迫在眉睫的需优先考虑的事项。

· **不要在信中重复简历内容。**概述、解释、扩展或者重新定位自己的技能。回答一些简历中没有提及到的问题。你的个人简历和经历也许会引起令人疑惑的问题，会让雇主在雇佣你之前考虑再三。"艺术史专业的学生怎么会为设计师公司的生产部门工作呢？"使用求职信让雇主明白你对自己的未来已有明确规划。例如，"在过去的四年里，我非常享受从事自由职业设计工作。不过，我十分怀念与公司团队共同工作的同事情谊和自豪感觉"。

· **避免过多使用"我"和"我的"字眼。**写完初稿后，数数这些词语出现的概率，重写一遍去除大多数这样的文字。例如，将"我拥有九年的配饰设计经验"改为"你将获得拥有团队精神和新产品开发经验丰富的员工"。

## 经验丰富的设计师

要是你已经在业内从业一段时间的话，你的境况与寻找第一份工作的人有所区别。潜在的雇主首先可能问你的一个问题就是："为何离职？"他们甚至希望了解你为何从之前的所有工作岗位的离职原因。很多设计师经常频繁跳槽，他们的简历自然会让雇主产生疑虑。不过事实真相是，离职跳槽常常是设计师收入增高的原因所在。如果一家公司愿意"挖走"你，它通常需支付比你的上一个职位更高的工资报酬。

业内还有一些事情，年轻的设计师在获得职位之前应该对之有所了解。所有公司都有不同之处，但是可以这么说，如果从业一段时间的话，你将会遇到以下提及的一种或者多种状况。要知道你不仅仅创建一项事业也在创建一路追随你直至退休的名声，因此你应该对某些状况的发生有所准备而且对如何应对也有所思考。

### 需考虑的内容

1.只要还能学习新东西就不要跳槽，即便你从事的不是自己所期待的最终职位。最少应从事某个职位一年之久。否则你会显得有点不可靠。

2.要是你觉得自己在某个职位上已经没有新东西可以学习，要主动出击。去了解老板是否能让你从事一个新项目或者调去别的部门工作。你无法预测某些变动所产生的不同意义。

3.很少设计师在职业生涯之初就能赚很多钱。工资增长的一种方式是换工作。乐意聘用你的新老板可能会给你加工资。当然，过于频繁地跳槽，如前所述，会对你的名声不利。

4.工作环境的差异性很大，有些地方的工作环境相当糟糕。如果你能学习到新东西，可能你会愿意忍受糟糕的环境，但是不论如何，不可做于自己的身体健康有害的选择。

5.你可能需要进行相当长时间的工作，很少有休息的时间或者根本没有时间休息。如果热爱自己所做的工作，那是最好不过了。你得准备好全心投入自己的事业，这样的投入至少得持续到自己已经达到相当稳定的水平。

6.工作的创意部分常常屈居于繁琐商务活动之后，总是有无穷无尽的会议和许多繁琐的例行公事。你务必努力保持工作热忱和激情。消极否定或者愤世嫉俗只会让你被抛弃的可能性增加。

7.好工作总存在相当多的竞争性。即使你拥有某个职位，也有人"图谋"取代你。大多数创意领域都是如此，因为没有创意人才愿意落到文件归档或者接听电话的地步。

8.有些公司鼓励充满竞争性的氛围，因为他们认为自己的雇员会因此更加努力工作。你可能会或者不会在那样的环境中蓬勃发展。

9.如果你确保自己能给予别人帮助和支持，而且积极正面地对待他人，你也会获得同样的待遇。这样的作法值得一试。团队合作通常比个人为自己单打独斗能取得更佳效果。

10.一些设计公司的所有者乐于定期更换设计师，他们的想法是这样每个季节公司都能展现新风貌。如果你身处那样的公司，务必努力学习，但准备好离开并继续。

### 何时准备好开创自己的事业

很多书籍、课程和结构旨在帮助创业人士开始独立创业。我们无力为你提供准备开始独立创业时所需的所有建议和知识。在此，我们仅提供一些意见和建议帮助你起步：

1.制订商业计划。网络上有很多如何制订商业计划的建议。理想的情况是你应找到专门针对时装业的材料。要包括你的目标，既有现实目标也有远大理想。

2.研究自己的商业领域。了解竞争对手以及你希望仿效和展现不同之处。

3.制订纲要。拥有整体计划。希望本年末达到何种效果？五年之后呢？

4.寻找经验丰富的时尚人士，听取他/她的意见并向其展示自己的计划。如果你的计划看上去不现实，不要逃避这难以接受的真相，但是可以听取第二个人的意见。

5.考虑寻找一个了解商务端工作的合作伙伴。如果你希望集中于创意方面的工作，你需要热爱"纯经济"方面工作的人。必须确定那是你能够充分信任的人。

6.考虑雇员问题。何为现实的举措？如果你雇佣一名员工，那个人肯定指望你发工资。你可能希望先从自由职业做起，边做边看事情的发展情况。

7.投资商的问题呢？是独立自主更好吗？要是刚刚真正起步就资金告罄了呢？有时候在你赚取利润之前必须支付费用，因此你必须拥有一定的现金流。

## 创业

### 市场调查

应有条有理地进行研究工作。在你创建个人企业之前必须回答某些特定问题：

1.谁是你的目标客户？对此须明确具体。

2.哪些其他企业都在做类似产品？你与它们的区别何在？

3.哪家企业在你的竞争对手之中处于最前沿？最商业化？与之相对，你将如何进行自我定位？

4.你能如何为自己的公司创造优势？其他公司如何推销自己的产品？你能否做到更好，更多等等？确保你为自己企业销售方面所需的时间进行规划安排。

5.你的竞争对手提供何种品质水平的产品？你的产品品质更佳吗？这是否意味着价格更高呢？

6.你的产品生产需要多少时间呢？如果竞争对手在海外生产的话，你是否有优势呢？

### 财务规划

1.问问自己，是否确实拥有开始创业的资金。你的企业是否可以从很小开始逐渐发展，还是现在就需要更多现金？信用卡支付一切会让你迅速陷入财政困难。最好是先缓一缓，看看你是否能找到投资人或先存下更多的钱。

2. 如果你把质量看得比数量重要，它会更容易受到关注并建立客户群。总是有大量的廉价商品出售，很有可能你根本竞争不过大批量生产的最便宜的产品。

3.你可以在多处出售自己的产品，零售和网络销售都可以。探索尽可能多的途径，但不可过分分散。确保你能够完成订货，否则客户会大为光火。

### 人际关系

1.人际关系乃成功之关键。建立工作交际网，寻找可能会与之合作并具有类似目标的人，也要寻找愿意出手相助的人。查看时装秀、艺术表演、募捐活动等等。

2.要与合适的人更多地打交道。交谈的确很不错，但一起喝饮料、吃饭的效果更佳。如果他们能够给你提供帮助，那么你应该支付费用。

3.一旦开始交际，就不可半途而废。你需要不断地发展新关系来发展企业和拓展业务。要与那些能助你发展到新水平的人士建立密切关系。

4.诚实守信，言出必行。你的声誉最为重要。

### 条例性

1.创建存货清单、供应商和电子邮件联系人等等的记录系统。

2.学会使用Excel保持良好的记录。

3.仔细思考诸如包装、吊牌和标签之类的事情。打造自己的品牌时心中务必拥有明晰的概念。

男式休闲夹克

款式＃346

尼龙和网眼织物

## 设计师：
## 罗德·比蒂（Rod Beattie）

作为加州土生土长的和经验丰富的泳装设计师，罗德·比蒂对于女士泳装和沙滩装绝对有发言权。他的设计反映了一种现代观点，形成了时尚又精致并同时保持可穿性的风格。"我不是怀旧复古风格的超级粉丝，也不喜欢重复利用过去。我信赖拿新的腿部线条、不同的带子，现代的色彩组合进行实验。"罗德如是说。

罗德的时装业职业生涯开始于洛杉矶的几家现代运动装品牌，包括西奥多和麦可斯工作室，于1988年转向泳装设计。作为拉·布兰卡泳装品牌的设计师，罗德很快使女式泳装系列的量达到3000万件。在拉·布兰卡泳装品牌成功工作六年后，罗德转而为安妮·科尔泳装品牌从事设计工作。他简洁的设计审美感和出色合体的裁剪技能与公司为女士量身打造泳装的声誉完美吻合。1999年3月，比蒂离开安妮·科尔泳装品牌并回到拉·布兰卡泳装品牌担任首席设计师，他的大名出现在产品标签上。十多年来，罗德·比蒂设计的拉·布兰卡泳装最为畅销，其零售网点遍布美国。2010年底，罗德与久享盛誉的泳装生产商A.H.施莱伯（A.H. Schreiber）合力创建新泳装品牌。Bleu/Rod Beattie 品牌于2011年夏季推出。

### 向新闻媒体发放成套的宣传材料

假如你处于被誉为美国一流泳装设计师罗德·比蒂那样令人羡慕的位置。很有可能，你需要向新闻媒体发布成套的宣传材料提高新系列产品的知名度。即使你才刚刚起步，也可以与媒体取得联系，因此查看罗德处理这张关键名片所采用的专业方法非常有意义。

第一需要至少一张引人注目的图片。罗德善于绘制极为简洁的效果图，因此如上图所示，它的宣传材料里包括了一张快速表现图。第二是罗德帅气好看的照片和他的干净优雅的设计作品示例（如右图）。

第三是精心撰写的简介：介绍罗德本人，相关的工作经历，他的商业冒险以及他的新东家热情洋溢的推荐信。这些因素共同造就了激动人心且有报导价值的宣传材料。

## 跳槽后面试官可能会提问的问题

如果你从一家公司跳到另一家，面试官提问的问题很可能大相径庭。雇主们希望了解你并非惹是生非之人，而且即便你在之前的工作中遇到困难和麻烦之际也能保持积极的态度。

**1.你如何看待前任老板?**

提及前任老板消极负面的事情时应务必小心谨慎。面试官会担心你在未来的某个日子里会如何评论他或她本人。你可以说自己的个人理念与现在应聘面试的公司相匹配。

**2.你为何尚未找到新工作?**

同样，要表现积极的态度。你可以回答自己希望为像当前进行应聘面试的公司一样真正有创意的公司效力（较大的、较小的、更注重团队合作的，或者适合的），因此你才花时间等待合适的岗位。

**3.你认为自己会为我们公司效力多久?**

你可以回答"我通常计划从事一个职位至少两到五年时间"。这样，你并非许下了一个郑重的承诺，但这样说能让他们放下顾虑，知道你不是单纯地坐等良机。

**4.你最近是否曾收到过工作邀请? 如果是，为何拒绝?**

生搬硬造点什么显得很有诱惑力，但一定要实言相告。时装圈是个很小的世界，所以编造虚假雇主并非良策。不过，如果你的确曾拒绝某个工作邀请，直接陈言，同样让其成为对你希望工作的公司的正面回复。

**5.在向你发出工作邀请之前，我们可否联系你的证明人呢?**

如果你尚处于受雇佣状态，如果你的证明人正是你的现任雇主的话，你完全可以否定回答这个问题。如果你能提供别的证明人，而他不会在意你正准备跳槽的事，告诉面试官。

**6.请描述你的工作受到批评的一个情况。**

同样，要尽可能诚实，但仍然进行正面的讲述。你应该展示自己并未受到批评意见的威胁，而且自己也非常积极主动地寻找改善工作的良好解决方案。

**7.你是否愿意接受比之前的工资薪酬低很多的工作?**

如果你愿意，那么说明为何愿意，是因为一个学习的机会、经济低迷时期还是别的什么原因。如果不愿意，告诉面试官你不愿意。

**8.你最喜欢自己从事上一份工作或者所从事的所有工作中的哪个部分? 为何呢?**

如果你已经离职，很有可能也没有很多正面的东西好说，但较好的作法是讲述自己学习到的东西或者某位予你帮助的同事。这表明你能从所有情况中看到积极的东西并从中学习经验教训。

**9.你最不喜欢自己所从事的上一份工作或者所有工作中的哪个部分? 为何呢?**

要小心，回答这个提问的时候不要让自己听起来抱怨多多或者消极负面。如果你知道负面情况在你所面试的公司并不相同，这是一个很好的机会来炫耀你的知识。例如，"我对与中国合作非常感兴趣，而我之前的工作中从未有过这样的机会。据我所知，这是在贵公司工作的一个重要组成部分"。

**10.你喜欢当领导者还是追随者?**

不论选择哪一样，注意都不可表现得过于强烈。因为即使你想当领导者，很有可能必须从追随者做起。

**11.如果跟主管或者上司意见不合时，你会如何应对呢?**

用对这个问题的回答来展示自己非常理性，始终以专业水准处理问题。

**12.你是否愿意接受药物测试或测谎仪测试?**

你有多么坦诚，你的情况就有多么好。只要问心无愧，你就不必担忧!

## 设计师：卡洛琳·钟

虽然这些照片只是卡洛琳·钟为自己供职的公司所做，她也可以同样轻松地创作这样可爱的展示材料来推广自己的品牌（是的，图中摆姿势的真是卡洛琳本人）。

### 设计师档案

卡洛琳在美泰公司和迪斯尼公司实习过，后来也为它们提供自由职业的服务。她担任Scrapbook/Crafty Couture的设计师，深深爱上了凯蒂猫。决意要学习授权许可这方面的知识，于是她在Mighty Fine觅得设计师和跟单营业员职位，这是最大的凯蒂猫服装授权公司。

### 给毕业生的忠告

人脉，人脉，还是人脉。我所获得的所有工作来自工作中组建的关系和口碑。要真诚、勤劳，持有良好的态度并充满自信。最最重要的是，要开心快乐，握手的时候坚定有力。

# 保住工作

好工作难觅，因此获得一份工作，你就应该好好守住它直到自己准备离职为止。让自己成为有价值的员工，而不仅仅是为工作而工作，应努力获得加薪和晋升。以下为20个小建议，它们可能对你有用。

1.**参与公司的社交活动。**如果你的老板费力费钱地安排派对或野餐，你应该积极参与，以此表示欣赏和感谢。如果同事觉得你自视甚高不屑于跟他们混在一起，在你的关键时期不可能指望他们对你施以援手或支持。

2.**人脉，人脉，人脉。**每周至少两次约会，这样能让你将更多精力投入公司，万一出差错，这也能为你提供一个安全保障。如果你遇到的人可以帮助你的公司，请确保告知老板你打算怎么做。不要因自己有能力建立各种联系而感觉不好意思。

3.**自我管理。**保持忙碌，如果没有接受到分派的任务就创立自己的项目（但花费未经批准的资金时务必小心），积极主动是展示自我价值的主要方式之一。

4.**不可自行其是。**经济困难时期，你应专注于核心问题，而不是致力于什么昂贵的而且未经证实的策略。

5.**在公司内部建立盟友。**首先，仔细观察公司内部人员的个性特点，直到了解了公司内部的权力结构。选择能助你一臂之力的同事，与之结为朋友。方法是询问并尊重他们的意见，支持他们的成果，并尽力给予他们帮助。很有可能他们会对你做出同样的回应。

6.**寻找导师。**如果你能找到富于影响力和经验的人来指导你，那是特别有价值的事情。确保你在细心呵护这个关系，并经常性地表现出你的欣赏和感激。如果在某个关键问题上你没有遵循导师的建议行事，那么一定要对其解释原因。

7.**"应评估文化价值观并展示强烈的职业道德"**纽约的罗切斯特理工学院的管理学教授安德鲁·J·杜布林说道："不要四处走动说什么'今天星期三——驼峰日——周五快到了。'"这显示出你的不成熟态度，会让人们把你不当回事。

8.**穿着与行为应符合公司文化。**如果你的工作环境是古板正经，那么，穿着怪里怪气的衣服还大谈特谈前一天晚上自己的热辣约会对象，那可就大错特错了。

9.**以自己的工作为豪。**在最后一刻把东西拼凑起来并编造妈妈生病的借口就是太过分了。别以为自己可以一直欺骗别人，因为你做不到。

10.**记住这是一份工作！**年轻员工经常谈论工作是享受"乐趣"。如果你热爱自己的工作，没准有些时候你会感觉很享受。但必须牢记你的工作是为公司赚钱，不是接受招待。

11.**遵守员工和设计会议的礼仪规定。**是正式的还是非正式的？同事在用笔记本电脑和查看手机短信吗？还是那样做会让老板激怒发疯？如果你不清楚，笔记本和手机都不要用，专注倾听并发表意见。

12.**承认错误。**如果你犯了错误，因为人人都会犯错误，应立即承担责任。不要怪罪别人，这样做你只会创造一个敌人，总归会真相大白。说"我很抱歉，这事不会再次发生"会让你显得诚实又成熟。

13.**把个人私事留在家里。**不要总是谈论工作之外的生活。如果你遇到了问题，可以跟老板倾诉，这样他或她会理解，但不要广播你的问题。如果有人向你倾诉，要小心谨慎，不可八卦。

14.**了解对你的期待。**确保你理解对你所从事职位的期待，然后不折不扣地完成工作。很有可能，你全力适应并能同时保持自我个性。

15.**金钱不是万能的。**不要表现出仅仅关注薪水的态度。你会因此丧失在职业生涯中取得进展的机会。

16.**赶上最后期限。**在时装界最后期限必须按时完工，因此必须认真对待最后限期，否则你就得挪窝了。如果有必要，必须彻夜加班或者周末加班加点。

17.**遵守办公室隔间的礼仪。**如果你不希望每个人都听到，不要电话交谈。个人物品应高雅和成熟。

18.**不可在工作期间发送个人电子邮件。**公司的电子邮件系统仅供工作使用。不要写任何你不希望自己的老板看见的内容。许多公司系统将发送的所有电子邮件发到一个主程序文件，老板可能会细读所有邮件。

19.**不要把别人的工作成果据为己有。**这只会回过头来困扰你。认可别人的功劳。

20.**不要与同事产生浪漫关系。**不可避免的后果是你们当中一个或两个可能会因此失去工作。

## 章节小结

因为设计师有条理地同时进行多项任务，在你获得业内职位时，在本书这些章节中所学习和练习的所有技巧都将为你服务。准备，不仅是创作出色作品集的关键，也是赢得并保持自己应得职位全过程的秘诀所在。人脉社交关系对如今所有创意的职业道路都至关重要。建立社交关系的时候，你需要这些来打动合适的人，让他们记住自己的名字。从条理分明的衣橱到精心制作的商务名片和其他材料，都务必经过深思熟虑，并足以展示你的职业身份。

创造个人品牌是持续终生的事业，需要不断发展。你将拓展自我个性的新的方面，并开发新技巧来扩展个人的职业档案。如果一切顺利，你也将赢得奖项获得公众的赞誉，这些也最终会成为个人展示的一部分。很多从业十年乃至十年以上的设计师作品集中会充满杂志和报纸对其作品的评论。不过，保持自己创作并绘制优秀设计组合的能力也应是目标所在。你永远不知道何时那个梦想中的机会将垂青于你，即有家公司邀请你"仅为他们"做点什么工作。你应抓住那个机会，而非因为自己疏于练习而畏缩不前。

你也应该时刻做好准备，不断地通过了解最新秀场和最佳博客及查看其他设计师在网络市场上的作为来"滋养自己的头脑"。如若准备就绪，可以开创自己的事业，所有的研究工作也会最终取得收获。但是即便从事稳定的工作，了解事情发展的动向依然十分关键。听人提及某个鼎鼎大名的时候，你不应"脑中一片空白"。你可能仅在网上进行研究工作，但是也要走出去，去实体店亲自看看，了解在售卖的货品，试穿廊型最新最好的服装，与每日和客户打交道的销售人员聊聊，这样做是非常有价值的。如今，为了跟"现实世界"保持联系，我们每个人都应该加倍努力。

职业实践的另一重要组成部分是必须紧跟与时装业相关的技术和新程序的发展步伐。建立社交关系是几乎所有创意工作职责的一部分，即使被迫离职的话，与业内老朋友保持联系也为你提供了安全保障。如果你开始撰写博客或创建网站，那么维护和更新工作必须成为日常工作的一部分。

所有这些问题都反映了你个性的不同方面，如若处理得当，你会成为优秀的职业人士。可以为之感到自豪，也要相信会取得极佳的经济效益。比起工作状态的不停更换，成功虽然并非幸福的保证，却更有可能带来工作中的满足感。很有可能，你能偿还一些学生贷款，因此一定的工作稳定性有助于尽快履行还款义务并开始人生。

我们衷心希望本书能助你做好一切准备，积极应对所有挑战，而且你很快就会获得良好的创意工作并安顿下来。而这份工作就是你终生成就的开始。祝你好运！

## 设计师：欧拉·尹克思

设计师欧拉·尹克思创造了这些美丽的珠宝饰品系列并在个人网站上出售，网址为http://www.rayosgem.com/

附录

**作品集范例**

备注：为保证作品集的原汁原味，这里展示的作品集范例保留了英文原版的模式，特此说明！

作品集作者：朱莉·霍林格

# RESUMES
### AND
# HANDOUTS

## KEEP EXTRA RESUMES AND HANDOUTS
## IN THE SIDE POCKET

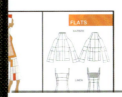

juliehollingerpascal@gmail.com 323-661-9832

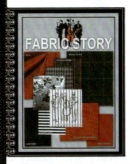

## julie hollinger

**8811 lowry drive
los angeles, ca. 90027
323-666-8654**

juliehollingerpascal@gmail.com

"The most
important thing
to wear is
a smile"

"A girl should
be two things:
hip and authentic"

THE CONVERSATION BUBBLE

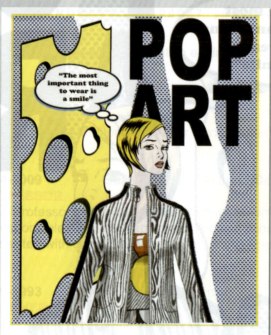

This group is inspired by
Lichtenstein's DC Comic Art.
I created a figure for this group
in the style of his translation of
the comic book art.
This mood board was created
from one of the design illustrations.
I added a Pop Art background also
reminiscent of Lichtenstein's art,
borrowing elements he used in
his work.

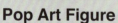

**Pop Art Figure**

**This group has
fully rendered
flats that bring
the concept to life.**

POP
ART

INSPIRED BY LICHTENSTEIN

MULTI PRINT

WOOD GRAIN TWILL

SOLID KNITS
AND WOVENS

# SPRING FLATS

# inspiration for spring

# SUMMER

## INSPIRATION

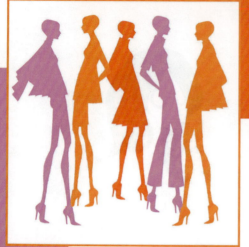

The summer group has two points of focus. One is the fabric treatment and the other is a fun silhouette that allows a breeze to float under and cool the body.

## FABRIC TREATMENT

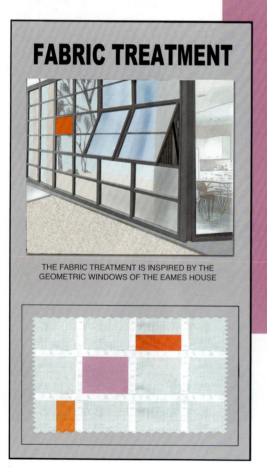

THE FABRIC TREATMENT IS INSPIRED BY THE GEOMETRIC WINDOWS OF THE EAMES HOUSE

The Eames meadow is a perfect location for a summer garden party.

## GARDEN PARTY

A side view is the best pose to show the silhouette. In the summer group I wanted a modern look and also a stylized approach. This gives the group a distinct personality.

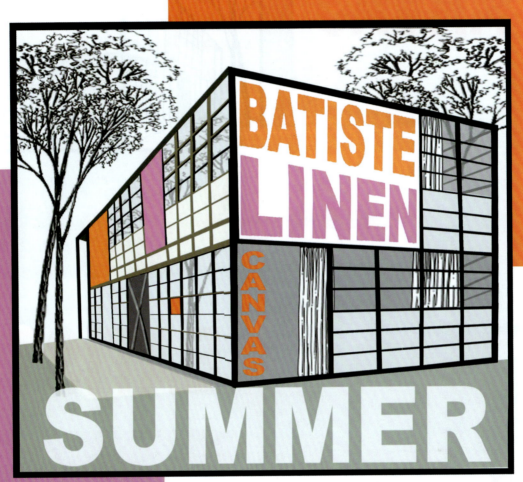

INSPIRATION: EAMES CASE STUDYHOUSE

BATISTE LINEN

CANVAS

SUMMER

GARDEN PARTY

CANVAS

BATISTE
LINEN
CANVAS

INSPIRATION
FOR THE
FABRIC
STORY

LINEN

BATISTE

SAMPLE OF FABRIC TREATMENT

SUMMER
COLLECTION

BATISTE
BATISTE
BATISTE
CANVAS
BATISTE SCARF
LINEN
LINEN
LINEN

FLATS

FABRIC STORY

SILK

WOOL PLAID

BLACK DENIM

WOOL HOUNDSTOOTH

COTTON PRINT

STRIPE SHIRTING GRAPHIC

STRIPE KNIT

ALLIGATOR JAQUARD

LEATHER

KNIT PONTE

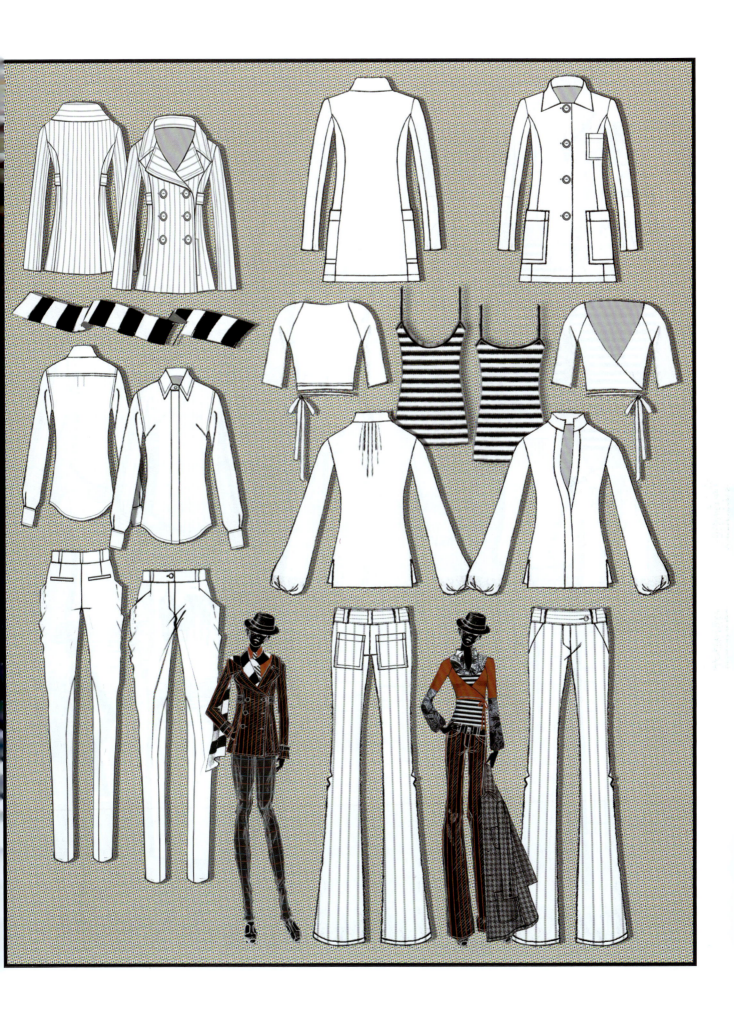

STREET JAZZ PLAYS A FALL BEAT

CONCEPT AND INSPIRATION

STREET JAZZ IN NEW ORLEANS

jazz trio stripe

ombre trumpet floral

poor boy stripe

ew orleans alligator

oundstooth jive

satchmo stripe

NAMING YOUR FABRICS GIVES A FUN MOOD TO THE GROUP

FABRIC TREATMENTS, GRAPHIC STRIPE, OMBRE OVER DYE PRINT, STITCHED STRIPE DENIM, T-SHIRT SILK SCREEN GRAPHIC

GRAPHIC

A SILHOUETTED FIGURE CREATES THE LOOK OF THE GROUP

JAZZ GROUP INSPIRATION

# FALL 2

## INSPIRATION

TRAVELING TO MAJOR CITIES FOR BUSINESS CLOTHES THAT WILL WORK FOR MEETINGS AND LOOK GREAT FOR DINNER IN THE EVENING.

## SHAPE

### BODY-CONSCIOUS CLOTHES

CHINESE KNOT BUTTON

EMBROIDERY ON PINSTRIPE

HAND CROCHET SWEATERS

CUSTOM QUILTING

## WARM LAYERS

**THE MUSE AND FIGURE FOR THIS GROUP HAS A STRONG CONFIDENT LOOK.**

COTTON
POLKA DOT
SHIRTING

CROCHET
WOOL

NOVELTY
KNIT

SILK
LINING

SILK SATIN
QUILT

EMBROIDERY
ON STRIPE

COTTON
ABSTRACT DOT

WOOL PIN STRIPE

COTTON DENIM

COTTON VELVET

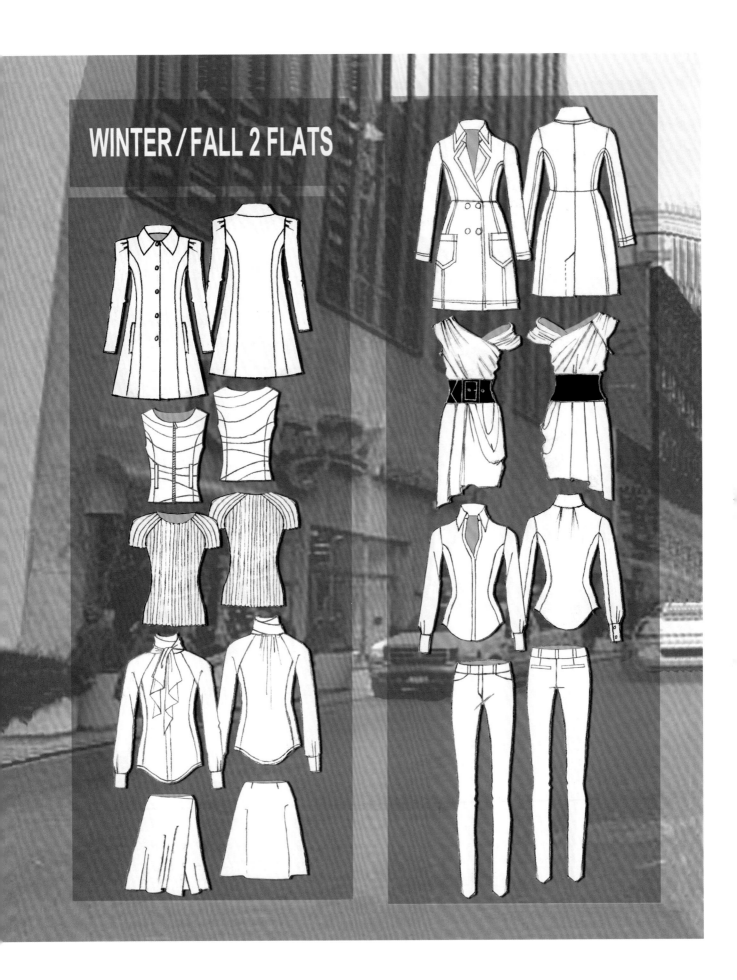

# WINTER / FALL 2 FLATS

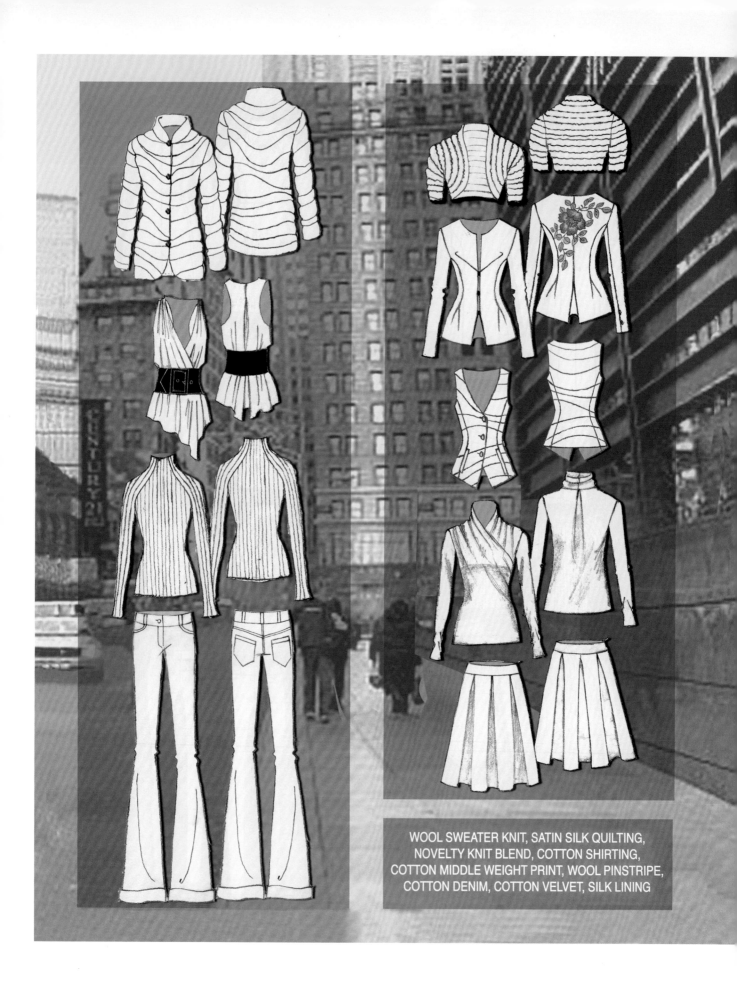

WOOL SWEATER KNIT, SATIN SILK QUILTING,
NOVELTY KNIT BLEND, COTTON SHIRTING,
COTTON MIDDLE WEIGHT PRINT, WOOL PINSTRIPE,
COTTON DENIM, COTTON VELVET, SILK LINING

*致全世界致力于服装设计的学生们！*
*致服装设计本身这门普世的语言！*

—

本书的策划与翻译得到刘有
华、朱铮莲、刘燊、鲁建
立、赵志文等人士的帮助，
特此表示感谢！